FC434
BOU
H

AF855174

Hydrodynamique navale :

le sous-marin

RAYÉ A L'INVENTAIRE

Centre de Documentation sur la Mer
Bibliothèque
La Pérouse

Responsables de publication : Julien Bohdanowicz, Sophie Chouaf

En application du Code de la Propriété Intellectuelle et notamment de ses articles L. 122-4, L. 122-5 et L. 335-2, to représentation ou reproduction intégrale ou partielle faite sans le consentement de l'auteur ou de ses ayants droit ou aya cause est illicite. Une telle représentation ou reproduction constituerait un délit de contrefaçon, puni de deux d'emprisonnement et de 300 000 euros d'amende.
Ne sont autorisées que les copies ou reproductions strictement réservées à l'usage privé du copiste et non destinées à utilisation collective, ainsi que les analyses et courtes citations, sous réserve que soient indiqués clairement le nom de l'aut et la source.

© *Presses de l'ENSTA, 2010*

Imprimé en France
ISBN 978-2-7225-0926-9
www.ensta.fr

Les cours

Alain BOVIS

Hydrodynamique navale :

le sous-marin

PARIS

LES PRESSES DE L'ENSTA

32, boulevard Victor Paris 15e

2010

Sommaire

Introduction

Contrairement à l'embarcation de surface dont l'origine remonte à la nuit des temps, Noé est souvent considéré comme l'ancêtre biblique des constructeurs navals, le sous-marin est un engin moderne qui a réellement pris son essor il y a un peu plus d'un siècle. Comme l'avion, qui lui est contemporain, le sous-marin s'est donc développé, dès le départ, sur une base scientifique. La maîtrise du mouvement dans un espace fluide à trois dimensions et la production d'énergie en plongée ont conditionné ce développement.

Cet ouvrage présente, dans la perspective de cette courte histoire, l'état de l'art actuel dans la conception des sous-marins modernes, en matière d'hydrodynamique. Il fait suite à « *Hydrodynamique navale : théorie et modèles* », et en constitue un cas d'application complet puisque cette conception fait appel à tous les modèles hydrodynamiques du corps en mouvement. L'objectif de discrétion acoustique se rajoute aujourd'hui comme une contrainte dimensionnante de la conception et nécessite donc de prendre en compte la nature locale de l'écoulement sur la carène, ses appendices et son propulseur, autant que les caractéristiques globales des efforts hydrodynamiques sur la carène.

Bien évidemment, l'hydrodynamique ne constitue pas, à elle seule, la science du sous-marin. Et bien d'autres disciplines et de nombreuses technologies doivent être maîtrisées pour concevoir un tel engin, dont on prétend, à juste titre, qu'il est le plus sophistiqué et le plus complexe imaginé par l'esprit humain. On ne saurait prétendre non plus que les caractéristiques hydrodynamiques du sous-marin peuvent être optimisées, pour autant d'ailleurs que l'on possède les outils théoriques et de conception pour le faire, indépendamment des autres domaines - sécurité-plongée, production et gestion de l'énergie, de l'air, de l'eau, armement, emménagements intérieurs et habitabilité, maintenance, coûts de réalisation et d'exploitation… Néanmoins, la conception d'un sous-marin, qu'elle soit itérative ou tende vers une conception concourante, nécessite un point de départ. Celui-ci repose sur quelques grands équilibres qui imposent très rapidement les principales dimensions de l'engin. Dès lors, la forme générale de carène est quasiment définie. Une analyse précoce, par simulation numérique, mais également sur maquettes, des performances hydrodynamiques de cette forme, doit être faite très rapidement, avant-même que les spécifications fonctionnelles des autres installations du navire ne soient élaborées.

D'autres aspects hydrodynamiques, plus localisés, seront abordés et résolus au cours du projet : définition détaillée du propulseur, analyse des bruits hydrodynamiques, réglages du pilotage automatique,… Ces différents aspects affecteront la définition de nombreuses autres installations du navire et pourront nécessiter plusieurs itérations avant d'arriver à un compromis global acceptable. La modélisation numérique des écoulements, notamment grâce à des solveurs des équations complètes de Navier-Stokes, apporte un gain de temps considérable dans la recherche de ces optimisations. Elle ne rend pas moins nécessaire le recours dans les phases critiques de la conception à des essais sur maquettes et sur modèles libres.

Le sous-marin en plongée est un espace totalement clos, physiquement et fonctionnellement. Cette caractéristique, que l'on ne retrouve peut-être que dans le vaisseau spatial habité, en fait un système fermé dont l'optimisation globale, et même tout simplement l'équilibre d'ensemble, ne supportent, de fait, que peu de tolérance. Le fluide qui l'entoure constitue son seul appui, pour flotter, se propulser, manœuvrer et le seul medium efficace pour s'informer. Il en est pour flotter, se propulser, manœuvrer et le seul medium efficace pour s'informer. Il en est séparé par une double frontière (coque résistante et carène, souvent confondues) dont l'intégrité structurelle et les caractéristiques hydrodynamiques sont garantes de sa survie et de ses performances. Le mariage intime et complexe du sous-marin avec ce fluide mérite donc tout l'intérêt qui lui est porté depuis ses origines.

Chapitre I LE SOUS-MARIN : CARACTERISTIQUES GENERALES

1. SPECIFICITE DU SOUS-MARIN

Un sous-marin, ou un submersible, est un navire qui est capable de naviguer totalement immergé, c'est-à-dire sans qu'aucune de ses parties ne traverse la surface libre, se libérant ainsi de toute force de rappel hydrostatique dans la direction verticale. Il a donc la capacité d'évoluer selon les trois directions de l'espace et la mécanique de ces évolutions s'apparente davantage à la mécanique du vol des aéronefs qu'à la manœuvrabilité des navires de surface. A l'inverse, un engin dont une partie au moins, quelles que soient ses dimensions, doit rester au dessus de la surface pour quelque raison que ce soit, même s'il est parfois qualifié de « semi-submersible », n'est pas un sous-marin.

Il est courant de considérer que la conception des sous-marins relève d'un corps de doctrine spécifique, distinct des règles et pratiques de l'architecture des navires de surface. En effet, pour donner au sous-marin la capacité de naviguer en plongée il est nécessaire de maîtriser la tenue statique de l'immersion, naturellement instable, comme la mécanique du mouvement du mobile dans les trois directions de l'espace. En revanche, en plongée, le sous-marin s'abstrait de l'influence de la houle, tandis que disparaît la composante de résistance à l'avancement dite « de vagues». Comme, à déplacement identique, la « *surface mouillée* » d'un sous-marin est supérieure à celle d'un navire de surface, un soin supérieur doit être apporté à la recherche de formes hydrodynamiques, c'est-à-dire minimisant la résistance de frottement de l'eau sur la carène.

Au-delà de l'hydrodynamique qui, comme on le voit, s'appuie pour les deux classes de navires sur deux hiérarchies différentes des phénomènes physiques, les fonctions opératives, dont les finalités sont pourtant identiques dans les deux cas telles que la navigation et les communications ou l'ensemble des fonctions, dites « hôtelières», qui permettent la vie à bord, mettent en œuvre des installations sensiblement différentes, en général plus complexes, ne serait-ce que par leur nécessaire compacité, dans le cas des sous-marins.

Enfin, le mode de propulsion joue pour le sous-marin, un rôle dimensionnant essentiel, beaucoup plus important encore que pour un navire de surface, à tel point que l'on peut considérer que l'invention, il y a un peu plus d'un siècle du sous-marin, son évolution et ses perspectives ne peuvent être disjointes de l'histoire de sa propulsion.

La première caractéristique architecturale du sous-marin est qu'il s'agit d'un espace totalement clos, à la fois géométriquement, physiquement et fonctionnellement. Ceci a pour conséquence que la coque résistante, qui délimite l'espace intérieur du sous-marin, fixe l'enveloppe en volume, mais aussi en masse et en centrage par le biais du principe d'Archimède, de l'ensemble des composants, équipements et installations devant être embarqués. La maîtrise des « *devis de poids* » et « *devis de volumes* » du flotteur est un impératif récurrent qui se manifeste, notamment, par la pesée de tout organe avant embarquement lors de la construction et ne se solde que lors de la vérification finale de la « *plongée statique* » du nouveau sous-marin. Le maintien de l'équilibre statique du sous-marin, tout au long d'une croisière, nécessite de plus des dispositions très spécifiques que l'on nomme « *opérations de pesée* ». Mobile autonome dans un milieu hostile, le sous-marin ne peut compter que sur lui-même : l'air respirable, les vivres, l'énergie disponible constituent des limites à la plongée qui peuvent s'avérer fatales au combat. Le schnorchel, la régénération d'atmosphère, l'énergie nucléaire, les sources d'énergie anaérobies sont autant de réponses pour repousser ces limites.

Si l'on excepte quelques unités existantes de sous-marins d'exploration à vocation scientifique, successeurs des bathyscaphes, ou touristique, la quasi-totalité des sous-marins construits dans le monde est à but militaire. La deuxième caractéristique principale du sous-marin militaire est que sa raison d'être se fonde sur son indétectabilité. De ce fait, le sous-marin ne peut-être, en aucun cas, un outil de gesticulation diplomatique : il est une arme d'emploi, et doit donc, en permanence, être en situation de combat. Il profite, pour assurer son indétectabilité, de l'opacité de l'eau de mer qui le masque, en plongée, à la détection, qu'elle soit visuelle, radar ou infrarouge. Cependant, l'invisibilité ne suffit pas à garantir l'indétectabilité en plongée et au fil du temps la conception des sous-marin a du prendre en compte de nouveau moyens de détection. Depuis la première guerre mondiale et l'apparition de l'ASDIC, ancêtre du sonar, l'indétectabilité du sous-marin repose sur sa discrétion acoustique et, dans ce domaine, l'aventure de la détection sous-marine est jalonnée par les progrès concurrents des moyens de détection et des techniques de réduction des bruits. La recherche de la discrétion, face à tous les moyens de localisation et d'identification que la technique du moment permet, est, pour le sous-marin, une nécessité vitale.

Car la troisième caractéristique du sous-marin est sa relative vulnérabilité. Maître des mers tant qu'il est indétecté, le sous-marin devient extrêmement vulnérable dès lors qu'il est localisé, tant face à un navire de surface que face à un aéronef. Faiblement protégé et pouvant difficilement survivre au premier coup reçu, le sous-marin n'a alors de défense que dans la fuite (le *dérobement*). Ceci a conduit certaines écoles, notamment russe et américaine, à chercher à doter les sous-marins de vitesses très élevées, parfois supérieures à 40 nd. La portée et la vitesse des armes anti-sous-marines modernes rend cet objectif largement illusoire.

Vulnérable face à l'adversaire, le sous-marin l'est également face au milieu hostile. Les risques de rupture sous l'effet de la pression d'immersion de la coque résistante et des circuits d'eau de mer[1] (« *la voie d'eau* »), la corrosion et la fatigue qui fragilisent ces structures, les défaillances des barres et de leur système d'orientation (« *l'avarie de barre* »), les accidents de navigation (« *les fortunes de mer* »), notamment lors du retour en surface, l'explosion de batterie par accumulation d'hydrogène, l'incendie sont autant de dangers particuliers auxquels est confronté le sous-marin. Afin de réduire ces risques, un ensemble de dispositifs et de pratiques opératives s'est développé sous l'appellation de domaine générique de « *sécurité-plongée* ». La sécurité-plongée est une préoccupation permanente du monde des sous-mariniers. Elle couvre à la fois le domaine de la conception, celui des opérations et celui de la maintenance.

S'il peut y avoir de bons et de mauvais navires de surface, l'histoire navale est jalonnée d'exemples des deux catégories, il ne peut y avoir de mauvais sous-marin, car tant la navigation que le maintien de la discrétion en plongée n'autorisent pas de marge d'approximation par rapport à un ensemble de règles fondamentales. Le résultat n'est obtenu que par l'application stricte de principes d'architecture, de règles et de calculs de dimensionnement et de pratiques de fabrication, dénommé « *référentiel technique* ». Seuls quelques pays au monde, les Etats-Unis, la Russie, quelques pays d'Europe Occidentale, le Japon et la Chine, ceux-là même qui

[1] Canalisations d'eau de mer qui pénètrent la coque résistante afin d'assurer la réfrigération de différents équipements.

maîtrisent aussi les technologies aéronautiques et spatiales, sont en mesure aujourd'hui de mettre en œuvre complètement et avec succès un tel référentiel. L'apparition de la propulsion nucléaire n'a fait que renforcer la spécificité du sous-marin, même si ce mode a pu être étendu, mais de façon beaucoup moindre, à quelques navires de surface. Elle a de plus créé une nouvelle hiérarchie entre les quatre pays (Etats-Unis, Russie, France, Royaume-Uni) utilisant cette technologie et les autres nations. L'accession aux sous-marins à propulsion nucléaire est aujourd'hui un objectif stratégique pour les grandes puissances émergentes (Chine, Inde, Brésil).

En France comme aux Etats-Unis ou en Grande-Bretagne, le corps de doctrine s'est bâti, de façon continue, tout au long du XXème siècle.

2. LES FONDAMENTAUX

L'histoire de la navigation sous-marine est contemporaine de l'aventure aérospatiale. Née avec l'aérostation au XVIIIème siècle, elle a balbutié tout au long du XIXème siècle pour prendre son essor au tournant du XXème siècle. Comme l'avion, le sous-marin n'a pu émerger des curiosités techniques pour devenir véritablement un moyen de déplacement robuste et efficace que lorsque les progrès généraux de la technique ont permis de résoudre quelques problèmes fondamentaux. Cependant, contrairement à l'aventure aérospatiale, l'aventure de la pénétration sous-marine n'a pas connu de révolution aussi radicale dans ses concepts que le passage du ballon à l'avion, puis de l'avion au véhicule exo-atmosphérique. Certes, l'énergie nucléaire qui a trouvé dans le sous-marin sa seule application durable au monde des transports et le missile à changement de milieu ont révolutionné les concepts d'emploi du sous-marin et ont influencé en profondeur leur architecture. Cependant, les formes générales, les principes d'équilibre, la vitesse, la profondeur d'immersion n'ont pas changé radicalement de nature ni d'ordre de grandeur depuis un siècle. Même si la cavitation constitue une contrainte importante à l'augmentation des performances hydrodynamiques, elle ne peut être comparée à l'obstacle qu'a représenté pour l'aérodynamique le « mur du son ». Aussi retrouve-t-on à la base de la conception des sous-marins les plus modernes les mêmes questions essentielles que se sont posées les inventeurs des siècles précédents.

Le sous-marin, engin spécifiquement militaire dont chaque type est construit à quelques unités, n'a jamais représenté un marché industriel suffisant pour justifier la recherche et le développement de technologies spécifiques. Ce n'est pas pour le sous-marin qu'ont été inventés le moteur électrique, les accumulateurs, l'énergie nucléaire, ou les piles à combustible. Même les technologies utilisées pour rendre les sous-marins silencieux sont issues d'autres domaines industriels. De fait, la conception du sous-marin est avant tout un exercice d'architecture et d'adaptation globale d'un outil - complexe- à un concept d'emploi.

L'objet n'est pas ici de retracer une histoire exhaustive du sous-marin[2] mais d'illustrer la grande continuité et la grande similitude des modes de pensées dans les quelques pays où se sont développées depuis près d'un siècle la connaissance et la pratique qui sous-tendent cette grande aventure technologique.

2.1 LA PROPULSION

La recherche du moteur idéal, capable de fonctionner avec la même efficacité, de façon autonome et prolongée, sous l'eau comme en surface constitue une constante de l'évolution du

[2] Il existe de nombreux ouvrages sur le sujet. On pourra se reporter, par exemple, aux ouvrages très complets de Pesce [34], histoire des origines du sous-marin, de Jean-Jacques Antier[1], de Norman Friedman[17], [18], [19]de Compton-Hall [11], [12], [13].

sous-marin depuis son origine. Quatre étapes majeures dans le mode de propulsion ont marqué l'histoire du sous-marin : l'apparition du moteur électrique, le développement du double système propulsif diesel-électrique, l'emploi de l'énergie nucléaire, le développement des modes de propulsion anaérobies non-nucléaires. Ces quatre évolutions ont été la cause de changements remarquables, tant dans l'architecture des sous-marins, que dans leur concept d'emploi.

Partant des expériences de Bushnell puis de Fulton, la capacité de navigation sous-marine a été longtemps limitée par la seule énergie disponible en plongée, l'énergie musculaire appliquée suivant les cas à des propulseurs hélicoïdaux comme sur la *Tortue* de Bushnell, des roues à aubes ou des rames, comme sur l'*Alligator* de Villeroy. A partir de 1860, quelques essais furent tentés de remplacer en plongée la force des bras par un moteur à air comprimé, comme sur le *Plongeur* de Bourgeois et Brun, un moteur à poudre ou à vapeur. Ces essais se sont soldés soit par des résultats décevants, soit tout simplement par des catastrophes. Le sous-marin est véritablement né, à la fin du XIXème siècle, du développement du moteur électrique et de la batterie d'accumulateurs au plomb, la conjonction de ces deux technologies permettant de fournir une énergie propulsive pendant une durée significative sans consommation d'air. La première application en a été faite par Drzewiecki en 1877. Dupuy de Lôme, inspiré Directeur des Construction navales, reconnaissait que « la question des aérostats et celle des bateaux sous-marins étaient liées... En effet, le point capital [était], dans les deux cas, d'imaginer un moteur puissant et léger, ne changeant pas de poids pendant son fonctionnement[3] ».

Dès lors que le sous-marin pouvait se mouvoir en plongée grâce à son énergie électrique, s'est posée naturellement la question de l'autonomie, malheureusement limitée à quelques heures et quelques milles par la capacité de la batterie. Pour y répondre, Laubeuf inventa en 1898 le submersible, engin dual, bâtiment de surface propulsé par un moteur atmosphérique, en surface, et sous-marin mû par un moteur électrique en plongée. En surface, le moteur thermique couplé à une génératrice permet de recharger la batterie et peut être ravitaillé en combustible à la mer. Après quelques tâtonnements, c'est la réduction du temps de prise de plongée, de même que la sécurité de l'équipage qui ont conduit à évoluer rapidement pour le moteur thermique du moteur à vapeur au moteur diesel. L'Aigrette de Laubeuf, lancé en 1904, inaugurait ainsi une configuration qui n'a quasiment plus changé jusqu'à aujourd'hui sur les sous-marins dont la propulsion est classiquement appelée « *diesel-électrique* ». L'invention d'un ingénieur hollandais, le « *snorkel* » constitué d'une prise d'air à clapet hissable au dessus de la surface, a permis, à partir de 1943, aux U-boat allemands, puis très rapidement à tous les sous-marins, de recharger les batteries en plongée à faible immersion. Cette opération reste cependant très risquée car, outre les dangers inhérents à la prise d'air juste au dessus de la surface[4], le sous-marin à l'immersion périscopique est très peu manoeuvrant, ses moyens d'écoute fortement perturbés par le bruit des moteurs et ses capacités de reprise de plongée limitées par l'état de charge partielle de sa batterie. Compte tenu des dangers de navigation présentés par cette situation du sous-marin, il est nécessaire également d'avoir la vision de la situation en surface en hissant un périscope. Cette situation de navigation est donc appelée « *navigation à l'immersion périscopique* ».

La capacité de recharger les batteries à l'immersion périscopique a permis de concevoir des sous-marins pour lesquels la situation en immersion devenait la situation normale, la navigation en surface exceptionnelle et, en principe, limitée aux transits de départ et de retour de

[3] Cité par Gustave Zédé, communication à l'Académie des Sciences du 5 avril 1886.

[4] La marche au schnorchel présente de nombreux risques : asphyxie de l'équipage en cas de fermeture prolongée des clapets du schorchel, entrée d'eau intempestive due à un mal fonctionnement de ces clapets, pouvant entraîner le noyage (et donc leur endommagement) des diesel, soit, de façon encore plus grave, une voie d'eau dans le bord, abordage par un bâtiment de surface, notamment par mauvaise mer. En cas de forte houle et de mauvaise pesée, le sous-marin peut également être « aspiré » de façon incontrôlable vers la surface perdant alors toute discrétion.

patrouille. Les formes extérieures de carène ont pu ainsi être plus aisément optimisées pour la plongée. Un sous-marin diesel-électrique, quelles que soient ses performances reste néanmoins lié à la surface car il doit revenir périodiquement à l'immersion périscopique. En effet, la charge normale d'une batterie ne permet pas de naviguer en plongée au-delà de quelques heures, pour les premiers sous-marins, de trois à quatre jours à faible vitesse, pour les sous-marins modernes. Or le fonctionnement au moteur diesel à l'immersion périscopique reste, pour le sous-marin, une indiscrétion car il est aisément détectable par des moyens d'observation aéroportés et infiniment plus bruyant que sur propulsion électrique. On appelle d'ailleurs « *taux d'indiscrétion* » le rapport du temps passé à l'immersion périscopique sur le temps total de patrouille. Ce taux est, bien entendu fonction de la situation, c'est-à-dire de la consommation électrique du sous-marin en patrouille, ainsi que du temps de charge des batteries. Il augmente notamment fortement avec la vitesse de patrouille en plongée.

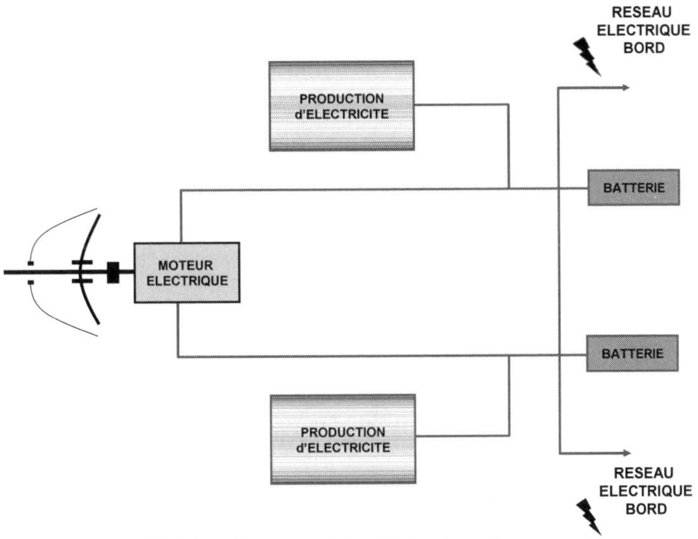

Figure I.1 *Schéma d'une propulsion X-électrique de sous-marin*

C'est pourquoi, et malgré le succès continu de l'architecture diesel-électrique, on s'est attaché à trouver le moteur capable de propulser, ou tout au moins de recharger les batteries en plongée, c'est-à-dire sans contact avec l'atmosphère.

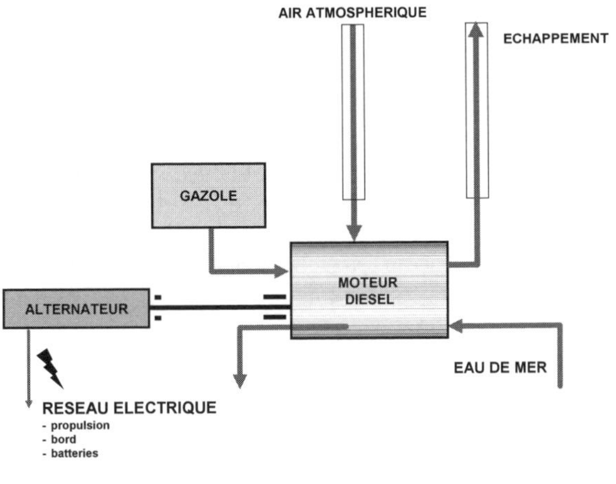

Figure I.2 *Production d'énergie diesel-électrique*

C'est évidemment l'énergie de l'atome qui a permis, à partir de 1954, date de l'entrée en service du premier sous-marin à propulsion nucléaire l'USS Nautilus, de réaliser le vieux rêve, exprimé 75 ans plus tôt par Jules Verne, d'une énergie illimitée, constamment disponible, sans combustion et sans rejets.

A la suite des Etats-Unis, la Grande –Bretagne puis la France se sont progressivement dotées de flottes sous-marines à propulsion nucléaire, combinant des *sous-marins nucléaires lanceurs d'engins* ou SNLE (les SSBN pour *Submarine Balistic Nuclear* anglo-saxons) et des *sous-marins nucléaires d'attaque* ou SNA (SSN pour *Submarine Nuclear* en anglais). Ces trois pays n'opèrent plus, depuis plusieurs années de sous-marins à propulsion diesel-électrique (parfois dénommée également « *propulsion classique* » ou « *propulsion conventionnelle* »). La Russie continue à déployer une flotte mixte de sous-marins à propulsion conventionnelle et de sous-marins nucléaires. Les sous-marins nucléaires, lanceurs d'engin et d'attaque, ont joué un rôle essentiel dans l'affrontement technologique entre l'Est et l'Ouest pendant la Guerre froide. Les SNLE sont rapidement devenus la composante principale de la dissuasion nucléaire, et les SNA l'arme anti-sous-marine par excellence (les « *hunter-killers* » des romans de Tom Clancy), marquant profondément et pendant plusieurs décennies l'architecture et les concepts d'emploi des sous-marins.

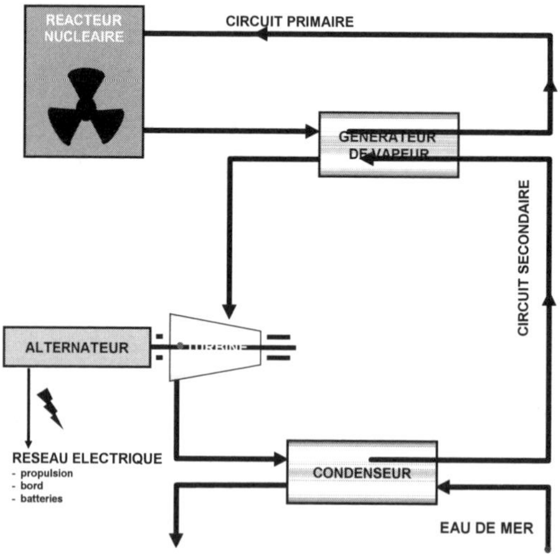

Figure I.3 *Production d'énergie turbo-électrique (nucléaire)*

Cependant, pour des raisons tant politiques que financières et techniques, la technologie des sous-marins à propulsion nucléaire reste encore réservée à un club très fermé de nations. D'autres manières de produire de l'énergie sans recours à l'atmosphère (les systèmes dits de « *propulsion anaérobie* » ou AIP pour *Air Independant Propulsion*) ont été examinées ; plusieurs même ont été testées, en général sans suite. Trois techniques ont donné lieu à des développements industriels et sont aujourd'hui appliquées sur des sous-marins en service : le moteur Stirling, moteur alternatif à gaz chaud, le système MESMA[5], système thermoélectrique à double boucle, et la pile à combustible. Les deux premiers systèmes sont des systèmes à combustion externe (la production d'énergie thermique et la production d'énergie mécanique sont séparées contrairement à un moteur à combustion interne), le troisième système est un système électrochimique d'électrolyse inverse. Dans tous les cas, deux fluides sont embarqués,

[5] Pour « Module d'Energie Sous-Marin Autonome ».

de l'oxygène généralement stocké sous-forme liquide, et un carburant hydrogéné (hydrocarbure pour les systèmes à combustion ou hydrogène pur pour les piles à combustible). Les résultats de la réaction, pour l'essentiel du gaz carbonique et de l'eau, sont rejetés à la mer, éventuellement après avoir subi une recompression pour équilibrer la pression d'immersion. Ces systèmes capables de développer en continu une puissance suffisante pour recharger les batteries d'un sous-marin à propulsion classique augmentent significativement (jusqu'à cinq fois) l'endurance en plongée du sous-marin. Celle-ci reste néanmoins limitée par le volume d'oxygène et de carburant embarqué.

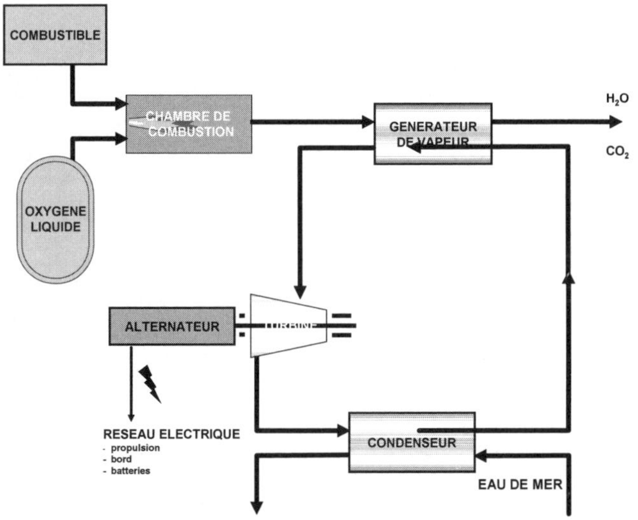

Figure I.4 *Système de production d'énergie anaérobie MESMA*

2.2 LA MAITRISE DE L'IMMERSION EN PLONGEE

La capacité à maintenir une altitude constante et à manœuvrer de façon contrôlée dans un milieu à trois dimensions a également constitué une des préoccupations permanentes majeures des sous-marins.

Compte tenu de la très faible vitesse de déplacement que la force des bras pouvait leur conférer, le problème du contrôle de l'immersion se réduisait, lors des premières tentatives de navigation sous-marine à la réalisation de l'équilibre statique de l'engin. La question de la prise et de la tenue d'immersion statique a été rapidement résolue, en fait dès les tentatives de Bushnell, par l'introduction de caisses d'eau embarquées permettant, par échange d'eau avec la mer, d'ajuster le poids de l'engin à la poussée d'Archimède qu'il subit. Ce principe a été par la suite développé dans les systèmes de ballasts. Aujourd'hui, encore, le volume et la distribution des ballasts constituent des choix déterminants dans l'architecture du sous-marin et font toujours l'objet de débats entre différentes écoles. Une fois la plongée réalisée et l'engin en immersion totale, le maintien de l'équilibre statique nécessite d'ajuster le lest à toutes les variations de masse de l'engin dues à des consommations diverses et aux variations de masse volumique de l'eau. Cet ajustement doit se faire en valeur et en centrage d'un lest ; ainsi se sont rapidement développés des systèmes de réglage et de compensation par déplacement du lest liquide entre différents réservoirs.

Une fois l'immersion prise et l'équilibre atteint sans vitesse d'avance, les mouvements dans le plan vertical pouvaient être réalisés soit par de petites variations de lest, comme sur un ballon atmosphérique, soit par des propulseurs hélicoïdaux à axe vertical. Beaucoup plus complexe est le problème de la tenue dynamique d'immersion et de la manœuvrabilité en plongée lorsque le sous-marin se déplace. Ce problème n'a pu être résolu que par une approche mathématique. L'aérodynamique, dans le domaine de la modélisation des efforts et de la compréhension de la mécanique du vol a apporté beaucoup à la maîtrise de la dynamique du sous-marin en plongée.

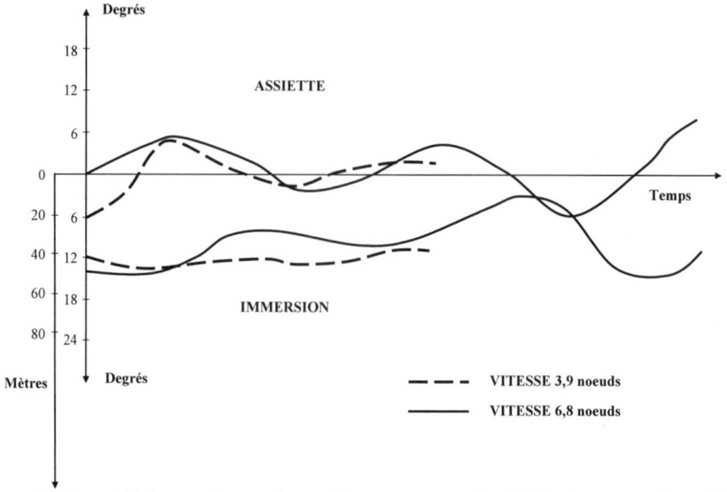

Figure I.5 *Exemple d'instabilité en assiette et immersion: sous-marin* La Créole *(mis sur cale en 1937). Le sous-marin, stable à 3,9 nd s'avère instable à 6,8 nd*

Tant du point de vue de l'efficacité que de la sécurité du sous-marin, la maîtrise de l'immersion est essentielle. Elle constitue, tout au long de l'histoire, un souci majeur des équipages comme des constructeurs. Il fallu pourtant plusieurs décennies pour en comprendre les mécanismes hydrodynamiques complexes, concevoir des systèmes de gouvernes sûrs et efficaces, développer et perfectionner le pilotage automatique.

Une difficulté supplémentaire apparaît lorsque le sous-marin, dont l'équilibre vertical est instable, contrairement au navire de surface, doit naviguer à proximité de la surface. En effet, bien que les efforts dus à la houle diminuent rapidement avec la profondeur, le sous- marin, du fait de l'instabilité naturelle de son équilibre vertical, leur est particulièrement sensible. Le problème de la tenue d'immersion sous houle, critique pour la navigation à l'immersion périscopique, a encore vu son importance et sa difficulté s'accroître avec le lancement vertical des missiles à changement de milieu, balistiques par les sous-marins stratégiques lanceurs d'engins ou tactiques, tels le Tomahawk américain, par les sous-marins d'attaque.

En navigation « normale » où la discrétion et la conservation des meilleures capacités d'écoute prévalent, les évolutions du sous-marin, en cap comme en immersion, se font de façon progressive, c'est-à-dire avec de faibles inclinaisons de l'axe longitudinal du sous-marin par rapport à la direction instantanée de son vecteur vitesse. De telles évolutions sont parfois qualifiées, en navigation sous-marine comme en aéronautique, d'évolutions « *aux petits angles* ». La modélisation mathématique de ces évolutions repose sur un modèle hydrodynamique simplifié (modèle linéaire). Cependant, dans certaines circonstances de pistage ou de combat où dans le cas de manœuvres d'urgence consécutives à une avarie, le sous-marin peut prendre de fortes inclinaisons (évolutions « *aux grands angles* »). L'écoulement autour de la carène devient très complexe et conduit à des phénomènes, bien connus des sous-mariniers, mais de modélisation mathématique difficile, tels que « *l'alourdissement de l'arrière* », ou la « *remontée en feuille morte* ».

2.3 LA DISCRETION

Sur les premiers sous-marins et jusqu'à la première guerre mondiale, on considérait que l'immersion complète suffisait à assurer l'invisibilité et ce faisant l'invulnérabilité. Cependant, très vite, il est apparu que le sous-marin s'il n'était pas à une immersion suffisante pouvait être vu par un observateur aérien si l'état de la mer, la luminosité du ciel, la couleur du fond le permettaient. C'est pourquoi, la Tortue de Bushnell dans le port de New York pendant la guerre d'Indépendance américaine, comme les « meutes » d'U-boat de la seconde guerre mondiale en Atlantique, attaquaient de nuit pour échapper à tout risque de détection visuelle à faible immersion. Le sous-marin doit donc être conçu avec une profondeur d'immersion de service (ou une profondeur maximale d'immersion ce qui recouvre, pour les sous-marins français, la même notion) suffisante pour le soustraire à toute détection optique à travers la surface, en dehors du temps où le sous-marin est contraint de revenir à l'immersion périscopique. Depuis quelques décennies la menace de détection optique à grande profondeur s'est accrue avec le développement de radars à ouverture synthétique, ou de détecteurs à laser portés par satellites.

Bien évidemment, l'émergence d'un appendice, périscope, antenne, tube d'air, et leur sillage de surface sont autant d'indiscrétions supplémentaires.

Le submersible a disparu au cours de la seconde guerre mondiale face à l'adversité représentée par l'utilisation intensive de radars montés sur avions de patrouille maritime. Le submersible en surface était devenu une cible de choix, « a sitting duck », pour les forces anti-sous-marines. L'invention du schnorchel permit, à partir de 1943, de concevoir des sous-marins pour la station et la navigation prolongée sous la surface. La conception des formes extérieures, s'en est trouvée révolutionnée.

En surface, la cavitation représente, pour sous-marins comme pour bâtiments de surface, une limitation car pouvant entraîner de rapides dégradations de l'hélice par érosion. En plongée, elle est rapidement devenue la principale cause de détection par les appareils d'écoute passive. Des progrès ont été rapidement réalisés en dégageant les hélices de la carène et en redressant les lignes d'arbres à l'horizontale. Cependant le maintien de deux lignes d'arbres, y compris sur les sous-marins construits après guerre, a limité les gains réalisés.

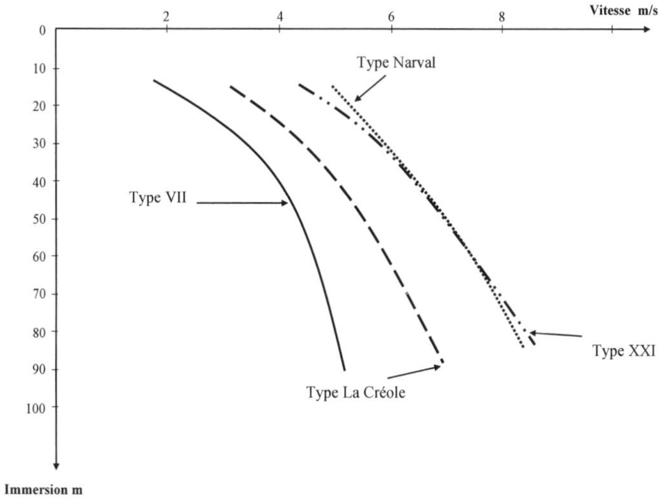

Figure I.6 *Courbes de cavitation de sous-marins à deux lignes d'arbres*

La propulsion nucléaire a donné au sous-marin sa véritable nature : la capacité de naviguer en plongée sans autre limitation de durée que l'endurance de son équipage. L'énergie disponible, quasiment infinie, et la puissance, très largement accrue, permettent alors aux sous-marins de soutenir pendant de longues périodes des vitesses de patrouille élevées. Or, pour un sous-marin donné, le bruit rayonné, et notamment le bruit d'origine hydrodynamique (bruit d'écoulement et bruit de cavitation), augmente exponentiellement avec la vitesse. Par ailleurs, sur un sous-marin à propulsion nucléaire, l'énergie électrique du bord est produite par des turbo-alternateurs qui fonctionnent en permanence, créant des bruits mécaniques inexistants sur un sous-marin alimenté de façon statique par batteries. A technologies équivalentes, un sous-marin à propulsion nucléaire est donc, en plongée, intrinsèquement plus bruyant qu'un sous-marin à propulsion classique. La révolution nucléaire fomentait ainsi le progrès rapide de *l'acoustique sous-marine*, tant dans la direction de la détection des bruits (la « *détection sous-marine - DSM* »), que de la réduction des bruits (la « *discrétion acoustique - DA* »).

Plusieurs sous-marins expérimentaux furent ainsi mis en chantier aux Etats-Unis. Suivant rapidement le premier sous-marin nucléaire, l'USS Nautilus dont les formes extérieures restaient proches de celles des sous-marins diesel-électrique d'après guerre, l'US Navy lança en 1953 un sous-marin expérimental, l'AGSS Albacore aux formes révolutionnaires destiné à tester différentes configurations de carène et d'appendices destinées à améliorer les performances hydrodynamiques à grande vitesse. Tous les sous-marins nucléaires conçus depuis aux Etats-Unis, notamment les séries de SNA Skipjack, puis Thresher, Los Angeles, Seawolf et Virginia, en Grande-Bretagne ou en France depuis les SNLE de type Redoutable, s'inspirent des formes « Albacore ».

L'USS Tullibee, lancé en 1960 fut pour sa part destiné à tester une nouvelle architecture incluant un sonar d'étrave sphérique, des tubes lance-torpilles « *en barbette* » et une propulsion turbo-électrique particulièrement silencieuse. Un deuxième prototype utilisant également une propulsion turbo-électrique mais avec une taille deux fois et demi supérieure à celle du Tullibee fut lancé en 1973. Bien que donnant des résultats remarquables en termes de discrétion acoustique, cette architecture fut jugée insuffisante en matière de vitesse, en raison de la faible densité de puissance du moteur électrique comparé à une transmission turbo-mécanique.

Une nouvelle étape majeure dans l'évolution de la conception des sous-marins a été franchie durant la décennie 80 face aux progrès considérables de la détection sous-marine notamment dans les très basses fréquences. Cette décennie a ainsi vu le développement d'une nouvelle génération de sous-marins, USS Ohio aux Etats-Unis, HMS Vanguard en grande Bretagne et SNLE Le Triomphant, en France axés principalement sur la discrétion. Le programme Le Triomphant, décidé en 1981, avait ainsi pour objectif de maintenir la crédibilité de la dissuasion océanique en relevant, notamment, le défi prévisible des technologies de détection sous-marine du XXIème siècle. En termes d'acoustique, le saut de performances a été chiffré : multiplier par dix la portée des moyens d'écoute, diviser par mille le bruit rayonné afin qu'à aucune fréquence il ne dépasse le bruit ambiant de la mer.

Dans les décennies à venir, les moyens de détection non acoustique continueront de se développer tandis que des techniques toujours plus sophistiquées de traitement du signal permettront d'extraire des signatures, faibles mais caractéristiques, du bruit de fond de la mer. On peut donc penser que la « *supériorité tactique* » qui nécessite de savoir entendre avant d'être entendu, tout en gardant la plus grande mobilité en vitesse et manœuvrabilité continuera à régir la conception des sous-marins.

2.4 L'ARMEMENT

Contrairement à l'avion qui est devenu un moyen de transport essentiel et un sport de loisir développé, le sous-marin n'a jamais été porté par des rêves ou des mythes poétiques. En tant que moyen de transport, il s'avère inconfortable, lent, risqué, coûteux et de capacité limitée. C'est la nécessité des armes qui en a suscité l'idée et justifié le développement. Même le Nautilus du Capitaine Nemo est avant tout l'instrument d'une vengeance impitoyable.

L'évolution de l'armement du sous-marin suit, bien évidemment étroitement, l'évolution du concept d'emploi.

L'arme principale du sous-marin d'attaque est, depuis l'origine, la torpille, torpille portée, puis torpille autopropulsée et enfin torpille filoguidée. Au fil du temps, le sous-marin a été doté de mines, de pièces d'artillerie (submersibles) puis de missiles à changement de milieu (balistiques, à vol rasant subsoniques ou supersoniques, enfin de croisière). L'intégration des armes et de leurs systèmes de lancement (*tubes lance-torpilles*, *tubes lance-missiles*) détermine dans une large mesure les formes de carènes. Ainsi l'emménagement de la charpente AV du sous-marin doit rechercher le meilleur compromis entre les contraintes liées à l'antenne d'étrave du sonar, celles liées aux tubes lance-torpilles, généralement placés parallèlement à l'axe du sous-marin et celles du ballast AV. D'autres contraintes, avec un fort impact sur les formes extérieures, peuvent apparaître avec la mise en œuvre d'autres « systèmes d'armes », engins autonomes (UAV-Underwater Autonomous Vehicle ou UUV-Underwater Unmanned Vehicle), plongeurs de combat, par exemple.

Figure I.7 *Tir de torpilles par un sous-marin d'attaque (DCNS)*

Le lancement de missiles par tubes verticaux (missiles balistiques et pour certains sous-marins, missiles de croisière) impose au sous-marin de se maintenir à une faible immersion (proche de l'immersion périscopique) à très faible vitesse afin de ne pas créer de contrainte de cisaillement trop forte sur le missile lors de sa sortie du tube. En présence de houle et compte tenu de l'instabilité naturelle du sous-marin en immersion statique cette tenue d'immersion nécessite des dispositions très particulières sur le sous-marin (appelées *installation de tenue de l'immersion de lancement*).

Figure I.8 *Sortie d'eau d'un missile balistique tiré depuis un sous-marin (DCNS)*

L'armement est indissociable de senseurs destinés à détecter, identifier, localiser les cibles mobiles, qu'elles soient elles-mêmes sous-marines, en surface, voire même aériennes, enfin à diriger le tir sur cette cible. Les cibles à terre, fixes, atteignables par missiles balistiques ou tactiques à plusieurs centaines ou milliers de milles nautiques, sont désignées par leurs coordonnées terrestres, ce qui peut nécessiter un recalage délicat et très précis de la position du sous-marin au moment même du lancement. En plongée, les senseurs utilisables sont exclusivement acoustiques et constituent, avec leur traitement du signal associé, le sonar. Le sonar des sous-marins modernes est constitué de différentes antennes spécialisées (de différentes bandes passantes et de différentes caractéristiques en termes de directivité). Il existe des antennes d'étrave, situées à l'extrême AV du sous-marin, de forme cylindrique, sphérique ou encore conforme[6]. Ces antennes sont des antennes multifonction à large bande permettant la détection, l'identification et, jusqu'à un certain point, la localisation des bruiteurs. Il existe également des antennes de grande extension spatiale destinées à une localisation plus précise des cibles et à l'analyse de leurs mouvements. Compte tenu de la forme du sous-marin, de telles antennes sont soit réparties le long de la carène (*antennes de flanc*), soit remorquées sous forme d'une *flûte* souple (*antenne linéaire remorquée*). Leur dimension permet également à ces antennes d'écouter des bruits en basse ou très basse fréquence.

Il existe une très forte interaction hydrodynamique entre les antennes du sonar et les formes extérieures de la carène. En effet, afin d'être en mesure de capter le maximum de puissance acoustique reçue des bruiteurs intéressants, les hydrophones qui constituent les antennes doivent être situés le plus extérieurement possible par rapport à la structure du sous-marin, c'est-à-dire quasiment affleurant la carène. Compte tenu de contraintes mécaniques et fonctionnelles inévitables, l'emménagement des antennes conduit donc à rechercher des formes de carènes adaptées. Réciproquement, les antennes sont directement affectées par l'écoulement turbulent de la couche limite sur la carène créant un bruit de fond hydrodynamique qui doit être éliminé, pour partie, par un dessin optimisé de la carène, pour partie par un traitement sophistiqué du signal (filtrage « *en nombre d'ondes* »).

Enfin, d'autres équipements externes à la carène, viennent compléter le système de combat d'un sous-marin : équipements de visée à l'immersion périscopique (périscope optique, mât optoélectronique), équipements de communication, en surface (antennes fouet, antennes satellites) ou en plongée (antenne filaire, bouée remorquée), contre-mesures (détecteur de radar, leurres, intercepteur d'émissions sonar), sondes de mesure des caractéristiques physiques

[6] C'est-à-dire de forme tridimensionnelle épousant la forme de la carène extérieure du sous-marin

de l'eau, sondeur de navigation. La plupart de ces équipements sont carénés par les superstructures du sous-marin, notamment le massif et le pont.

3. CONCEPTS D'EMPLOI

Si l'effet de surprise est le principe fondamental de toute action victorieuse, le sous-marin est l'arme offensive par excellence. En évoluant sous l'eau, un milieu que ne peut pénétrer de façon significative aucune onde lumineuse[7] ou électromagnétique, le sous-marin peut s'approcher de sa cible en toute discrétion. Contre navires, bâtiments de surface ou autres sous-marins, il dispose d'une arme absolument létale, la torpille qui, frappant l'adversaire dans ses œuvres vives, ne lui laisse aucune chance de survie. Arme du faible face à plus fort, le sous-marin peut ainsi, avec une faible probabilité d'interception, infliger des dommages et des pertes bien supérieurs à sa propre valeur.

A partir des années 1950 ont été développés aux Etats-Unis puis en Union soviétique, en Grande-Bretagne et en France, enfin en Chine, des sous-marins capables de lancer des missiles nucléaires intercontinentaux. Les *sous-marins nucléaires lanceurs d'engins* (*Submarine Ballistic Nuclear* ou SSBN en anglais) sont ainsi devenus pour ces nations l'une des composantes des forces nucléaires donnant ainsi à la capacité dissuasive naturelle du sous-marin la dimension stratégique. Le rôle stratégique majeur dans l'établissement de « l'équilibre de la terreur » entre les blocs joué par les SNLE a conduit les mêmes marines à se doter de flottes de SNA, d'une part pour entraîner et protéger leurs propres sous-marins stratégiques, mais également pour donner la chasse aux SNLE adverses.

La fin de la guerre froide a conduit à définir de nouveaux concepts d'emploi pour les sous-marins qui, tout en pouvant continuer à opérer de façon solitaire doivent aussi pouvoir s'intégrer tactiquement à une force navale. Toutefois, l'accent particulier mis aujourd'hui sur les opérations littorales, opérations amphibies ou opérations de maintien de la sécurité dans les approches maritimes, crée pour le sous-marin de nouvelles contraintes et de nouveaux besoins susceptible de peser de façon significative sur son architecture.

3.1 SOUS-MARINS COTIERS ET SOUS-MARINS DE COURSE

Ce n'est pas un hasard si les premières tentatives d'application militaire de la navigation sous-marine, de Bushnell à Holland en passant par Fulton, Villeroi et Hunley, ont eu lieu aux Etats-Unis d'Amérique, alors nation en construction luttant pour son indépendance, puis sa survie, face à une menace exercée par la plus grande puissance maritime du temps. Face à la même puissance britannique, et malgré le désintérêt de Napoléon pour les idées de Fulton, c'est en France que l'idée du sous-marin prend son essor dans la deuxième moitié du XIXème siècle, notamment auprès des tenants de la Jeune Ecole, dont l'Amiral Bourgeois et l'Amiral Aube, ministre de la Marine qui commanda la construction du Gymnote. Arme pouvant forcer les blocus, capable de porter des coups très durs aux forces comme à l'économie de l'adversaire, l'obligeant à disperser ses moyens maritimes, le sous-marin apparaît ainsi comme une arme capable d'instaurer l'équilibre entre « faible » et « fort ». Pour ses détracteurs, dont pendant un temps l'Amirauté britannique, il est même une arme immorale, qui remet en tous cas en cause les principes de la guerre d'escadre.

[7] A l'exception d'une bande très étroite du spectre visible dans le bleu, qui explique notamment la couleur de l'eau claire. Cette constatation a laissé penser que les sous-marins pourraient être détectés, depuis l'espace, à l'aide de rayons laser travaillant dans cette longueur d'ondes. D'autres moyens de détection depuis l'atmosphère ont également été imaginés, tels que la détection altimétrique, par radar à ouverture synthétique, des ondes internes créées par le passage du sous-marin à travers des couches d'eau de mer de différentes densités.

Les débuts du sous-marin, jusqu'à la première guerre mondiale ont été marqué par un débat doctrinal de fond entre le « *sous-marin pur* », dont les tenants en France étaient Gustave Zédé puis Ramazzotti et Maugas, et le « *submersible* » proposé par Laubeuf. Le sous-marin pur est un engin à simple coque et à ballasts intérieurs. De fait, ses formes, sensiblement de révolution, sont profilées pour la navigation en immersion, mais ils possèdent une flottabilité très faible et ne peuvent donc pas naviguer en surface. Au mieux ils glissent, par mer calme au ras de l'eau. Ne disposant, d'autre part, que d'une propulsion électrique sur batterie, leur autonomie est également très limitée. Le submersible, pour sa part, est avant tout un navire de surface dont les formes de carènes sont définies pour la performance de tenue à la mer et de résistance de vagues. Ses larges ballasts extérieurs lui donnent une grande flottabilité. Il possède un double système propulsif qui lui donne une grande autonomie en surface et lui permet de recharger ses batteries à la mer. Ses adversaires critiquaient un temps de plongée très élevé (près de 30 mn sur le Narval à ses débuts) et des qualités hydrodynamiques en plongée difficilement maîtrisables. On peut discerner les mêmes interrogations dans la conception des sous-marins successifs américains entre le premier modèle Holland en 1897 et les modèles construits par L'Electric Boat Company après 1910. Les premiers modèles combinaient le double système propulsif du submersible avec les ballasts intérieurs du sous-marin pur. Progressivement, au fil des modèles successifs et l'introduction de ballasts extérieurs, ces sous-marins ont vu leur flottabilité augmenter jusqu'à 33 % avec le modèle M lancé en 1914. A partir de 1905, tous les sous-marins et notamment les sous-marins allemands construits par Krupp à partir du U1, adoptent la « *conception Laubeuf* ». La victoire du submersible marque également la victoire du concept du sous-marin de course sur le sous-marin anti-blocus.

Ce fut, en fait, l'Allemagne, qui durant la première guerre mondiale, appliqua la première aux opérations sous-marines les conceptions de la guerre de course chères à la Jeune Ecole. Plus de 18 millions de tonnes sont coulées pendant le conflit ; les sous-marins allemands en sont les principaux responsables[8]. En effet, dès la fin de 1916, les submersibles allemands gagnent en autonomie en plongée (plus de 100 milles) et utilisent désormais la torpille pour attaquer, en plongée, leurs cibles. Ceci les rend d'autant plus difficiles à détecter et intercepter que les alliés, et notamment la Royal Navy, ne disposent pas en nombre suffisant de bâtiments rapides et armés pour les contrer.

3.2 DE LA LUTTE ANTISURFACE A LA LUTTE ANTI-SOUS-MARINE

La deuxième guerre mondiale a vu se dérouler deux grands conflits navals dans lesquels les sous-marins ont joué un rôle remarquable : la bataille de l'Atlantique et la Guerre du Pacifique. Malgré leur courage et leur acharnement, les sous-mariniers allemands dont près des trois quart ont disparu durant le conflit, ont perdu la Bataille de l'Atlantique en raison de l'effort considérable des alliés en matière de lutte anti-sous-marine : ASDIC et aviation équipée de radars centimétriques notamment. En revanche, dans le Pacifique l'avantage est resté aux sous-marins américains qui eurent à leur actif 60 % du tonnage coulé, les japonais ne disposant pas d'équipements anti-sous-marins efficaces.

Depuis ses débuts et jusqu'à la fin de la seconde guerre mondiale, le sous-marin était imaginé essentiellement comme une arme anti-surface. Fulton avait émis l'opinion « que deux flottilles de Nautile ne peuvent se combattre » et Laubeuf renchérissait en 1911 : « on peut combattre un cuirassé avec un autre cuirassé mais on ne peut lutter contre un sous-marin avec un autre sous-marin ». Cependant, dès le début de 1917, l'Amirauté britannique avait affecté un certain nombre de ses sous-marins à la lutte anti-sous-marine. L'objectif était essentiellement de surprendre les sous-marins allemands de la mer du Nord et de la Manche lors de patrouilles

[8] « The German in 1917 distinctly possessed a very considerable command of the sea, by means of her submerged vessels », Amiral Jellicoe.

moins visibles que celles conduites par les grosses unités de surface. Les résultats de ces sous-marins furent très modestes en raison d'une vitesse, de moyens de détection et d'une portée des torpilles insuffisants pour de telles missions. Deux projets à vocation anti-sous-marine, le type « R » au Royaume-Uni et le type « A » en France, furent imaginés peu avant la fin de la guerre. Pour la première fois, il était envisagé qu'un submersible puisse être plus rapide sous l'eau (14 à 15 nœuds) qu'en surface (10 à 12 nœuds) grâce à un système propulsif et surtout des formes de carène adaptées à la navigation en plongée. Le premier type, britannique, arriva malheureusement trop tard pour jouer un rôle dans le conflit. Il montra cependant, d'une part que l'accent mis sur la vitesse en plongée réduisait considérablement les performances nautiques en surface, ce qui compte tenu de la nécessité de recharger longuement la batterie, était très pénalisant, d'autre part qu'à grande vitesse en plongée le sous-marin faisait preuve d'une dangereuse instabilité en immersion, alors inexpliquée. Le projet français, pour sa part, ne vit jamais le jour.

C'est, après la seconde guerre mondiale, l'apparition des forces sous-marines stratégiques qui a fait se développer la vocation anti-sous-marine des sous-marins. En effet, l'avantage de discrétion du sous-marin à propulsion nucléaire par rapport aux forces de surface ou aériennes oblige à mobiliser un dispositif considérable pour espérer détecter et localiser un sous-marin en patrouille. Le « combat acoustique » est beaucoup plus équilibré entre deux sous-marins et un SNA posté aux passages obligés du SNLE (lors de sa sortie de la base, par exemple) peut espérer pouvoir le pister durant sa patrouille. Bien évidemment, le SNLE et ses forces de soutien s'attacheront à contre-détecter le pisteur et à le neutraliser.

Les technologies et les concepts de lutte sous-marine doivent donc beaucoup à la guerre froide. Le jeu permanent de « chasseur-chassé » entre sous-marins occidentaux et soviétiques a suscité de part et d'autre d'importantes recherches tant en matière de détection passive que de discrétion acoustique. Dans ce jeu, l'objectif est de détecter, identifier, localiser, ajuster le tir potentiel de torpille avant l'adversaire qui a symétriquement le même objectif. Compte tenu des phénomènes physiques mis en jeu en acoustique sous-marine (grandes longueurs d'ondes, inhomogénéité du milieu et anisotropie de la propagation, bruit de fond), cet enchaînement peut prendre un temps important pendant lesquelles la mobilité des acteurs peut faire la différence. Ainsi, tandis que les marines occidentales cherchaient à tout prix à réduire le bruit rayonné de leurs sous-marins, la marine soviétique optait pour la vitesse (jusqu'à 40 nd en plongée sur les sous-marins de type Alpha) et l'immersion (jusqu'à 1000 m pour les sous-marins à coque de titane Alpha ou Mike). En tout états de cause, « *l'avantage tactique* » d'un sous-marin sur un autre est un optimum entre les performances de détection, de discrétion et de mobilité, les deux premières étant, a priori, contradictoires de la troisième.

3.3 L'ACTION CONTRE LA TERRE

La guerre froide a également conduit les Etats-Unis et l'Union soviétique à concevoir des sous-marins, essentiellement à propulsion nucléaire, à vocation préstratégique, intermédiaires entre sous-marins d'attaque et sous-marins lance missiles balistiques. Il s'agit des sous-marins lanceurs de missiles de croisière, SSG ou SSGN (comme *Submarine Guided Nuclear*). Ces sous-marins ont une forte capacité de feu contre la terre. Initialement conçus pour agir de façon isolée, ces sous-marins, comme cela fut illustré lors de la première guerre du Golfe, sont appelés à opérer de façon combinée avec une force d'intervention interarmées.

La guerre des Malouines, en 1982, a été l'occasion de démontrer le caractère dissuasif du sous-marin sur le théâtre tactique naval. En effet, arme imparable et indétectable, elle agit, par extension, de façon passive et par sa seule existence, en inhibant l'adversaire ou en détournant ses efforts offensifs vers une auto-défense très coûteuse : ne pouvant localiser le sous-marin, l'adversaire peut craindre sa présence n'importe où[9]. Ainsi, un seul SNA britannique, le HMS Conqueror, a-t-il pu neutraliser à son port l'ensemble de la flotte argentine après avoir dramatiquement signalé sa présence en coulant le croiseur Belgrano. De la même façon, le SNA Rubis a bloqué la flotte serbe dans les bouches de Kotor lors de l'opération Trident (guerre du Kosovo) en 1999.

La fin de la guerre froide et l'amplification corrélative des tensions régionales a conduit, à partir de la décennie 90, à réorienter l'action des forces navales vers les zones littorales soit pour le maintien de la sécurité des zones d'importance économique soit pour des actions de projection de forces depuis la mer (opérations amphibies). Comme la Royal Navy l'avait anticipé lors de la guerre des Malouines, le sous-marin est appelé dans ce nouveau contexte a jouer tout son rôle dans les opérations combinées littorales. Dans de tels conflits, le sous-marin est, bien évidemment, appelé à assurer la sécurité de l'espace sous-marin autour de la force de surface, groupe aéronaval ou force amphibie. Mais il peut également assurer des frappes contre la terre par missiles de croisière, amplifiant son action par l'effet de surprise. Il peut également réaliser des « opérations spéciales », c'est-à-dire assurer, de la façon la plus discrète qu'il soit, une surveillance de l'activité militaire et électromagnétique adverse, déployer des plongeurs de combat ou des engins sous-marin autonomes, déposer des mines…

De bâtiment très spécialisé, le sous-marin devient ainsi un bâtiment multi-mission. Cette évolution introduit de nouvelles contraintes. Ainsi les opérations littorales exigent du sous-marin une manœuvrabilité accrue. Cette exigence conduit naturellement à des sous-marins plus compacts (dans la mesure où la multiplication des missions et des équipements rend cette compacité possible). Les barres arrière en X, d'efficacité intrinsèque supérieure aux barres traditionnelles en croix, se répandent, comme sur la nouvelle génération de SNA français Barracuda. Les types d'armes également se multiplient : torpilles, lourdes et légères, missiles antinavires, demain anti-aériens, de croisière, mines. Cette multiplicité conduit à imaginer pour les sous-marins futurs des modules d'armes interchangeables en fonction de la mission assignée. Ces modules incluent la capacité de déploiement et de récupération d'engin sous-marins autonomes, engins de reconnaissance, de guerre des mines, de surveillance ou de communication.

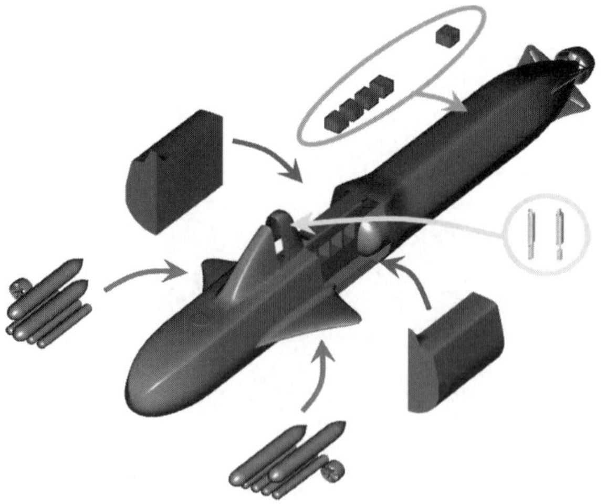

Figure I.9 *Concept de sous-marin modulaire (projet SMX-24 de DCNS)*

Enfin l'intégration tactique du sous-marin dans une force combinée nécessite des capacités de communication et de transmission de données très importantes et quasi-permanentes. Ces

[9] Lire l'amusant roman de Pierre Boule « La baleine des Malouines ».

communications doivent pouvoir se faire sans nuire à la nature même du sous-marin c'est-à-dire sans dégrader sa discrétion acoustique et électromagnétique.

Comme le souligne L'Ingénieur Général de l'Armement Boisrayon[10], depuis « l'origine de l'arme sous-marine, la doctrine d'emploi, parfois hésitante, a guidé l'architecture qui a su trouver dans les technologies existantes les solutions aux objectifs opérationnels assignés ». Le besoin s'est complexifié avec des ambitions toujours plus élevées, amenant, notamment, à affiner les modèles et outils hydrodynamiques : la tenue de l'immersion, le recherche de la vitesse en plongée, le défi de la discrétion acoustique, demain celui des engins autonomes, sont autant de « révolutions à la mer » dans la conception de ces engins.

[10] L'encyclopédie des sous-marins français – [44].

Chapitre II
LES FORMES EXTERIEURES DU SOUS-MARIN

Comme pour tout engin de transport, terrestre, aérien ou maritime, les formes extérieures du sous-marin ont une influence directe sur ses performances. Ainsi, l'amélioration constante des performances propulsives qui peut traduire une course à la vitesse ou, au contraire, une recherche d'économie d'énergie, conduit à s'interroger sur la pertinence des formes et sur la façon de les rendre plus « efficaces ». L'efficacité des formes s'entend comme leur contribution à l'objectif recherché, l'amélioration du rendement propulsif global, dans le cadre des contraintes de volume et de faisabilité imposées.

Dans le cas du sous-marin où l'énergie disponible en plongée est sévèrement limitée, la réduction de la résistance hydrodynamique a été, dès la seconde guerre mondiale, un facteur déterminant dans l'évolution des formes de carènes. L'atome, bien que fournissant une énergie quasiment illimitée n'a pas changé cette tendance, car alors c'est le critère de vitesse en plongée, et qui plus est, de vitesse « silencieuse », qui est devenu le critère dimensionnant, exigeant, encore plus que la simple réduction de traînée, une optimisation des formes extérieures.

Aujourd'hui, les calculs hydrodynamiques et de nombreux essais sur maquettes représentent une part importante du développement d'un projet de sous-marin. Cet effort porte sur la configuration et les formes générales de la carène du navire mais également sur la disposition et le détail de conception de différents « accidents » de carène inévitables (échappements, prises d'eau, appendices divers). Les capacités de calcul actuelles permettent de modéliser les écoulements complexes autour de carènes dans des conditions réalistes, par résolution directe des équations de Navier-Stokes (Figure II.1).

Toutefois, ces calculs qui restent très lourds, notamment en termes de discrétisation et de maillage, ne peuvent s'appliquer que sur une géométrie de carène préalablement définie. Aux premiers stades de la conception préliminaire, ce sont principalement des critères relatifs aux emménagements principaux qui guident la définition de cette géométrie. Cependant quelques éléments fondamentaux d'hydrodynamique doivent être pris en compte, car ils déterminent la puissance propulsive qui est l'un des principaux paramètres dimensionnant du sous-marin. Cette définition se fait donc à l'aide de quelques critères relativement simples, issus d'expériences antérieures et du savoir-faire du bureau d'études.

La forme de base de tous les sous-marins modernes est un fuseau allongé, proche d'une forme de révolution et revêtu de différents appendices. L'extrémité avant (AV) du fuseau qui constitue l'étrave, est le siège de compromis architecturaux délicats car elle abrite plusieurs fonctions essentielles pour le sous-marin : le sonar d'étrave, principal moyen d'écoute du sous-marin, doit bénéficier des conditions d'écoulement les plus « silencieuses », mais doit également s'accommoder de la présence de plusieurs tubes lance-torpilles qui contraignent fortement l'aménagement de l'ensemble de la charpente AV.

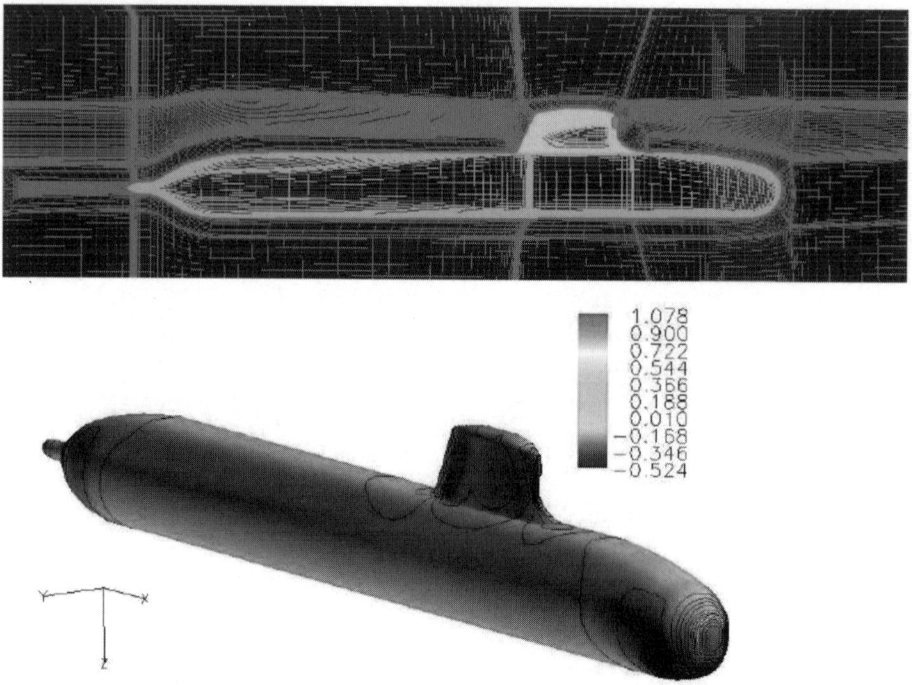

Figure II.1 *Calcul d'écoulement par résolution des équations de Navier-Stokes autour d'une carène de sous-marin : maillage et répartition de pression (Bassin d'Essais des Carènes)*

Le massif constitue l'appendice extérieur le plus volumineux du sous-marin. Nécessaire pour la navigation en surface, il carène, en plongée, différentes extensions de la coque épaisse ou des équipements hissables. Il constitue néanmoins la principale altération à une forme idéalement pure. Bien que des générations d'hydrodynamiciens aient rêvé de le supprimer, il subsiste encore aujourd'hui, avec des formes diverses, sur tous les sous-marins.

Les surfaces de gouverne, destinées à assurer la manœuvrabilité du sous-marin ont une fonction hydrodynamique essentielle est sont dimensionnées en conséquence. Toutefois, elles ont également un impact sur la traînée globale du sous-marin et, par diverses interactions hydrodynamiques et hydro élastiques, sur le rendement du propulseur et sur la réponse vibratoire de différents éléments de structure du sous-marin.

La conception des formes de carènes d'un sous-marin est donc guidée par le souci de maîtriser les qualités d'écoulement lors du déplacement en plongée afin d'assurer de façon optimale :

- la plus faible résistance à l'avancement, en réduisant le « surface mouillée » et en éliminant les sources de décollement hydrodynamique et les formations tourbillonnaires ;

- les évolutions requises dans les trois dimensions avec le minimum de consommation énergétique ;

- la meilleure efficacité des antennes de détection acoustique en réduisant autant que possible les structures turbulentes sur leur surface ;

- la plus grande discrétion acoustique en réduisant les excitations vibratoires du propulseur ou de structures élastiques de la coque, par des irrégularités turbulentes de sillage.

Ces différents aspects seront examinés de façon quantitative dans les chapitres suivants.

1. EVOLUTION DES FORMES

1.1 LE SOUS-MARIN « PUR »

Le sous-marin s'est développé à la fin du XIXème siècle sur le principe de la torpille, c'est-à-dire d'un engin destiné à naviguer sous l'eau de façon autonome, propulsé par un moteur électrique alimenté par une batterie d'accumulateurs. D'une manière générale, les sous-marins conçus à cette époque, avaient des ballasts intérieurs, donc de volume très limité, et la coque résistante constituait également la coque extérieure, à laquelle on donna assez naturellement, comme d'ailleurs aux aérostats dirigeables, la forme de résistance minimale à la marche en ligne droite : un fuseau effilé à symétrie de révolution. Malheureusement, ces engins s'avérèrent inadaptés à la station en surface du fait de leur très faible flottabilité, mais également très difficiles à maintenir en immersion du fait d'une instabilité dynamique naturelle. A la suite du Plongeur de Bourgeois et Brun, dont les essais démontrèrent qu'il ne pouvait se déplacer qu'en demi-plongée ou par des fonds propices lui permettant de « glisser en rebondissant », le Gymnote de Gustave Zédé fut utilisé comme bâtiment d'expériences afin de tester différentes configurations de gouvernails de plongée et d'ailerons de stabilisation. Son successeur, le Sirène renommé le Gustave Zédé après le décès accidentel de l'ingénieur, fut doté de trois paires de gouvernails horizontaux sur une coque fuselée de très grand allongement. Sa stabilité s'en trouva telle que la manœuvre, extrêmement lente, dut être aidée par des pompes refoulant de l'eau latéralement à l'arrière.

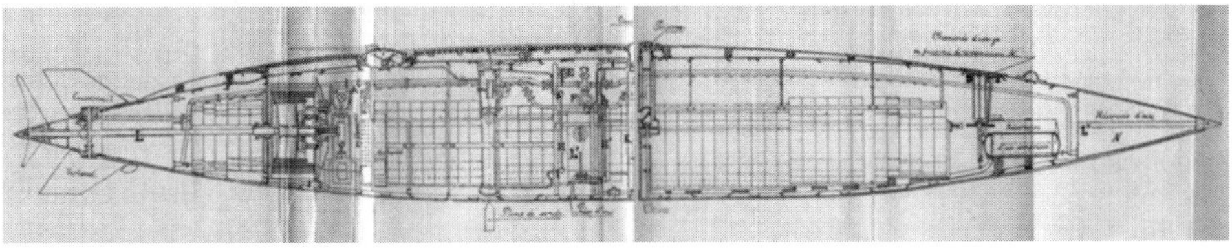

Figure II.2 *Plan du Gymnote de Gustave Zédé*

1.2 LE SUBMERSIBLE

Au tournant du XXème siècle, Laubeuf imagine le concept de « *submersible autonome* » et crée une rupture basée sur les principes de double coque et de double système propulsif, transformant le « gardien de port » en véritable arme offensive de haute mer. La coque résistante, toujours à symétrie de révolution, associée à une propulsion électrique permettait la navigation sous-marine, tandis que la coque externe, enveloppant de larges ballasts, et une propulsion thermique donnaient au submersible les qualités nautiques (faible résistance de vagues et tenue à la mer) et l'autonomie d'un bâtiment de surface. Pour la carène extérieur, Laubeuf adopta d'ailleurs les formes éprouvées des torpilleurs Normand construits en série entre 1878 et 1907.

Figure II.3 *Le sous marin Narval de Maxime Laubeuf*

Après quelques hésitations au début du nouveau siècle, le concept de submersible fut rapidement adopté dans le monde entier, la première guerre mondiale démontrant largement son efficacité contre les navires de surface. La figure II.9 illustre certaines de ces configurations imaginées dans les premières années du XXème siècle.

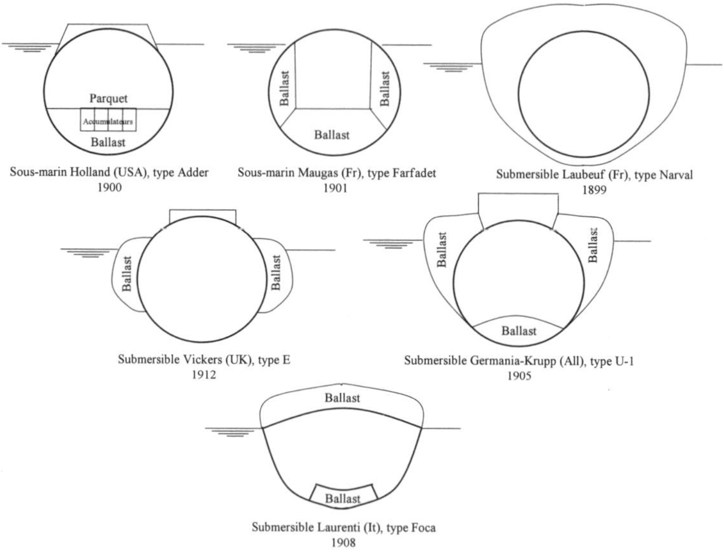

Figure II.4 *Différentes sections de sous-marins à simple et double coque (d'après Laubeuf [30])*

Durant l'entre-deux guerres, on s'est attaché à améliorer les performances en surface des sous-marins, leur capacité à travailler en escadre et leur artillerie, conduisant à la prolifération d'appendices et d'équipements extérieurs bien peu favorables à la navigation sous-marine. Une très importante résistance hydrodynamique à la marche limitait ainsi à quelques nœuds la vitesse en plongée. Ces sous-marins dépassaient à peine la vitesse maximale de 10 nœuds en plongée alors que leur vitesse en surface pouvait atteindre les 20 nœuds. La faible vitesse masquait d'autres aspects complexes de la navigation en immersion, comme la stabilité hydrodynamique, la vitesse critique, la vitesse d'inversion de barre. Un sous-marin comme La Créole, achevé juste avant la seconde guerre mondiale, présentait au-delà de 6 nœuds en immersion une dangereuse instabilité en assiette et immersion (voir figure I.5 et chapitre III).

Figure II.5 *Croiseur sous-marin Surcouf (1934) et U-boat type XXI (1945)*

1.3 LE SOUS-MARIN NUCLEAIRE

Durant la seconde guerre mondiale, le développement des systèmes de détection au dessus de la surface a entraîné la fin du submersible. Le schnorchel, apparu en 1943, permettait même la recharge des batteries en immersion. Dès lors, la plongée, devenait la situation normale du sous-marin et dès la fin de la guerre, les sous-marins allemands de types XXI et XXIII et les sous-marins américains GUPPY (pour « *Greater Underwater Propulsive Power* »), témoignaient de cette rapide évolution par la disparition des filières, de l'artillerie et autres appendices extérieurs tandis que la baignoire et le pont prenaient désormais des formes beaucoup plus hydrodynamiques. De nombreux sous-marins de formes très directement inspirées des GUPPY et des U-XXI furent construits dans le monde dans les années 50, grâce notamment aux expériences et aux données récupérées des allemands par les alliés, tels les Tang américains, les Oberon britanniques, les Foxtrot soviétiques ou les Narval français.

Néanmoins le sous-marin diesel-électrique restait lié à la surface pour la recharge périodique des batteries. C'est la propulsion nucléaire, et dans une moindre mesure, les propulsions anaérobies, qui vont donner au sous-marin sa véritable dimension. Dès 1947, sous l'impulsion du Captain Rickover[1], l'US Navy lance le développement de la propulsion nucléaire. Le premier sous-marin à propulsion nucléaire, baptisé USS Nautilus, sera lancé en 1954. Parallèlement, l'US Navy mène un programme de sous-marin expérimental l'AGSS Albacore destiné à la recherche des formes optimales en plongée dans le but, à la fois, de réduire la résistance à la marche et d'augmenter la manœuvrabilité. Après une longue série d'essais de maquettes en bassin des carènes et en souffleries, l'AGSS Albacore démarra ses essais à la mer en décembre 1953. Dès sa première campagne il atteignit les 27 nœuds en plongée sur batteries.

La forme de base du sous-marin Albacore est constituée d'un fuseau à forme de révolution, avec une étrave en forme de paraboloïde et un arrière effilé. L'équation paramétrée de ce fuseau reste aujourd'hui à la base de la définition des formes des sous-marins modernes. Pour la première fois, l'AGSS Albacore était également doté d'une seule ligne d'arbres, configuration beaucoup plus efficace en termes de rendement propulsif et de discrétion. Trois configurations d'hélice, incluant un jeu d'hélices contrarotatives, furent testées à la mer. En matière d'appendices, seul un massif, lui-même de forme effilée, venait rompre la symétrie du fuseau. Très mince, le massif prenait le nom de « sail » (la voile) et était doté, à l'arrière d'un volet orientable. Différentes configurations de gouvernes furent également testées incluant des barres arrière en X et, même des hydro freins. Au total, cinq configurations différentes du sous-marin furent réalisées entre 1953 et 1972, date de son retrait du service. Tous les sous-marins américains, à partir du dernier sous-marin à propulsion classique, l'USS Barbel et des sous-marins nucléaires d'attaque de types Skipjack, puis Sturgeon et Thresher, et dans une large mesure les sous-marins français à partir du Redoutable, utiliseront les données hydrodynamiques rassemblées lors du projet Albacore.

[1] L'Amiral Hyman Rickover, immigré polonais, restera toute sa carrière le maître d'œuvre et le patron incontesté de la flotte nucléaire américaine. Il quittera le service à l'age de 81 ans, plus haut gradé de l'US Navy. Un SNA porte aujourd'hui son nom.

Figure II.6 *Maquette du sous-marin Albacore dans la soufflerie du National Advisory Committee on Aeronautics (NACA, devenu NASA) à Langley (US Naval Institute)*

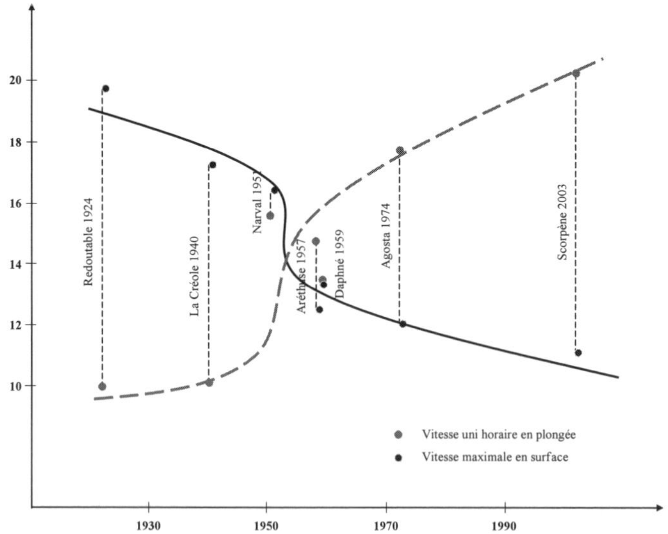

Figure II.7 *Evolution des vitesses en surface et en plongée des sous-marins français à propulsion non-nucléaire. On constate la nette inflexion après la seconde guerre mondiale.*

1.4 LA DISCRETION ACOUSTIQUE

Si la vitesse en plongée fut l'exigence prioritaire des premiers sous-marins nucléaires d'attaque, avec des vitesses maximales dépassant les 32 nœuds, pour les sous-marins américains de la classe Los Angeles, ou les 40 nœuds pour les célèbres sous-marins soviétiques de type Alpha, une nouvelle contrainte dimensionnante prit le pas sur la vitesse à partir des années 1970. En effet, face au développement des capacités de détection sous-marine, notamment à très basse fréquence où le bruit peut se propager à des distances considérables, la discrétion acoustique devenait un critère majeur de performance des sous-marins.

Lorsqu'en 1981 sont lancées en France les études de conception de la nouvelle génération de SNLE destinée à remplacer la série du Redoutable, les objectifs à atteindre sont difficilement imaginables : réduire par mille la puissance de bruit rayonné par le sous-marin en patrouille, multiplier par dix les capacités de détection par rapport à la génération précédente. Pour atteindre ces objectifs, c'est un programme d'études hydroacoustiques sans précédent depuis l'Albacore qui sera réalisé sous la direction de l'architecte du navire, Gérald Boisrayon, et du Chargé de Mission Discrétion acoustique, Michel Bénicourt. Toutes les « irrégularités » de carène, depuis le raccordement du massif au fuseau jusqu'à la forme des ouvertures de ballasts, ont fait l'objet d'études numériques et expérimentales. C'est au total, en une dizaine d'années, 20 000 heures d'essais sur maquettes qui seront réalisées. Pour ce faire, la DGA construira à Val de Reuil, un des plus grands tunnels hydrodynamiques du monde. En parallèle, et pour se rapprocher des conditions d'écoulement rencontrées au réel (dites, dans le jargon des hydrodynamiciens, « *à grand nombre de Reynolds* »), on utilisera les grandes souffleries de l'ONERA (Office National d'Etudes Aérospatiales) à Saclay et à Toulouse. Plusieurs maquettes autopropulsées au 1/10ème seront construites et « écoutées » dans un centre d'essais spécialement aménagé dans un lac profond des Alpes de Haute Provence. Enfin deux sous-marins, le Dauphin et le La Praya, seront utilisés pendant plusieurs mois comme plates-formes d'essais à la mer, l'un pour mieux comprendre et réduire les perturbations d'écoulement sur les antennes sonar (les « oreilles ») du sous-marin, l'autre pour tester les performances hydrodynamiques d'un nouveau type de propulseur appelé « pump-jet ».

C'est également dans ce contexte que fut réalisée à la fin des années 80, une opération de refonte des sous-marins nucléaires d'attaque en construction, la série des SNA Rubis, opération baptisée AMETHYSTE (Amélioration Tactique Hydrodynamique Silence Transmissions Ecoute), qui donna son nom au premier sous-marin auquel elle fut appliquée. Lorsqu'en 1994, Le Triomphant est parti pour ses essais à la mer, la pertinence des choix avait déjà été démontrée par les études et les essais. Dix ans plus tard, le premier sous-marin conventionnel du type Scorpène, le sous-marin O'Higgins construit pour la Marine chilienne, démontrera également des qualités acoustiques et de manœuvrabilité en plongée exceptionnelles.

Figure II.8 *SNA Améthyste et SNLE Le Triomphant (DCNS)*

Les futurs sous-marins nucléaires d'attaque français du type Suffren (programme Barracuda) bénéficieront aussi des concepts et technologies développées pour le Triomphant, notamment dans le domaine de la discrétion acoustique. Certaines innovations, telles que les barres en X, seront également utilisées pour améliorer la manœuvrabilité de ces sous-marins appelés, plus que leurs prédécesseurs, à opérer par faible fonds en zone littorale. De plus en plus, le sous-marin sera prolongé par des extensions déportées, bouées flottantes, engin autonomes, plongeurs, qui lui donneront une allonge supplémentaire, pour l'information comme pour l'action, au voisinage immédiat de la côte. Le sous-marin devient ainsi un système complexe de plates-formes et de senseurs. Mais pour l'essentiel sa forme restera encore dans la filiation du Triomphant.

Pour un avenir situé au-delà de deux décennies, de nouveaux concepts voient déjà le jour: coque modulaire, blocs de lanceurs externes interchangeables, propulsions de nouveaux types utilisant, par exemple, la magnétohydrodynamique. Le déport à l'extérieur de la coque épaisse, ce qui la rendra plus simple à réaliser et plus résistante, de beaucoup d'installations aujourd'hui intérieures, conduira à revenir à des architectures de type double coque, la carène extérieure ayant pour vocation de donner une enveloppe hydrodynamique, cette fois-ci en plongée, à l'ensemble. En tout état de cause, la « supériorité tactique » qui nécessite de savoir entendre avant d'être entendu, et ce en gardant la plus grande mobilité en vitesse et manœuvrabilité continuera à modeler les formes extérieures des sous-marins.

Figure II.9 *« Concept ship » SMX-22 de DCNS*

2. LES DIFFERENTS TYPES DE SOUS-MARINS

Comme on l'a vu au paragraphe précédent, le débat sur les formes extérieures de carène tourne dans une large mesure autour de la question de savoir s'il faut appliquer un principe de simple coque ou de double coque. Même si, suivant les époques, on a trouvé un avantage décisif à l'une ou à l'autre des dispositions, le débat est loin d'être définitivement tranché et les deux subsistent aujourd'hui, sans parler des conceptions hybrides de « *double coque partielle* » ou de « *multicoques* ».

Le Gymnote, que son inspirateur Dupuy de Lôme a dérivé du dirigeable[2], est l'exemple parfait du sous-marin pur à simple coque. Tous ses équipements, y compris les ballasts qui lui permettent de revenir à la surface, sont intérieurs à la coque résistante. Pour celle-ci, une forme

[2] Dans sa note à l'Académie des Sciences sur l'Aérostat à hélice, de décembre 1871, Dupuy de Lôme établit *« que pour obtenir un aérostat dirigeable dans son mouvement horizontal à travers l'air ambiant, il faut pouvoir satisfaire aux deux conditions ci-après :*

1° Obtenir la permanence de la forme du ballon sans ondulation sensible de la surface de son enveloppe [...]

2° Donner au ballon un axe bien prononcé, de moindre résistance dans le sens horizontal et dans une direction sensiblement parallèle à celle de la force poussante. ». En effet, « *si l'on négligeait la seconde condition, il arriverait qu'on aurait une difficulté presqu'insurmontable à maintenir au moyen du gouvernail son mouvement de translation dans une direction voulue.* » La forme retenue par Dupuy de Lôme pour l'aérostat est celle « *engendrée par un arc de cercle tournant autour de sa corde et dont la flèche est à peu près le cinquième de la longueur de cette corde [...] Une forme plus oblongue eût encore réduit davantage la résistance, accru la vitesse et rendu plus facile le maintien de la direction* », ce qui fut appliqué sur le Gymnote.

de fuseau à symétrie de révolution s'impose, tant pour des raisons de résistance à la pression que de réduction de la trainée hydrodynamique. Ces formes particulièrement simples furent assez rapidement abandonnées avec les submersibles au profit de formes plus complexes. Le principe de double coque, avec ses larges ballasts extérieurs permet de modeler la coque extérieure, qui n'a plus à tenir la pression d'immersion, en fonction d'impératifs purement hydrodynamiques, notamment la tenue à la mer lors des longs transits en surface. De fait, d'innombrables configurations différentes de doubles coques ont été conçues autour du concept de submersibles.

Aujourd'hui, tous les sous-marins de combat (à l'exception des sous-marins de très petite taille) ont des ballasts extérieurs. On continue néanmoins de qualifier de sous-marins à simple coque les sous-marins dont la coque résistante constitue la carène extérieure du sous-marin pour une portion importante de celle-ci. Ceci n'exclue pas que, notamment, les parties avant et arrière de la carène (les « *charpentes* ») et la partie supérieure (« *le pont* ») soient constituées de coques « *légères* », c'est-à-dire totalement immergées en plongée et n'ayant donc pas à résister à la pression d'immersion. De même, dans tous les cas de figure, le massif est une pièce de charpente légère, enveloppant éventuellement, comme le pont d'ailleurs, quelques éléments de coque résistante. L'appellation de double coque est réservée aux sous-marins dont la totalité de la surface de carène est constituée d'une coque non résistante.

Les deux types de sous-marins, à simple et double coque, continuent de coexister, même parmi les générations les plus récentes, l'un et l'autre ayant à la fois avantages et inconvénients. Pour un même déplacement en plongée[3], la simple coque limite le déplacement en surface et le déplacement de forme en plongée. La résistance à l'avancement s'en trouve donc diminuée. Par ailleurs un sous-marin à double coque est plus coûteux en entretien, les inspections et travaux de maintenance des deux coques étant plus difficiles.

En revanche, un sous-marin à double coque permet d'externaliser de larges soutes à combustible ainsi que certaines installations qui se trouvent naturellement carénées par la coque légère, libérant ainsi du volume à l'intérieur de la coque résistante pour les systèmes les plus délicats (équipage, électronique). Les couples raidisseurs de la coque résistante sont également extérieurs à celle-ci optimisant encore le volume utile. Cependant, l'argument principal utilisé pour justifier la double coque a longtemps été qu'elle permettait de donner au sous-marin une plus grande flottabilité, le volume et la disposition des ballasts y étant beaucoup moins contraints que sur un sous-marin à simple coque. Une plus grande flottabilité permet, au moins en surface, de supporter un envahissement plus important (jusqu'à une tranche étanche complète) en cas de voie d'eau. Ce critère est pertinent pour un petit sous-marin navigant à faible immersion et par faible fond. Pour un sous-marin océanique, le risque principal est l'entrée d'eau, sous très forte pression, lors de la navigation en immersion profonde (cf Chapitre III). La vitesse de réaction pour stopper la voie d'eau est alors beaucoup plus critique pour la survie du sous-marin que le volume des ballasts que la forte compression de l'air utilisé lors de la chasse rapide ne permet pas d'utiliser totalement à grande immersion.

La propulsion nucléaire, qui ne nécessite pas d'importantes soutes à gazole et permet des vitesses soutenues beaucoup plus élevées que la propulsion électrique classique, a conduit, au moins sur les sous-marins occidentaux américains, français et britanniques, à favoriser l'architecture à simple coque. La simple coque a, en effet, l'avantage d'éliminer la sensibilité vibratoire de la peau extérieure aux fluctuations de pression turbulentes de l'écoulement.

[3] Les différents déplacements seront précisés au chapitre suivant. Disons ici, pour simplifier, que le *déplacement en plongée* correspond au volume intérieur « utile » du sous-marin. Le *déplacement en surface* correspond au volume en plongée augmenté du volume des ballasts extérieurs. Le *déplacement de forme* correspond au volume total limité par la carène extérieure du sous-marin en plongée. La *flottabilité* est définie comme étant le rapport du volume des ballasts au volume du sous-marin en plongée.

Toutefois, l'architecture à simple coque rend plus difficile l'aménagement des ballasts et a pu conduire à des formes de la coque résistante complexe avec des rétreints locaux comme illustré sur la figure II.11.

L'évolution des sous-marins d'attaque en bâtiment multi missions et la perspective de les doter de multiples équipements et engins extérieurs (véhicule porte-plongeurs, bouées ou engins remorqués, engins autonomes) voire des containers modulables, conduit aujourd'hui à un intérêt renouvelé pour le concept de double coque.

Les principales distinctions dans les formes des sous-marins modernes sont liées à leur destination.

Parmi les sous-marins militaires on peut distinguer :

- les sous-marins côtiers ou de défense littorale ; ces sous-marins, à propulsion conventionnelle ont un déplacement inférieur à 1500 t, sont armés de quelques torpilles aux tubes (avec une capacité limitée de rechargement à la mer) et ont une autonomie qui leur permet d'effectuer deux à trois semaines de patrouille à proximité de leur port base. Ils ont un rôle essentiellement défensif ;

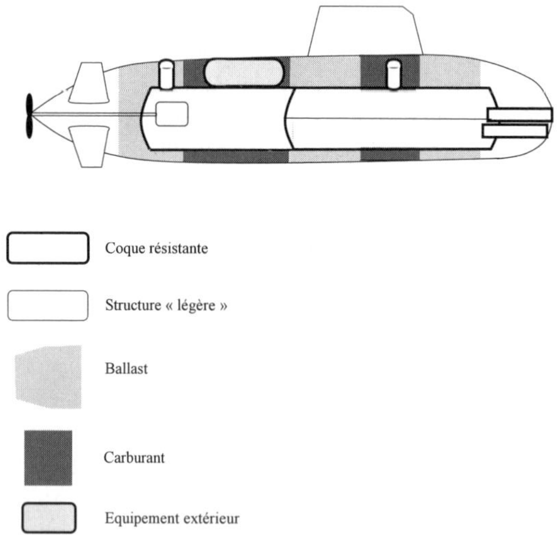

Figure II.10 *Sous-marin côtier à double coque*

- les sous-marins d'attaque océaniques à propulsion conventionnelle, de déplacement compris entre 1 700 et 3 000 t. Ces sous-marins ont des capacités hauturières (profondeur maximale de service et autonomie supérieures aux sous-marins côtiers) ; ils disposent d'un armement plus important, composé de torpilles et de missiles antinavires à changement de milieu. Ils ont une vocation défensive et offensive, antisurface et anti sous-marine. Ils peuvent être équipés pour des opérations spéciales (plongeurs, mines).

- Les sous-marins nucléaires d'attaque, de déplacement compris entre 3000 t et 9000 t se sont développés au cours de la guerre froide avec une vocation principalement anti sous-marine et anti force navale. Aujourd'hui, ils utilisent également leur capacité de station prolongée pour des opérations de surveillance et de renseignement. Ils sont équipés de torpilles et de missiles antinavires. Certains sont également équipés de missiles de croisière, comme le Tomahawk américain qui leur confère une capacité anti-terre.

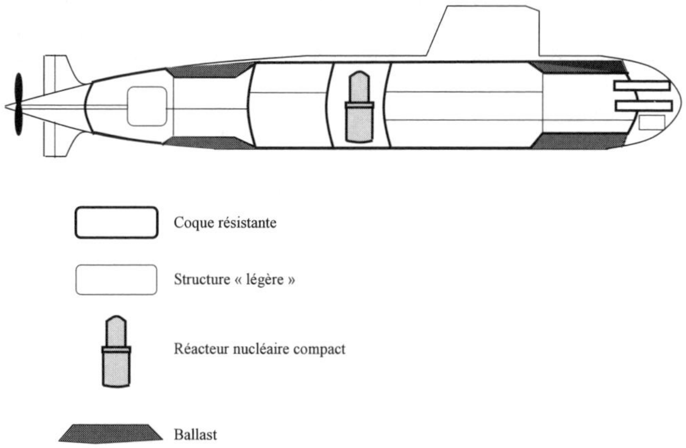

Figure II.11 *Sous-marin nucléaire d'attaque de type Améthyste*

- Les sous-marins nucléaires lance missiles (SSGN, SSBN) de déplacement supérieur à 10 000 t capables de frappes à très longue portée par missiles balistiques ou de croisière. Ces sous-marins ont une vocation préstratégiques (frappes conventionnelles anti-terre ou anti forces navales) ou stratégiques (missiles balistiques à têtes nucléaires).

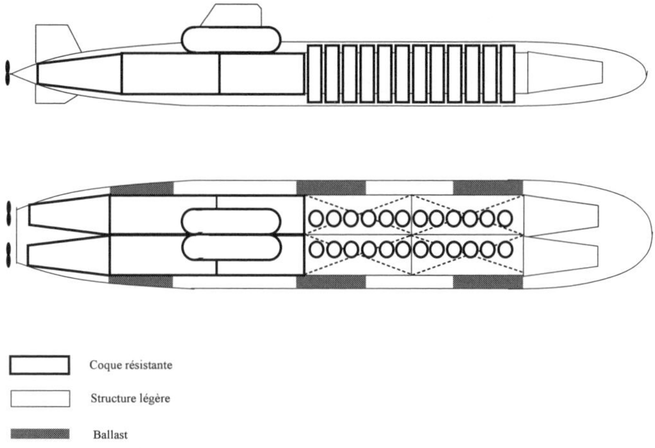

Figure II.12 *Sous-marin nucléaire lanceur d'engin multicoque (type Typhoon russe)*

Le débat « simple coque – double coque » va de pair avec une autre distinction majeure sur le nombre de lignes d'arbres. A l'image du Gymnote, les anciens « sous-marins purs » et les modernes sous-marins à simple coque sont conçus avec une forme à symétrie de révolution compatible d'une seule ligne d'arbres axiale. A l'inverse, les submersibles, dont les formes générales étaient principalement guidées par la navigation en surface, étaient munis, à l'image de ces derniers, de deux, voire davantage, lignes d'arbres.

Comme démontré sur le sous-marin Albacore, la configuration à une ligne d'arbres conduit à de meilleures performances propulsives (meilleures récupération cinétique du sillage de la carène) et, surtout, à de meilleures qualités acoustiques (réduction des vibrations et de la cavitation). En revanche, la ligne propulsive unique devient un système critique pour la sécurité et la survivabilité du navire, notamment en cas de voie d'eau. Ainsi, une approche de la sécurité fondée sur la redondance plus que sur la sûreté intrinsèque, a fait équiper certains sous-marins russes, même récents, de deux lignes d'arbres.

3. LES FORMES GENERALES

Les qualités hydrodynamiques dépendent à la fois des formes générales de la carène, constituée d'un fuseau à symétrie de révolution plus ou moins altéré par des superstructures telles que le pont et le massif, et des appendices tels que les surfaces de gouverne ou différentes excroissances ou ouvertures plus ou moins affleurantes. Les caractéristiques de résistance de la carène ou son comportement hydroacoustique dépendent également de son état de surface.

3.1 DEFINITION DE LA FORME DE BASE : LE FUSEAU

Les formes générales des sous-marins modernes, souvent qualifiées de « *formes en goutte d'eau* », utilisent une forme de base constituée par un fuseau à symétrie de révolution reconnu comme étant la forme épaisse de traînée minimale en déplacement rectiligne suivant son axe de révolution. Une telle forme est caractérisée par quelques paramètres remarquables tels que la longueur L, le diamètre maximal, ou diamètre au maître-couple D, la position longitudinale du maître couple à la distance pL de l'extrémité avant (AV). Le paramètre sans dimension $f = \dfrac{L}{D}$ est appelé l'*allongement*. La méridienne d'une telle forme se doit d'être une courbe géométrique continue et continûment dérivable (continuité de la tangente). La maîtrise fine de l'écoulement pariétal sur une telle forme, comme l'exigent les performances de discrétion acoustique des sous-marins rapides les plus modernes, peut nécessiter également la continuité du rayon de courbure longitudinal.

Compte tenu de contraintes d'emménagement différentes et de performances hydrodynamiques différentes, on a coutume de distinguer sur un tel corps la partie AV, en amont du maître-couple dans le sens de l'écoulement, de la partie arrière (AR), en aval du maître-couple.

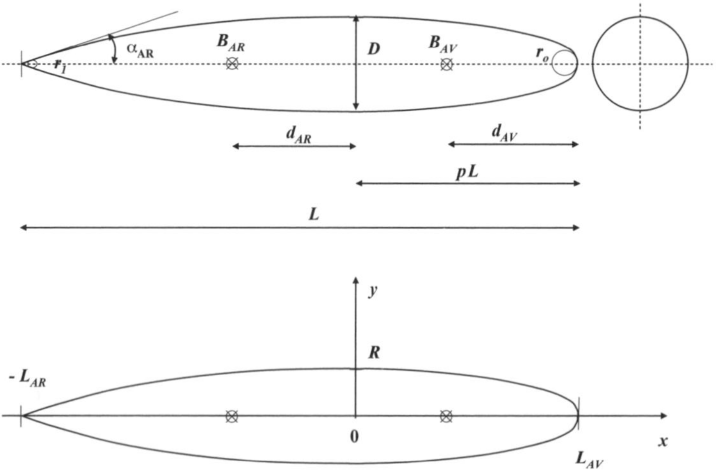

Figure II.13 *Forme de traînée minimale (Hoerner [ ])*

La façon la plus simple de construire un tel corps est de combiner une forme AV constituée par un demi-ellipsoïde de révolution combinée avec une forme AR réalisée par la rotation autour de l'axe d'un demi-arc de parabole. Cette définition peut également être étendue en prenant une méridienne d'équation :

$$\frac{y}{R} = \left[1 - \left(\frac{|x|}{L_{AR}}\right)^n\right] \qquad \text{pour} \quad -L_{AR} < x < 0$$

$$\left(\frac{y}{R}\right)^n = \left[1 - \left(\frac{x}{L_{AV}}\right)^n\right] \qquad \text{pour} \quad 0 < x < L_{AV} \qquad \text{(II.1)}$$

Centre de Documentation sur la Mer
Bibliothèque La Pérouse

On a alors, bien sûr :

$$L = L_{AV} + L_{AR} \qquad \text{et} \qquad p = \frac{L_{AV}}{L_{AV} + L_{AR}}$$

Pout n = 2, il s'agit de la combinaison paraboloïde-ellipsoïde. Le corps sera d'autant plus « *rempli* » que n est grand. Le « *remplissage* » d'une carène est défini par la valeur du coefficient prismatique C_Δ qui est le rapport sans dimension du volume du corps sur le volume du cylindre enveloppant.

$$C_\Delta = \frac{V}{\pi R^2 L} = \frac{V_{AV} + V_{AR}}{\pi R^2 L} = C_{AV}\frac{L_{AV}}{L} + C_{AR}\frac{L_{AR}}{L} \qquad \text{(II.2)}$$

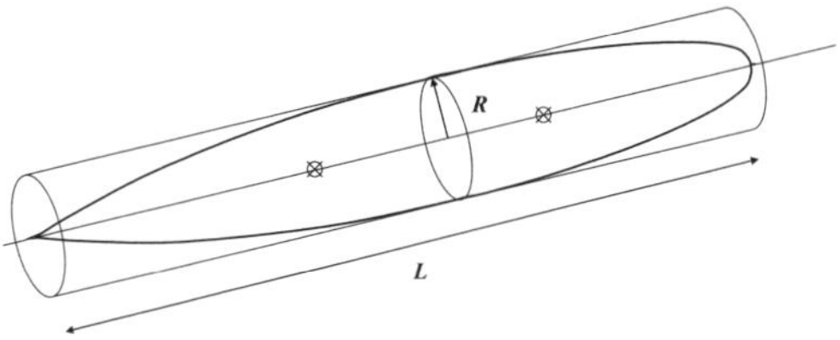

Figure II.14 *Coefficient prismatique*

Une autre caractéristique géométrique importante pour la résistance à l'avancement est la surface de carène ou « *surface mouillée* ». On définit également un coefficient sans dimension de surface mouillée C_S comme le rapport de la surface de la carène à la surface du cylindre enveloppant:

$$C_S = \frac{S}{\pi DL} = C_{SAV}\frac{L_{AV}}{L} + C_{SAR}\frac{L_{AR}}{L} \qquad \text{(II.3)}$$

Enfin, pour les études d'équilibre et de stabilité hydrostatique de la carène (chapitre III), il est important de connaître la position longitudinale du centre de volume. Cette position est définie :

- par la distance du centre de volume de la partie AV à l'extrémité avant du corps $\frac{d_{AV}}{L_{AV}}$

- par la distance du centre de volume de la partie AV à l'extrémité avant du corps $\dfrac{d_{AV}}{L_{AV}}$
- par la distance du centre de volume de la partie AR au maître couple $\dfrac{d_{AR}}{L_{AR}}$
- par la distance du centre de volume du corps complet à l'extrémité avant :

$$\frac{d}{L}=\frac{C_{AV}\left(\dfrac{L_{AV}}{L}\right)^2\dfrac{d_{AV}}{L_{AV}}+C_{AR}\dfrac{L_{AR}}{L}\left(\dfrac{L_{AR}}{L}\dfrac{d_{AR}}{L_{AR}}+\dfrac{L_{AV}}{L}\right)}{C_{AV}\dfrac{L_{AV}}{L}+C_{AR}\dfrac{L_{AR}}{L}} \qquad \text{(II.4)}$$

Avec les définitions (II.1), on obtient les valeurs des coefficients C_Δ et C_S données, en fonction de n, sur la figure II.165.

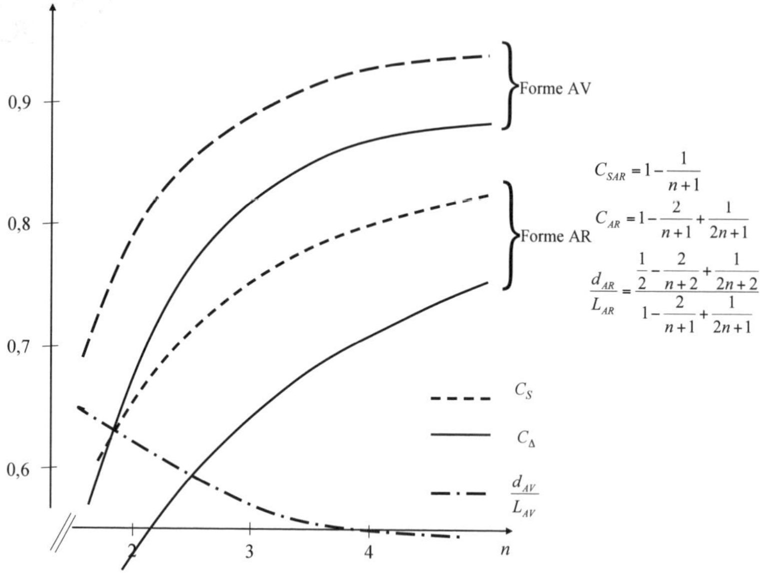

Figure II.15 *Valeur des coefficients prismatique et de surface mouillée et position du centre de volume pour différentes valeurs du coefficient n*

La « série 58 », issue des études Albacore, définit une famille de formes de carènes à symétrie de révolution à partir d'une équation polynomiale à 6 paramètres pour la méridienne. Cette définition permet d'obtenir une forme continue à tous les degrés de dérivation vérifiant 6 critères géométriques imposés. En général, on impose la valeur des caractéristiques suivantes (voir figure II.13):

- r_o rayon de courbure de l'extrémité AV (le « *nez* ») de la méridienne
- r_1 rayon de courbure (éventuellement nul) de l'extrémité AR de la méridienne
- C_Δ coefficient prismatique
- L longueur « entre perpendiculaires » de la carène
- D diamètre au maître couple
- p position relative du maître couple par rapport au nez ($0 < p < 1$)

Ces définitions polynomiales permettent théoriquement d'optimiser la forme de base d'une carène de sous-marin à symétrie de révolution afin de minimiser la résistance à l'avancement en plongée (traînée hydrodynamique) sous un certain nombre de contraintes géométriques liées à l'emménagement et à l'équilibre général du sous-marin. Toutefois, ces formes hydrodynamiques idéales peuvent conduire à une impasse en ne permettant pas de respecter l'ensemble des contraintes de conception du sous-marin. On peut citer parmi les principaux obstacles :

- pour des raisons de faisabilité et de résistance structurelle, la coque résistante est constituée de tronçons cylindriques et tronconiques. La forme Albacore parfaite ne peut donc être obtenue que pour un sous-marin à double coque. Même dans ce cas, la conséquence risque d'être soit une coque résistante difficile à emménager, notamment en termes d'entreponts, soit, avec une coque résistante cylindrique, une flottabilité et une masse d'eau entraînée excessives ;

- les difficultés d'emménagement peuvent également s'accompagner de difficultés à assurer les conditions d'équilibre statique en plongée et en surface (voir chapitre III) ;

- les difficultés précédentes ne peuvent éventuellement être surmontées qu'en adoptant des valeurs d'allongement, du coefficient prismatique ou de position du maître couple qui éloignent de l'optimum et pénalisent, in fine, le rendement propulsif du navire.

On est donc conduit, dans de nombreux cas, et notamment sur les sous-marins à simple coque, à insérer une partie cylindrique entre la forme AV et la forme AR. Cette opération se fait au diamètre du maître couple.

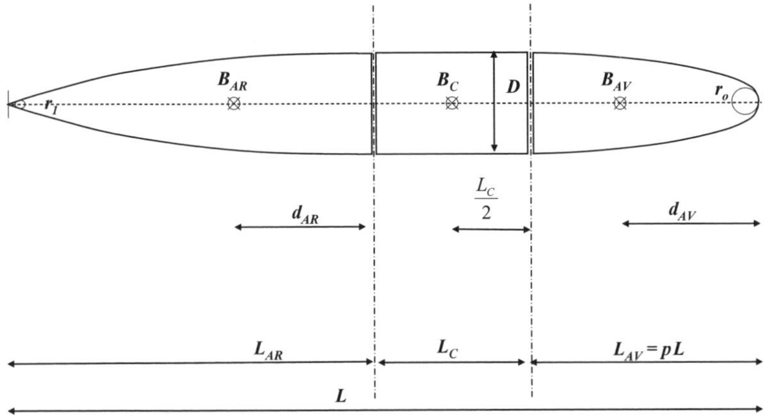

Figure II.16 *Insertion d'une section cylindrique entre la partie AV et la partie AR*

Les coefficients prismatique, de surface, et de position du centre de carène sont modifiés comme suit (le coefficient prismatique et le coefficient de surface mouillée de la partie cylindrique sont égaux à 1):

$$C_\Delta = C_{AV}\frac{L_{AV}}{L} + C_{AR}\frac{L_{AR}}{L} + \frac{L_C}{L} \qquad \text{(II.5)}$$

$$C_S = C_{SAV}\frac{L_{AV}}{L} + C_{SAR}\frac{L_{AR}}{L} + \frac{L_C}{L} \qquad \text{(II.6)}$$

$$\frac{d}{L}=\frac{C_{AV}\left(\frac{L_{AV}}{L}\right)^2\frac{d_{AV}}{L_{AV}}+C_{AR}\frac{L_{AR}}{L}\left(\frac{L_{AR}}{L}\frac{d_{AR}}{L_{AR}}+\frac{L_{AV}}{L}+\frac{L_C}{L}\right)+\frac{L_C}{L}\left(\frac{L_{AV}}{L}+\frac{L_C}{2L}\right)}{C_{AV}\frac{L_{AV}}{L}+C_{AR}\frac{L_{AR}}{L}+\frac{L_C}{L}} \quad \text{(II.7)}$$

Si on note avec un indice o les caractéristiques du corps de base (parties AV et AR sans partie cylindrique), l'adjonction d'une partie cylindrique conduit aux relations suivantes :

$$C_\Delta=C_{\Delta o}\left(1-\frac{L_C}{L}\right)+\frac{L_C}{L} \quad \text{(II.8)}$$

et :

$$C_S=C_{So}\left(1-\frac{L_C}{L}\right)+\frac{L_C}{L} \quad \text{(II.9)}$$

3.2 OPTIMISATION DES FORMES DE TYPE ALBACORE

De très nombreux essais systématiques réalisés sur les formes de la série 58 ont permis de déterminer l'influence de différents paramètres caractéristiques de ces formes sur la traînée hydrodynamique (résistance *R* à l'avancement en déplacement longitudinal en immersion).

Ce paramètre constitue un critère de choix important, dans la mesure où plusieurs performances importantes (vitesse, bruit hydrodynamique) peuvent lui être rattachées directement ou indirectement. Il n'est évidemment pas le seul critère et bien d'autres considérations seront à prendre en compte dans le cours de la conception. Cependant la relation, même approchée, déplacement / puissance propulsive / vitesse doit être estimée dès le début du projet.

L'expérience permet de se fixer, comme hypothèse initiale, les caractéristiques suivantes :

- une forme AV de longueur L_{AV} égale à 2,4 *D*
- une forme AR de longueur L_{AR} égale à 3,6 D
- une partie cylindrique de longueur $L_C=(f-6)D$

L'allongement f est idéalement compris entre 6 ($L_C=0$) et 7. En pratique, il est rarement inférieur à 9 et peut parfois atteindre ou dépasser 12, pour les SNLE.

Avec ces proportions, et afin de pouvoir satisfaire aux contraintes d'emménagement de la partie AV (voir paragraphe 3.5), on retiendra, en première approche $C_{AV}=0{,}7$ et $C_{AR}=0{,}55$. La combinaison de ces deux valeurs donne, pour l'ensemble, un coefficient prismatique global (sans section cylindrique) de $C_\Delta=0{,}61$. Avec la section cylindrique supplémentaire, on obtient, d'après (II.5) :

$$C_\Delta=\left[\frac{f-2{,}34}{f}\right] \quad \text{(II.8)}$$

Pour ces mêmes hypothèses, on obtient $C_{SAV}=0{,}805$ et $C_{SAR}=0{,}68$. On peut calculer, de même, d'après (II.6) :

$$C_S = \left[\frac{f - 1{,}62}{f}\right] \tag{II.9}$$

Ces relations permettent de construire rapidement un faisceau de courbes enveloppes des caractéristiques longueur-diamètre-volume et de la surface mouillée de la forme de base du sous-marin. En première approche, le déplacement en plongée D_P du sous-marin peut être déduit directement du volume de la forme de base.

$$D_P = \rho \frac{\pi D^3}{4}(f - 2{,}34) \tag{II.10}$$

$$L = f L \tag{II.11}$$

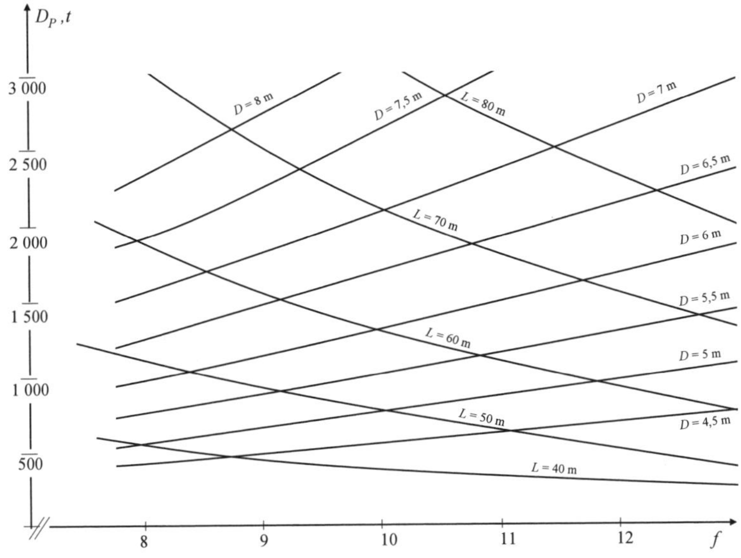

Figure II.17 *Courbes déplacement-longueur-diamètre*

On peut, de même, calculer la surface mouillée :

$$S = \pi D^2 (f - 1{,}62) = D_P^{2/3} \pi \left(\frac{4}{\rho \pi}\right)^{2/3} \frac{f - 1{,}62}{(f - 2{,}34)^{2/3}} \tag{II.12}$$

A allongement constant, la surface mouillée varie comme la puissance 2/3 du déplacement.

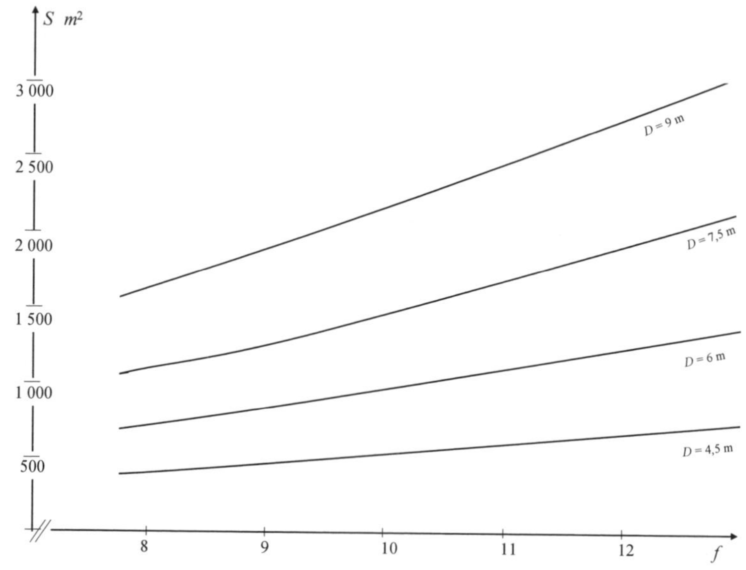

Figure II.18 *Courbes surface mouillée - allongement - diamètre*

3.3 LE MASSIF

La forme de base, optimisée pour réduire sa résistance à l'avancement en plongée ne saurait suffire pour satisfaire toutes les contraintes opérationnelles, nautiques et d'emménagement du sous-marin. Il lui est donc nécessairement ajouté un certain nombre d'appendices (massif, gouvernes, dômes ou carénages divers) qui ont une contribution additionnelle importante à la résistance. Sur les submersibles construits avant la seconde guerre mondiale la résistance des appendices pouvait représenter plus de 50 % de la résistance totale de la carène. Sur les sous-marins modernes, elle peut encore représenter de l'ordre de 20 % de la résistance totale.

Le massif constitue la principale addition géométrique à la forme de base des sous-marins modernes. Il apporte aussi la contribution principale à la résistance d'appendices, notamment en raison de la discontinuité géométrique, génératrice de décollements et de formations tourbillonnaires, constituée par le raccordement du massif à la forme de base. Cette singularité est également bien connue en aéronautique à l'intersection des ailes et du fuselage.

Les formes de massif ont beaucoup varié au cours du temps et des écoles. Aujourd'hui, deux formes principales restent en concurrence, le massif de type « voile mince » (« *sail* ») et le massif enveloppant (« *sedan* »).

Le massif en forme de voile mince est celui retenu sur les sous-marins américains, britanniques et français. Il résulte d'efforts importants pour réduire les dimensions, notamment la largeur, au prix de contraintes sur les périscopes, les mats, sas d'accès, schnorchel et autres installations. Les sous-marins soviétiques et russes, à l'inverse, sont dotés de massifs de grande taille dont la longueur a pu atteindre 25 % de la longueur totale du sous-marin (sous-marin nucléaire d'attaque Akula), voire 30 % pour les célèbres sous-marins Alpha[4].

[4] Les derniers projets de sous-marins russes (Kilo, Amur) sont dotés de massifs minces alors que certains projets occidentaux envisagent des massifs plus enveloppants (U 212 allemand, projets prospectifs britanniques). Ceci montre que les écoles de pensée restent incertaines en la matière.

Figure II.19 *Massifs de SNA soviétique de type Alpha et de SNLE de type Le Triomphant (DCNS)*

La traînée du massif est fonction de sa taille et de sa forme. La réduction de taille du massif, tant en hauteur qu'en longueur et largeur est favorable à la diminution de la résistance. La limite à la réduction de hauteur est la course minimale prescrite des mâts et périscopes. La limite à la réduction en largeur du massif est sa logeabilité (près d'une dizaine, de mâts, antennes, périscopes et autres appareils divers doivent être intégrés en tenant compte d'inévitables incompatibilités physiques ou fonctionnelles). Une largeur minimale de 2 m a pu être atteinte sur les dernières générations de sous-marins, en limitant, notamment, le nombre de mats périscopiques grâce à des équipements d'observation et de communication multi-fonctions.

La forme en plan d'un massif s'apparente à celle d'une section d'aile symétrique. A équipement donné, c'est-à-dire lorsque l'ensemble opérationnellement irréductible des mâts et périscopes a été fixé, l'optimisation de la forme du massif doit se faire à hauteur et aire en plan fixés. On montre alors (voir chapitre VI et Hoerner [24]) que la résistance minimale est obtenue pour une épaisseur relative du massif (ratios $\frac{e}{c}$ de l'épaisseur au fort du massif sur sa longueur) de l'ordre de 20 à 30 %. La position optimale du fort du massif se situe à environs 40 % de la longueur de ce dernier à partir de son bord d'attaque.

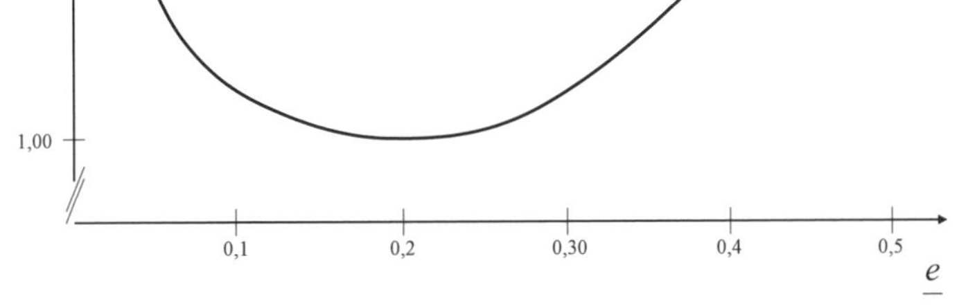

Figure II.20 *Influence de l'épaisseur relative sur la traînée d'une aile symétrique à surface de section constante*

Le raisonnement précédent, utile pour déterminer les dimensions et la forme générale du massif, ne prend pas en compte les *effets d'envergure finie*, c'est-à-dire la résistance additionnelle apportée par le haut et l'emplanture du massif. Cette résistance additionnelle est reliée à la formation de décollements tourbillonnaires, emportés sous forme de sillage par l'écoulement.

Ces tourbillons, et notamment le tourbillon d'emplanture encore appelé *tourbillon en fer à cheval*, en plus de la résistance qu'ils apportent, sont donc aussi une des causes principales de perturbation du fonctionnement de l'hélice.

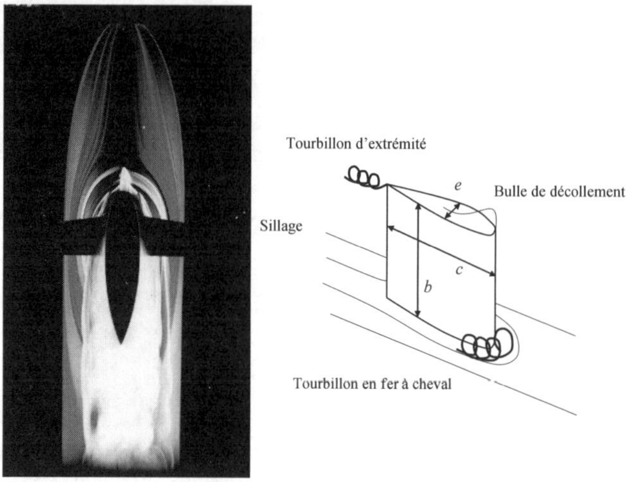

Figure II.21 *Schématisation de l'écoulement autour du massif*

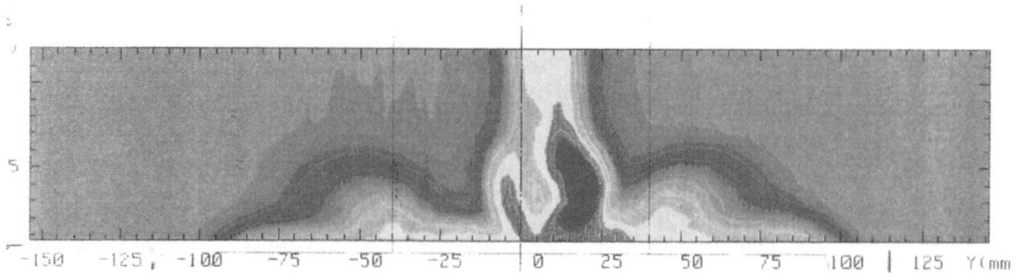

Figure II.22 *Mesure du niveau de turbulence (moyenne quadratique des fluctuations instantanées de vitesse) dans le sillage du massif. On observe aisément les deux branches du tourbillon en fer à cheval*

Un massif enveloppant du type « sedan » permet de réduire fortement ces perturbations tourbillonnaires mais au prix d'un important accroissement de la résistance propre du massif. Une autre façon de réduire la formation de ces tourbillons d'extrémités est de choisir des formes d'emplanture et de haut du massif optimisée. En ce qui concerne le haut du massif, il est ainsi démontré (Hoerner [24]) que les formes du type 2 et 3 (figure II.23) sont préférables à la forme 1. Cela s'entend, évidemment, à condition que les différents orifices du sommet (passerelle, passage des mâts et périscopes) soient soigneusement obturés lorsque le sous-marin est en plongée.

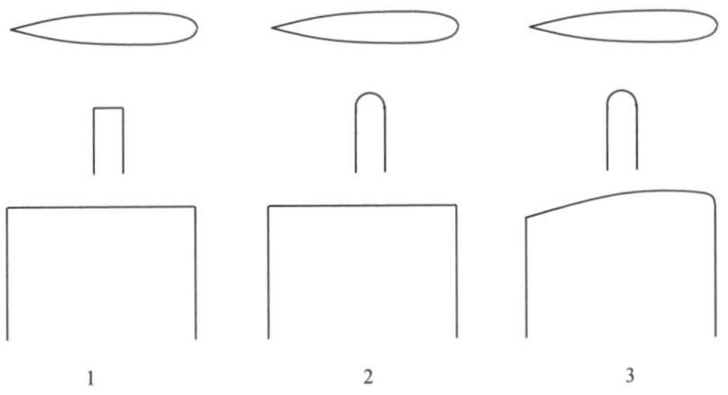

Figure II.23 *Différentes formes de haut de massif*

Pour réduire le tourbillon d'emplanture, dans le cas d'un profil fin, il est nécessaire d'introduire une forme de raccordement qui permette d'adapter l'évolution de pression autour du profil en fonction des vitesses d'écoulement de la couche limite de la carène. Tout en restant dans les limites de la faisabilité mécanique, un tel congé de raccordement doit avoir un rayon de courbure de l'ordre de l'épaisseur de la couche limite sur la forme de base au droit du bord d'attaque du massif (figure II.24).

Figure II.24 *Forme de massif hydrodynamique (raccordement d'emplanture et haut profilé)*

La position longitudinale du massif est essentiellement dictée par les contraintes de l'emménagement intérieur du sous-marin dans la mesure où le massif doit être situé au droit du poste de navigation et d'opérations (PCNO) en raison de la présence des périscopes optiques. Cette position n'est toutefois pas neutre du point de vue hydrodynamique. Une position avancée du massif réduira les interactions avec l'hélice (et donc les risques de bruit) et apportera de meilleures qualités de manœuvrabilité (réduction du rayon de giration, mais augmentation de la gite et de l'assiette en giration). Si ces effets sont bien maîtrisés ils peuvent donc améliorer les performances globales du navire. Les effets hydrodynamiques du massif sur la manœuvrabilité sont, par ailleurs, plus sensibles pour un massif en forme de profil qui développera un effet portant marqué dès qu'il sera mis en dérive que pour un massif enveloppant.

3.4 LA FORME AR

Une évolution majeure des formes AR a été la conséquence du passage de deux lignes d'arbres à la ligne d'arbres unique. Les submersibles d'avant la seconde guerre mondiale et la plupart des sous-marins conçu durant l'immédiat après-guerre étaient équipés de deux lignes d'arbres (voire davantage). Cette configuration, majoritairement adoptée sur les navires de guerre de surface, donne une meilleure sécurité à l'égard des avaries de combat ou de fortunes de mer et permet d'améliorer la manœuvrabilité du navire, notamment pour les manœuvres de port en eau resserrée. En revanche, sur des sous-marins de faible taille comme le type français Aréthuse, puis systématiquement sur la plupart des sous-marins à partir des expériences Albacore, la configuration à une seule ligne d'arbres a été adoptée car permettant une alimentation hydrodynamique de l'hélice moins perturbée et donc moins génératrice de bruits et de vibrations.

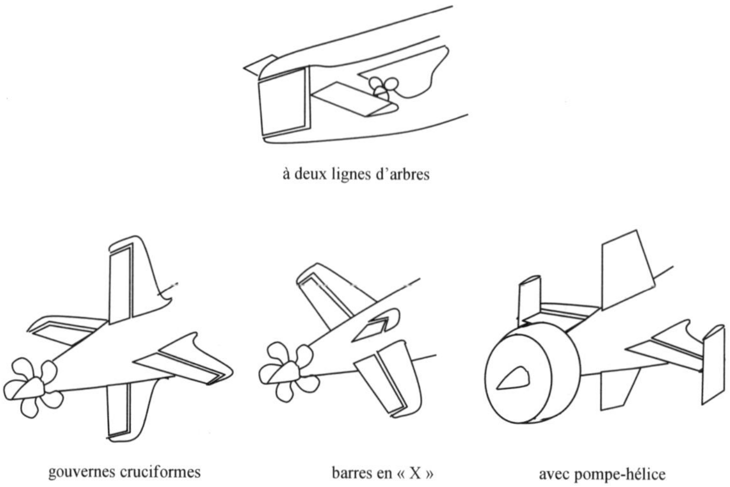

Figure II.25 *Différentes configurations de forme AR*

La conception hydrodynamique de la forme AR est essentiellement guidée par l'efficacité du propulseur et des gouvernes. Elle doit cependant tenir compte de diverses contraintes mécaniques et d'emménagement telles que le volume du ballast AR où la limitation du porte-à faux de la ligne d'arbres. Ainsi, une forme trop élancée donnerait une distance importante entre la cloison AR de la coque résistante et l'extrémité de la charpente nécessitant une ligne d'arbres et des tringles de barres de grande longueur. Une forme trop compacte conduirait à des décollements turbulents, sources de vibrations de la charpente et de l'hélice. Elle obligerait les safrans et ailerons AR à dépasser de l'encombrement du maître-couple, source de risques et de difficultés d'accostage et d'échouage.

En ce qui concerne l'interaction entre la coque et le propulseur, le paramètre principal, pour un sous-marin à une ligne d'arbres, est la *conicité*, c'est-à-dire l'angle d'ouverture α_{AR} du cône tangent à l'extrémité AR de la forme de base (voir figure II.13).

Pour une forme en profil puissance (équation II.1), on a ainsi :

$$\frac{y}{R} = \left[1 - \left(\frac{|x|}{L_{AR}}\right)^n\right] \qquad \text{pour} \quad -L_{AR} < x < 0$$

$$C_{AR} = 1 - \frac{2}{n+1} + \frac{1}{2n+1}$$

$$\alpha_{AR} = Arctg\left(\frac{n}{2}\frac{D}{L_{AR}}\right) \qquad \text{(II.13)}$$

La figure II.26 (Kormilitsin [28]) montre l'influence de la conicité α_{AR} sur le rendement de coque η_c (coefficient d'interaction hydrodynamique entre l'hélice et la coque, voir chapitre VI). Elle montre, que du simple point de vue du rendement propulsif, une faible conicité est préférable et, en tout état de cause, une conicité supérieure à 16 ° pour des allongements importants est à éviter.

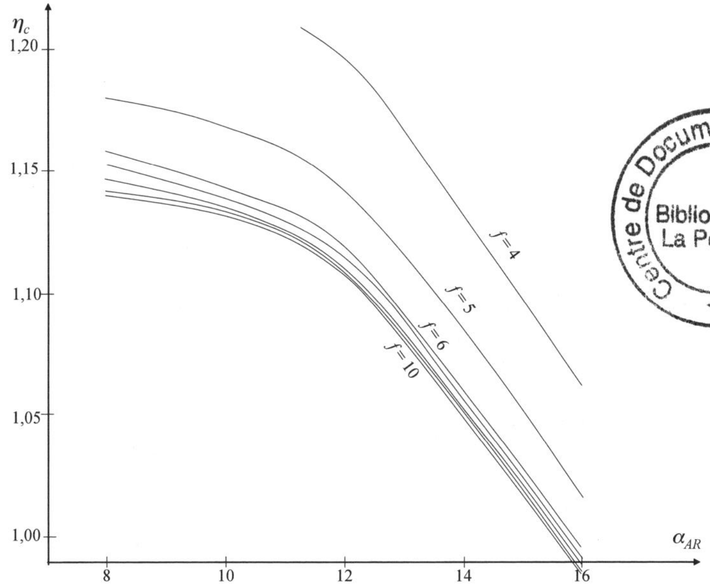

Centre de Documentation sur la Mer
Bibliothèque
La Pérouse

Figure II.26 *Influence de la conicité pour différents allongements de carènes sur le rendement de coque*

Pour n = 2 (paraboloïde), et $\frac{L_{AR}}{D} = 3{,}6$ on obtient C_{AR} = 0,53 et α_{AR} = 15,5 ° , ce qui en première approche peut constituer un compromis acceptable.

Il est encore possible d'augmenter le coefficient prismatique de la partie AR sans augmenter exagérément la conicité en s'écartant de la forme « puissance » pure. Il est ainsi possible d'utiliser une combinaison cône-paraboloïde ou encore une forme dont la méridienne possède une inflexion (figure II.30). Cette dernière configuration est bien adaptée à l'intégration d'un propulseur caréné de type pompe-hélice.

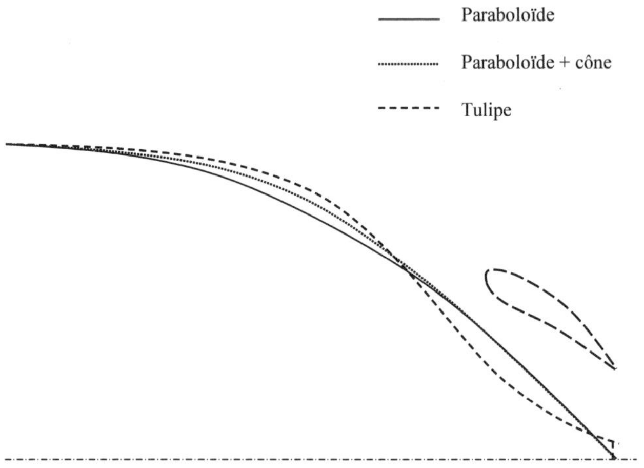

Figure II.27

Cependant le coefficient prismatique de la partie AR ne peut être augmenté au-delà d'une certaine limite sans courir le risque d'un décollement généralisé du sillage, conduisant à une augmentation incontrôlable de la traînée et des fluctuations turbulentes d'écoulement. Cette limite se situe aux alentours de 0,65 comme illustré sur la figure II.28. Sur cette figure l'écoulement de couche limite sur la carène est caractérisé par son paramètre de forme *H* (rapport de l'épaisseur de déplacement à l'épaisseur de quantité de mouvement - voir Bovis [8]). Le décollement est caractérisé lorsque *H* est supérieur à 1,8.

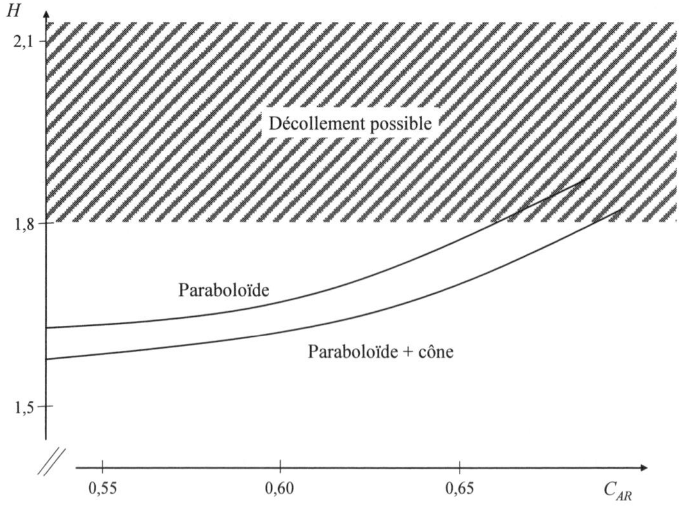

Figure II. 28 *Paramètre de forme de couche limite en fonction du coefficient prismatique de la forme AR*

3.5 LA FORME AV

La forme de la carène dans la partie AV du sous-marin doit satisfaire de nombreuses et fortes contraintes d'emménagement car c'est dans cette zone que se situent plusieurs équipements essentiels du sous-marin dont les principaux :

- l'antenne d'étrave du sonar, principale antenne d'écoute passive du sous-marin qui permet notamment « d'éclairer » la situation nautique en profondeur et surface, sur

l'avant du sous-marin ; cette antenne joue donc un rôle essentiel tant dans la gestion de la situation tactique que dans la navigation ;
- les tubes lance-torpilles ; ces tubes sont en nombre limité à bord du sous-marin (4 à 8, généralement) et, afin de pouvoir être rechargés à la mer, en particulier si l'on veut utiliser des armes, torpilles et missiles, différentes selon la situation, doivent pénétrer à l'intérieur de la coque résistante tout en ayant leur sortie affleurant la carène. Pour des raisons opérationnelles, comme d'architecture de la coque résistante, ces tubes se trouvent sur l'avant, plus ou moins parallèles à l'axe du navire

D'autres équipements ou appendices viennent également s'inscrire dans la zone AV, comme par exemple l'antenne d'interception pour détecter les signaux à haute fréquence émis par les autodirecteurs de torpilles (appendice émergeant de la carène et appelé « la corne » du fait de son analogie avec l'appendice du rhinocéros) ou le sas d'embarquement des torpilles. Sur certains sous-marins américains, la charpente AV abrite également une série de tubes de lancement verticaux pour les missiles de croisière.

La détermination de la forme AV résulte donc d'un compromis entre les exigences des armes et les exigences de l'hydrodynamique qui incluent celles de l'écoute (faible niveau de bruit parasite ou *bruit propre* sur l'antenne).

Historiquement, y compris après le développement des moyens d'écoute sous-marine durant la seconde guerre mondiale, ce sont les exigences des armes qui ont eu la priorité, notamment l'exigence de pouvoir tirer les torpilles à toutes les vitesses accessibles par le sous-marin en plongée. De plus, un nombre de tubes élevés (6, voire 8) permet un tir en salves, ou tout au moins augmente la cadence de lancement, tout en réduisant le besoin d'un système de stockage et de manutention encombrant à l'intérieur du sous-marin. C'est la raison pour laquelle se sont généralisées des configurations de groupements de tubes d'étrave, parallèles à l'axe du bâtiment. Pendant une longue période l'étrave a conservé une forme bidimensionnelle effilée, proche de l'étrave des bâtiments de surface (pour les sous-marins, on parle d'étrave en forme de « *tournevis* »). Dans beaucoup de cas, le logement de l'antenne de détection sous-marine ne pouvait se faire qu'au prix d'une excroissance de la carène

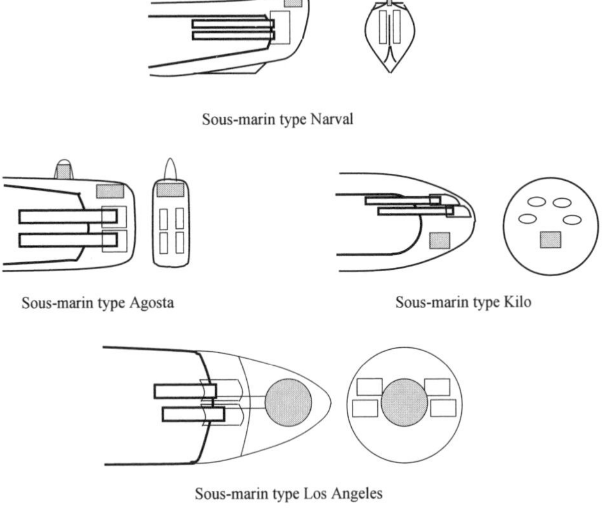

Figure II.29 *Différentes configurations de l'étrave*

Cette situation n'a pas fait apparaître d'incompatibilité majeure tant que les sous-marins ont eu des vitesses en plongée relativement faibles et des performances des sonars passifs suffisamment modestes pour que les perturbations hydroacoustiques puissent être négligées.

La conception de sous-marins modernes, même à propulsion conventionnelle, capables de vitesses en plongée élevées pose le problème de la forme AV en des termes différents nécessitant une meilleure prise en compte des performances des antennes de détection sous-marine. Aussi, la très grande majorité des sous-marins de conception récente est dotée de formes avant de type Albacore ou très proches de formes à symétrie de révolution. Ces formes permettent de loger de façon optimale une antenne d'étrave, dont les performances sont par ailleurs fonction de sa taille et de la perturbation (*bruit propre*) créé par l'écoulement sur la carène (voir chapitre VII).

Du point de vue hydrodynamique, le problème posé pour les sous-marins modernes est celui de réduire les perturbations d'écoulement turbulentes au voisinage de l'antenne du sonar. Si l'écoulement est naturellement laminaire (pas ou très peu de fluctuations de vitesse et de pression sur la carène) au voisinage immédiat de l'étrave, il transitera plus ou moins rapidement vers un écoulement turbulent suivant la géométrie locale de la carène. Cette transition apparaît inéluctablement au bout d'une certaine distance par le jeu de l'amplification de petits tourbillons créés par le cisaillement de l'écoulement du au frottement sur la paroi. L'apparition et l'amplification de ces tourbillons sont donc d'autant plus favorisées que la paroi sera plus rugueuse. On sait par ailleurs que la transition à la turbulence, voire même un décollement de couche limite, est favorisé par un gradient de pression adverse.

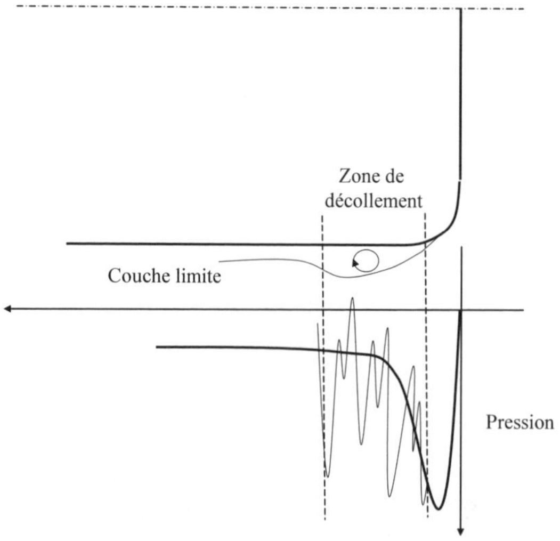

Figure II.30 *Effet d'un gradient de pression adverse : décollement de couche limite*

Une forme très effilée, si elle permet d'éloigner la zone de transition turbulente de l'apex, s'avère en revanche difficile à emménager pour l'antenne, a fortiori pour les armes. Une forme de révolution, de méridienne d'équation (équation (II.1)) :

$$\left(\frac{y}{R}\right)^n = \left[1 - \left(\frac{x}{L_{AV}}\right)^n\right]$$

avec n = 2,25 constitue, en première approximation, un bon compromis. Il conduit à un coefficient prismatique de C_{AV} = 0,71. Le point de pression minimale se situe approximativement à mi-longueur ($\frac{x_m}{L_{AV}} = 0{,}57$) de la partie avant.

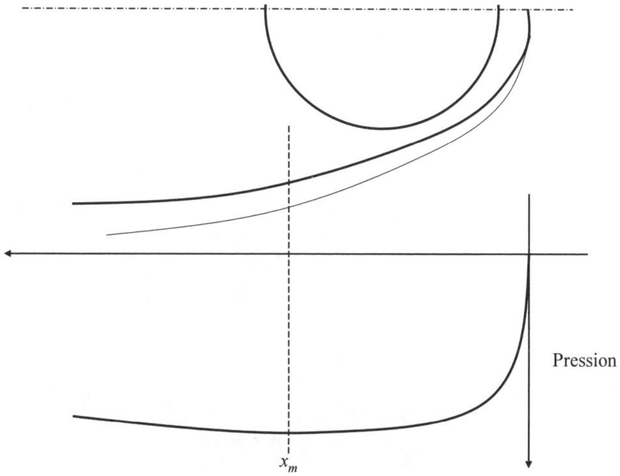

Figure II.31 *Forme AV optimale*

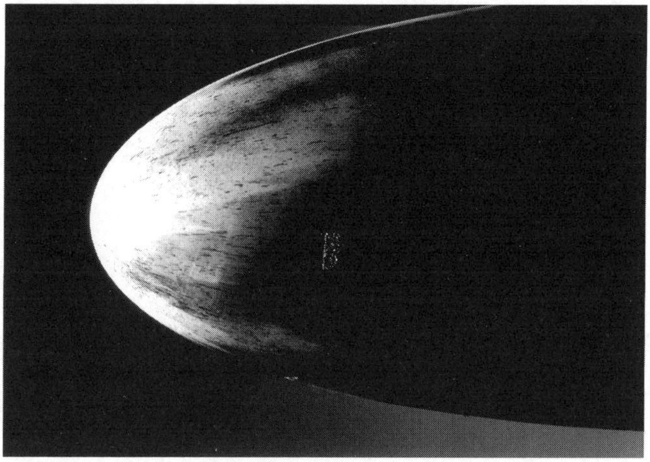

Figure II.32 *Visualisation de la transition laminaire-turbulent sur un avant de sous-marin en soufflerie.*

Enfin, le *critère de Feindt*, permet de spécifier la rugosité maximale à admettre pour la surface du dôme AV afin que cette rugosité ne perturbe pas le régime d'écoulement « *hydrodynamiquement lisse* » (voir Bovis [8]).

$$\frac{Vk}{\nu} < 120 \qquad \text{(II.14)}$$

où V est la vitesse locale d'écoulement, k la rugosité et ν la viscosité cinématique de l'eau.

Appliqué à la forme définie précédemment (n = 2,25), ce critère donne, pour différentes vitesses d'écoute :

V (m/s)	2	4	6	8
k_{max} (µm)	66	33	22	16

Figure II.33 *Installation d'un dôme sonar à l'avant d'un sous-marin*

Chapitre III
L'EQUILIBRE STATIQUE DU SOUS-MARIN

Un sous-marin est un navire capable de naviguer en immersion complète, c'est-à-dire sans aucun contact matériel avec la surface. Dans cette situation, le sous-marin est dit « *en plongée* ».

Le sous-marin doit également être capable de naviguer en surface comme tous les autres navires, ne serait-ce que pour stationner, quitter ou revenir à son port base. Le sous-marin est alors dit « *en surface* ». Le sous-marin doit être capable de tenir chacune de ces deux situations à l'arrêt ou à très faible vitesse. Sa sustentation au sein du milieu ambiant résulte de l'équilibre entre poids et *poussée d'Archimède*, les plans portants que constituent les barres et ailerons n'ayant d'autre but que d'assurer la manoeuvrabilité du sous-marin lorsqu'il se déplace. Ainsi, en plongée, le sous-marin s'apparente au dirigeable et non à l'avion « plus lourd que l'air » qui ne peut se maintenir en vol que grâce à la portance dynamique de ses ailes.

Le *Principe d'Archimède* veut que la poussée subie par le sous-marin de la part de l'eau qui le baigne soit égale au poids de l'*eau déplacée*[1] c'est-à-dire au poids d'un volume d'eau égal au volume de la partie immergée du sous-marin. Pour satisfaire en permanence l'équilibre statique, le sous-marin passe de la situation de surface à la situation de plongée soit en diminuant son volume, de façon à réduire la poussée d'Archimède, soit en augmentant son poids jusqu'à ce qu'il équilibre la poussée de l'eau déplacée lorsqu'il est totalement immergé. L'opération inverse doit être effectuée pour que le sous-marin refasse surface. Le sous-marin possède à cette fin des réservoirs, appelés *ballasts*, dans lesquels on introduit de l'eau de mer pour la plongée et dont on expulse l'eau pour le retour en surface. La situation en plongée, correspond aux ballasts pleins, la situation en surface aux ballasts vides d'eau (emplis d'air). Le remplissage ou la vidange des ballasts modifie donc le volume de carène du sous-marin.

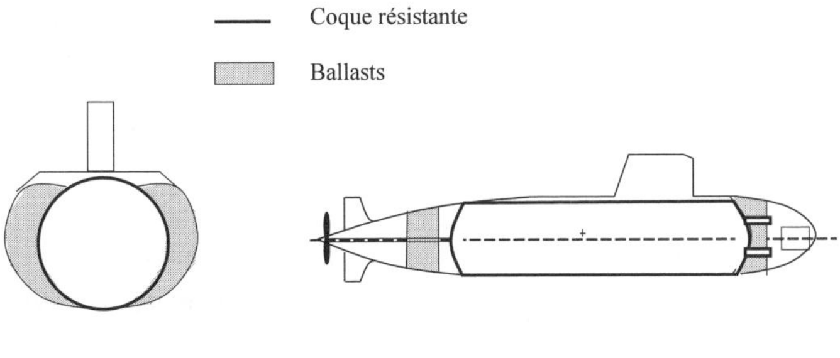

Sous-marin à double coque — Sous-marin à simple coque

Figure III.1 *Deux configurations différentes des ballasts*

[1] La notion d'*eau déplacée*, qui est une notion statique ne doit pas être confondue avec les notions de *masse d'eau ajoutée* et de *masse entraînée* qui sont des notions hydrodynamiques traduisant les effets d'inertie totale du sous-marin en évolutions dynamiques (cf. chapitre IV).

1. EQUILIBRE STATIQUE DU SOUS-MARIN

La notion de volume du sous-marin, ou son équivalent en masse d'eau appelé « *déplacement* », est donc fondamentale pour l'étude de l'équilibre. Il convient donc d'en donner une définition précise et calculable lors de la conception. Elle doit également correspondre à une grandeur mesurable lors des essais comme de la vie opérationnelle du sous-marin.

1.1 DEPLACEMENTS EN PLONGEE

Le volume V_P du sous-marin en plongée comprend l'ensemble des volumes dans lesquels l'eau de mer ne peut pas pénétrer ou dans lesquels l'entrée d'eau de mer peut-être contrôlée. Cette définition inclut donc la coque résistante (le « réservoir » étanche réservé à l'équipage et aux divers appareils de bord et dans lequel est maintenue une pression proche de la pression atmosphérique), les appendices « pleins » extérieurs à la coque épaisse (les constituants solides des superstructures, ailerons et safrans, hélices, lignes d'arbres, mats, périscopes, quille), les ballasts, les soutes extérieures à la coque résistante (soutes à gazole équilibrées[2]).

On définit également, essentiellement pour le besoin des études hydrodynamiques, un volume dit de forme en plongée correspondant à l'enveloppe extérieure du sous-marin et de tous ses appendices. Ce volume inclut donc, en particulier le volume intérieur des superstructures, volume qui se trouve, en plongée, envahi par l'eau de mer.

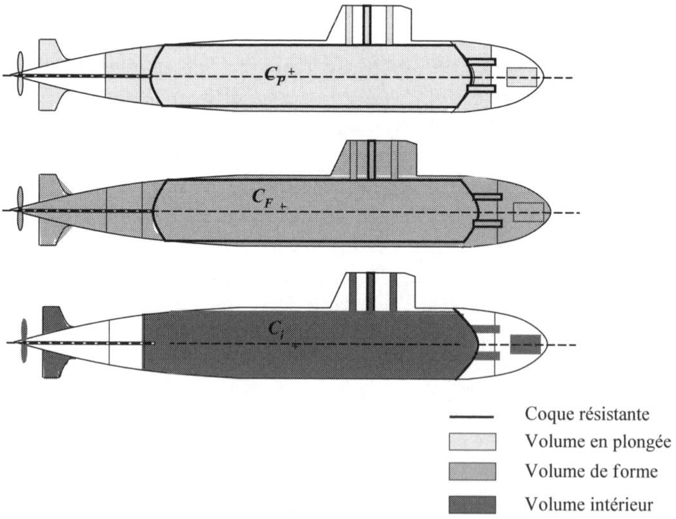

Figure III.2 *Volumes en plongée*

Pour un sous-marin donné, le volume en plongée est défini de manière définitive à la conception et ne varie plus au cours de sa vie, sauf à réaliser des évolutions structurelles importantes, comme cela peut se produire à l'occasion de « *refontes* ».

A chaque volume correspond un centre de volume. On définit ainsi les centres C_P et C_F, des volumes V_P et V_F.

[2] Les soutes à gazole extérieures, c'est-à-dire hors de la coque résistante, sont constamment pleines, en plongée comme en surface, le gazole consommé étant remplacé par de l'eau de mer. Afin de soutenir la pression d'immersion, un dispositif d'équilibrage les met en communication avec la pression environnante.

Le volume intérieur des ballasts (normalement occupé par l'eau de mer en plongée) est, par ailleurs, noté V_B. On note également C_B leur centre de volume.

Si on retranche du volume en plongée le volume des ballasts, on obtient ce que l'on appelle le « *volume intérieur* » V_i du sous-marin. On a donc la relation simple :

$$V_P = V_i + V_B \qquad \text{(III.1)}$$

Le volume intérieur inclut donc les soutes extérieures équilibrées.

Au volume V_P correspond un déplacement D_P défini en multipliant le volume du sous-marin par la masse volumique de l'eau de mer:

$$D_P = \rho V_P \qquad \text{(III.2)}$$

La masse volumique ρ de l'eau de mer varie en fonction de différents paramètres physiques locaux, dont la température, la salinité, la profondeur. Elle varie dans l'espace et dans le temps. Afin de définir un déplacement caractéristique du sous-marin, on utilise une valeur standard de la densité égale à $\rho_o = 1026$ kg/m^3 = 1,026 t/ m^3. Le déplacement s'exprime en tonnes.

On définit de même un déplacement de forme $D_F = \rho_o V_F$ et un déplacement intérieur : $D_i = \rho_o V_i$.

1.2 EQUILIBRE DE LA PESEE EN PLONGEE

Pour un bâtiment de surface, l'équilibre entre le poids et la poussée d'Archimède s'adapte naturellement et en toutes circonstances, lorsque son chargement est modifié (par exemple pour un navire de transport de charges), par un enfoncement ou un déjaugeage du flotteur qui augmente ou diminue le volume immergé. On parle de *stabilité naturelle de l'équilibre pour les mouvements isoclines*. Dans le cas du sous-marin, le poids est relié de façon univoque à la valeur du déplacement en plongée qui ne peut être modifiée sans changer la structure même du sous-marin. Un écart quelconque par rapport à cette relation ne peut être compensé naturellement et entraîne le sous-marin dans un mouvement irréversible soit vers la surface (cas du sous-marin trop léger) ou vers le fond (cas du sous-marin trop lourd).

On note G_P le barycentre de toutes les masses constitutives du sous-marin (y compris la masse d'eau des ballasts, pour un total de M_P), G_i le centre de gravité de la coque résistante et de ses appendices.

L'équilibre statique du sous-marin en plongée est défini par les conditions suivantes[3]:

$$M_P g = gD_P = \rho g V_P = \varpi V_P \qquad \text{(III.3)}$$

G_P et C_P sont alignés sur une même verticale, perpendiculaire à l'axe du sous-marin, de façon que ne s'exerce sur le sous-marin aucun couple inclinant, ni en assiette, ni en gîte.

[3] Dans la formule suivante g représente l'accélération de la pesanteur, M la masse du sous-marin. Le poids P du sous-marin (en Newton) est donc Mg. Par ailleurs, on note traditionnellement $\varpi = \rho g$, le poids volumique de l'eau.

Ces conditions constituent la *situation de référence* du sous-marin en plongée. L'eau des ballasts ne jouant aucun rôle dans l'équilibre statique du sous-marin en plongée, on peut écrire la condition d'équilibre sous la forme :

$$M_i = \rho V_i \qquad \text{(III.4)}$$

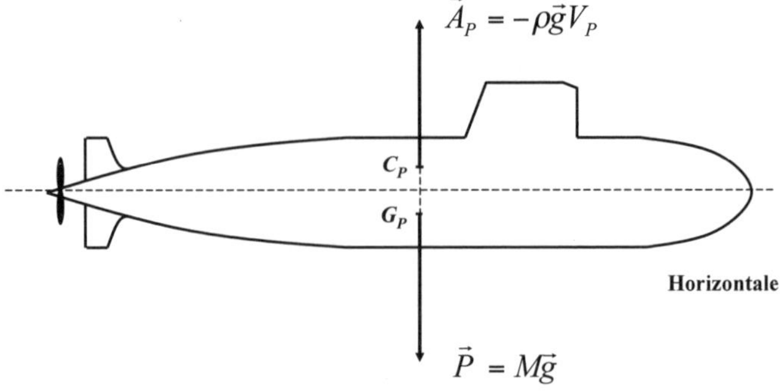

Figure III.3

Cependant, toutes les grandeurs apparaissant dans ces deux conditions varient, dans certaines limites, au cours de l'activité du sous-marin. Le maintien dans le temps de ces conditions suppose donc une action corrective quasi permanente. Cette action s'exerce sur la masse du sous-marin (en valeur et en centrage), par l'intermédiaire d'une installation spécifique dite « *installation de pesée* ».

Tout d'abord, la masse du sous-marin dépend de l'état de son chargement. Celui-ci peut varier en fonction de la mission (embarquement de passagers, d'armes de nature ou en quantité variables, d'équipements spécifiques) ou en cours d'une même mission (consommation de combustible, de vivres, de munitions,…). Par construction, on cherche à équilibrer le sous-marin pour un état de chargement nominal, par exemple celui correspondant au sous-marin complet avec son équipage et l'ensemble des approvisionnements nécessaires à sa mission. Cet état est appelé « *tenue de mobilisation* ». La masse du sous-marin en tenue de mobilisation, M_o, est décomposée comme suit :

$$M_o = M_{fo} + M_{vo} + M_{lo} \qquad \text{(III.5)}$$

Avec M_{fo} masse fixe des installations et équipements, M_{vo} masse variable des consommables, M_{lo} masse variable du lest liquide destiné à assurer la pesée du sous-marin.

La masse volumique de l'eau de mer varie en fonction de différents paramètres. Ainsi, par exemple elle varie, en moyenne entre une valeur très proche de 1000 kg/m3 à l'embouchure des grands fleuves ou dans les eaux froides nordiques, à plus de 1030 kg/m3 dans des mers à forte évaporation. Depuis 1980, l'UNESCO a défini une loi standard pour la densité de l'eau de mer dite IES 80 (International Equation of State):

$$\rho(S,T,P) = \frac{\rho(S,T,0)}{1 - \dfrac{P}{K(S,T,P)}} \qquad \text{(III.6)}$$

où $\rho(S,T,0)$ et $K(S,T,P)$ sont exprimés sous forme de développements polynomiaux du quatrième degré en fonction des paramètres salinité *S*, température *T* et pression (immersion) *P*. Cette expression donne la masse volumique standard ρ_o = 1026 kg/m^3 pour une salinité de 35 g/l, une température de 15° et la pression atmosphérique (P = 0). A salinité et température standard, on obtient les valeurs suivantes :

Immersion	*P (bar)*	ρ (t/m^3)
Surface	0	1,026
100 m	10	1,0265
300 m	30,2	1,027
600 m	61,6	1,029

Pour un sous-marin de 1000 t de déplacement, un écart de 1/1000 de la masse volumique de l'eau entraîne une variation de 1 tonne de la poussée d'Archimède, toutes choses égales par ailleurs.

En première approximation, la pression augmente linéairement avec l'immersion ($P = P_a + \rho g I$)[4]. Sous l'effet de la pression, la coque résistante se contracte. Pour un cylindre raidi, une valeur semi empirique de la contraction de la coque résistante est donnée par :

$$\frac{\Delta V}{V} = 1{,}6\ \frac{R}{a}\ \frac{P}{E} \qquad \text{(III.7)}$$

où *R* est le rayon de la coque résistante, *a* l'épaisseur du bordé, *E* le module d'Young du matériau constitutif de la coque.

L'augmentation de la masse volumique de l'eau n'est en général pas suffisante pour compenser la diminution de la poussée d'Archimède liée à la diminution du volume en plongée du sous-marin. Ceci crée un écart par rapport à la situation de référence qui augmente avec l'immersion. Cet écart, appelé *alourdissement de profondeur*, traduit l'instabilité fondamentale de l'équilibre du sous-marin en plongée par rapport à la profondeur d'immersion. Pour les sous-marins d'exploration capables structurellement de descendre à des profondeurs de plusieurs milliers de mètres, on cherche, par l'emploi de matériaux adaptés (matériaux de flottabilité à très faible compressibilité), à créer un *allègement de profondeur*. De tels engins ne peuvent donc tenir leur immersion maximale que par l'usage de moyens actifs tels que des propulseurs à axe vertical.

En résumé, pour gérer les différents écarts par rapport à un équilibre nominal défini comme la tenue de mobilisation à la densité standard et la pression nulle, il faut vérifier l'équation dite « équation de la pesée » :

$$(M_{lo} - M_l) = (M_v - M_{vo}) + (\rho - \rho_o)\, V_{io} + \rho_o\, (V_i - V_{io}) \qquad \text{(III.8)}$$

De plus, la deuxième condition d'équilibre exige que le couple créé par le poids et la poussée d'Archimède reste nul. Le centre de carène étant invariable dès lors que les formes du sous-marin restent inchangées (la contraction de la coque résistante a peu d'influence sur la position relative du centre de volume), cela signifie que la résultante des moments des différentes variations de poids par rapport à un point fixe du sous-marin reste nulle. Les variations de masses des consommables étant susceptibles de se répartir en diverses positions dans le bord, il

[4] La loi linéaire est strictement valable si on considère l'eau de mer comme parfaitement incompressible. La loi IES 80 montre qu'à *S* et *T* fixés, il existe une relation entre ρ et *P*, traduisant la compressibilité de l'eau de mer. La loi linéaire ne peut donc pas être appliquée aux très grandes profondeurs (au-delà de 1000 m).

est donc nécessaire que le lest variable puisse ajuster aussi bien la résultante des variations de poids que le moment résultant de ces variations.

Le lest variable est en général réparti entre différentes capacités intérieures à la coque résistante : les *caisses d'assiette* et les *régleurs*. Les caisses d'assiette sont situées près des extrémités longitudinales du sous-marin. Dans la conception des sous-marins français, elles communiquent entre elles, mais ne sont pas en communication avec la mer, ce qui signifie qu'elles contiennent une quantité de lest liquide fixe. Elles n'agissent donc que sur le moment. Les régleurs, en revanche, sont des capacités résistantes à la pression d'immersion et pouvant être mises en communication avec la mer. Ils peuvent donc agir sur la résultante des masses, en particulier pour compenser les variations de densité de l'eau. Situés à proximité du centre de volume C_i, ils n'ont qu'une très faible action sur les moments.

L'équilibre en force et en moment ne peut être maintenu de façon enveloppante, c'est-à-dire en cumulant les valeurs extrêmes de variation de l'ensemble des masses variables, car cela conduirait à un dimensionnement des caisses de réglage irréalisable. Le domaine de variation de la masse volumique de l'eau de mer est une donnée d'entrée du processus de conception dans la mesure où il caractérise les théâtres d'opérations dans lesquels le sous-marin est appelé à naviguer en plongée. La spécification correspondante s'appelle le « *programme de densité* » du sous-marin. Les caisses de réglages sont donc dimensionnées de façon à ce que le programme de densité puisse être réalisé dans un certain nombre d'hypothèses relatives aux variations de masse des consommables ; ces hypothèses sont construites sur la base de patrouilles-types caractéristiques des missions du sous-marin.

L'étude des patrouilles-types, au cours de la conception du sous-marin, comme le suivi journalier de la pesée, lors de son activité opérationnelle, peuvent se faire de façon efficace de manière graphique. Il s'agit alors de représenter sur un plan [intensité ; moment par rapport à un point fixe] les différentes variations de masse et de les comparer avec l'enveloppe des possibilités d'ajustement offertes par les caisses. Chaque point situé à l'intérieur du polygone des caisses représente un état d'équilibre du sous-marin réalisable.

Dans le graphique ci-après, le point origine O est un point du plan de symétrie du sous-marin situé à la verticale du centre de volume C_i. Ainsi l'alourdissement de profondeur se traduit par une translation verticale du point représentatif de l'état du sous-marin (moment nul). Le point M représente la tenue de mobilisation. Lorsque le combustible est situé en soutes extérieures, équilibrées, ce qui est le cas général, il est compensé dans les soutes, au fur et à mesure de sa consommation, par de l'eau de mer (dispositif d'équilibrage). Dans ces conditions, la consommation de combustible se traduit par un alourdissement du sous-marin, la densité du gazole étant de 0,82 par rapport à l'eau de mer de masse volumique standard. Le phénomène est encore accentué pour des hydrocarbures plus légers utilisés par certains systèmes de production d'énergie anaérobie tels que le méthanol (densité 0,78) ou l'éthanol (densité 0,77). Le polygone des états de chargement est l'enveloppe de tous les cas possibles lorsque M est dans une position quelconque du polygone des consommations programmées, si l'on veut que la consommation de masses aléatoires (munitions, par exemple) soit possible à un moment quelconque de la mission opérationnelle.

Figure III.4 *Graphique de pesée*

Cette représentation graphique est aussi dénommée « *diagramme de Girousse* », du nom de l'Ingénieur en Chef du génie Maritime Girousse, chef de la section Sous-marins de la Direction des Constructions Navales de 1952 à 1956.

1.3 DEPLACEMENT EN SURFACE

Le volume V_S du sous-marin en surface est le volume immergé du sous-marin en surface. On démontre aisément que ce volume est égal au volume en plongée dont on a retranché le volume des ballasts.

En effet, pour revenir en surface, il est nécessaire de vider le volume hachuré des ballasts, V_B. Le volume émergé du sous-marin, en sombre, est donc égal au volume des ballasts, puisque le poids n'ayant pas varié dans l'opération, la poussée d'Archimède, donc le volume immergé du sous-marin, doit être identique dans les deux positions. On constate donc immédiatement que le volume intérieur émergé est égal au volume de ballast situé sous la flottaison.

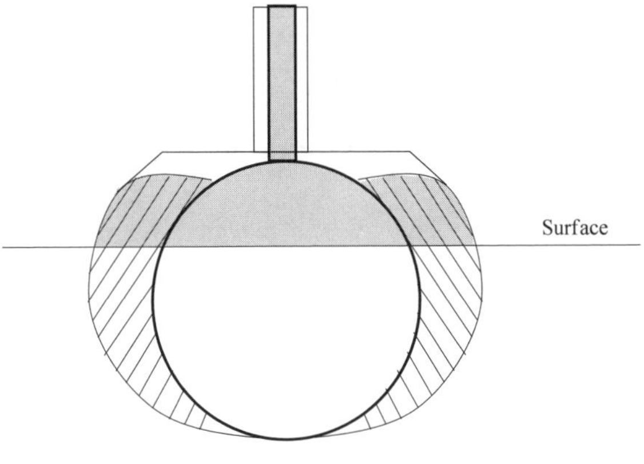

Figure III.5

Le volume immergé du sous-marin en surface V_S (ou encore volume de carène) est donc égal au volume intérieur V_i du sous-marin, volume de la coque résistante et de ses appendices. Ce volume est donc par nature invariable.

Le déplacement en surface D_S [5] est défini par :

$$D_S = \rho_o V_S \qquad \text{(III.9)}$$

Le rapport $f = \dfrac{D_P - D_S}{D_P} = \dfrac{V_P - V_i}{V_P}$ que l'on appelle *coefficient de flottabilité*, est invariable pour un sous-marin donné. f est souvent considéré comme une spécification, ou donnée d'entrée de la conception. Dans ce cas, on écrira :

$$D_S = (1 - f)D_P$$

Si le volume de carène en surface et le volume intérieur sont identiques, leur barycentre C_S et C_i n'ont, en revanche, aucune raison d'être confondus. Leurs positions respectives dépendent des formes de la coque intérieure et avec appendices et de la forme et de la position des ballasts. Cependant ces positions sont invariables pour un sous-marin donné.

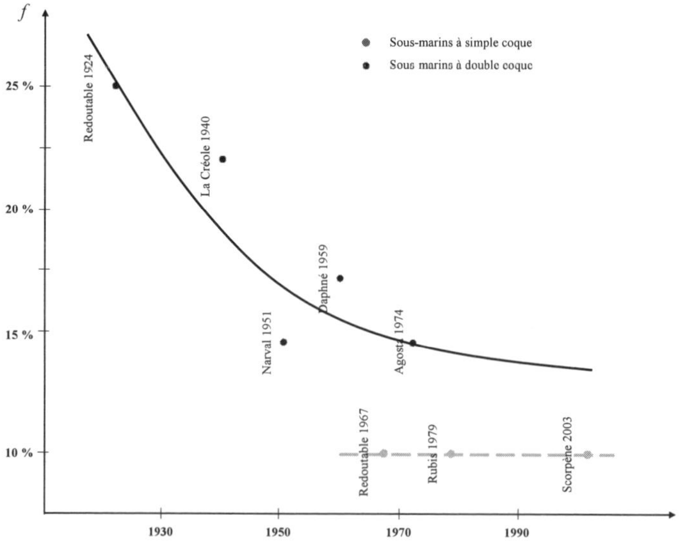

Figure III.6 *Coefficients de flottabilité de différents sous-marins français*

1.4 EQUILIBRE DU SOUS-MARIN EN SURFACE

Les conditions d'équilibre du sous-marin en surface s'écrivent :

$$M_S g = g D_S = \rho g V_S = \varpi V_S \qquad \text{(III.10)}$$

[5] Il faut se méfier de la terminologie. En effet, dans la littérature anglo-saxonne, D_S peut représenter le déplacement en plongée (S comme « submerged »). Les déplacements, dans les références internationales, sont également souvent exprimés en tonnes anglaises, ou Long Tons, de 1016 kg.

G_S et C_S sont alignés sur une même verticale, perpendiculaire à l'axe du sous-marin, de façon que ne s'exerce sur le sous-marin aucun couple inclinant, ni en assiette, ni en gîte.

La première condition est automatiquement vérifiée dès que (III.4) l'est (équilibre en plongée) puisque $M_P = M_i = M_S$ et que $V_S = V_i$.

La deuxième condition conduit à une prise d'assiette en surface. En effet, si G_S est égal à G_i, C_S diffère généralement de C_P et de C_i. La figure III.7 donne une explication graphique de l'angle d'assiette en surface θ_S.

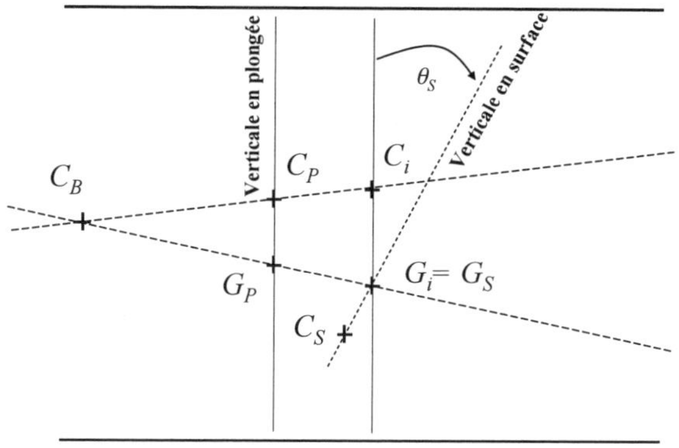

Figure III.7 *Angle d'assiette en surface*

2. STABILITE DE L'EQUILIBRE STATIQUE

2.1 STABILITE DE L'EQUILIBRE EN PLONGEE

L'équilibre d'un corps sera dit stable si, soumis à un léger écart par rapport aux conditions de cet équilibre, le corps revient naturellement, sous l'effet des forces extérieures créées par l'écart, à sa position d'équilibre lorsque les causes de l'écart disparaissent. On parle de stabilité statique si les positions initiale et perturbée ou toute position intermédiaire sont considérées comme positions de repos, c'est-à-dire que l'on néglige toute force dynamique liée à la vitesse (amortissements) ou à l'accélération (inerties) du déplacement.

Il a déjà été vu au paragraphe précédent que l'équilibre de la plongée était naturellement instable par rapport aux variations d'immersion. En revanche l'équilibre de la plongée est stable vis-à-vis de mouvements angulaires.

La figure III.8 montre que, lors d'un mouvement d'inclinaison transversal (gîte), se crée un couple hydrostatique qui tend à redresser le sous-marin. Il suffit pour cela que le centre de volume C_P soit situé à l'équilibre au dessus du centre de gravité G_P.

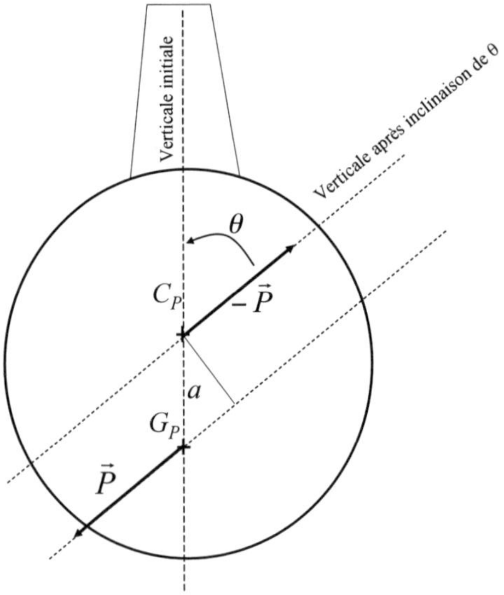

Figure III.8 *Couple de redressement transversal*

Le couple de redressement ainsi créé a pour valeur :

$$\Gamma_P = P_P\, a_P \sin\theta = gD_P a_P \sin\theta \qquad \text{(III.11)}$$

si on note a_P la distance $G_P\,C_P$. Le facteur gD_Pa_P est appelé le module de stabilité transversale en plongée.

Dans la figure III.7, le point C_P est, par définition, le barycentre des points C_B et C_i (pondérés par les volumes) alors que le point G_P est le barycentre des points C_B et G_i (pondérés par les masses). Les triangles $C_BC_PG_P$ et $C_BC_iG_i$ sont donc semblables dans le rapport des déplacements D_P et D_i. Il s'ensuit que le module de stabilité en plongée est déterminé par la forme de la coque résistante et de ses appendices, et indépendant des ballasts.

$$D_P a_P = D_i a_i \qquad \text{(III.12)}$$

Cependant a_P et a_i sont différents. De plus au cours d'une plongée a_P varie en raison des différents mouvements de masses dues aux consommations et leur compensation. Sauf précision contraire, a_P est défini pour la tenue de mobilisation.

Le même raisonnement s'applique pour un mouvement d'inclinaison longitudinal et l'on obtient strictement le même couple de redressement et le même module de stabilité que pour les inclinaisons transversales. Ce couple doit donc être considéré comme très faible par rapport au couple de redressement longitudinal d'un navire de surface. Le sous-marin en plongée est donc beaucoup plus sensible aux perturbations longitudinales de l'équilibre.

2.2 STABILITE DE L'EQUILIBRE EN SURFACE

L'étude de la stabilité en surface d'un sous-marin ne se distingue pas de celle d'un navire de surface.

L'équilibre statique d'un navire de surface est naturellement stable vis-à-vis des mouvements d'enfoncement (on dit des mouvements « *isocline* »), toute augmentation du volume de carène immergé entraînant une augmentation de la poussée d'Archimède et vice versa[6]. Il en est de même pour le sous-marin en surface, mais contrairement à un navire de surface, un sous-marin ne saurait se satisfaire d'une modification permanente de ses tirants d'eau, car alors il ne serait plus, comme on l'a vu au paragraphe précédent, en état de plonger.

On appelle carène la surface « mouillée » du navire, c'est-à-dire la frontière extérieure du navire en contact avec la mer. On ne s'intéresse, en surface, qu'aux mouvements à déplacement constant que l'on appelle « *déplacements isocarènes* ». La particularité du navire de surface est que, même lors de déplacements isocarènes, la position du centre de volume de la partie immergée se déplace par rapport au navire.

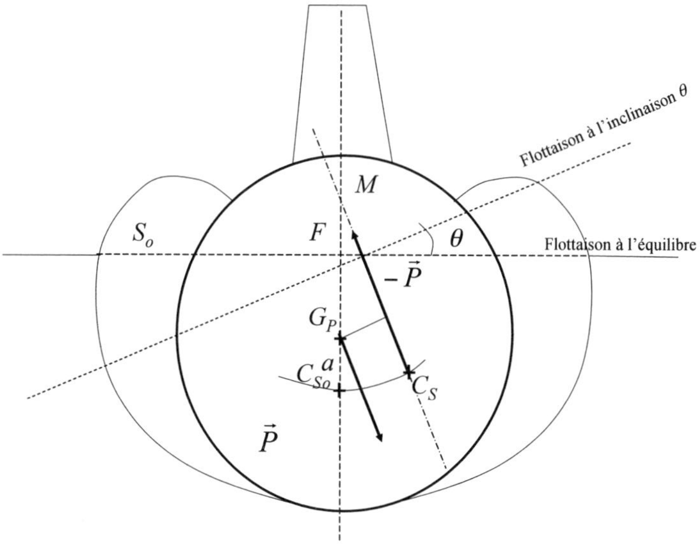

Figure III.9

On appelle *ligne de flottaison* l'intersection de la surface libre et de la carène. La *surface de flottaison* est la prolongation de la surface libre à l'intérieur de la ligne de flottaison. Pour des valeurs très faibles de l'angle d'inclinaison θ, on démontre que le centre d'inclinaison est le centre de flottaison F, centre de surface de la surface de flottaison S_o (théorème d'Euler). Ceci résulte de l'égalité, en première approximation aux très petits angles θ, des aires des deux triangles hachurés sur la figure III.10.

[6] Ceci permet de définir arbitrairement un déplacement surface qui diffère de celui défini au paragraphe 1.3. Ainsi, on utilise le déplacement dit « Genêve », qui correspond au déplacement du sous-marin en surface doté de son équipage et de l'ensemble de ses équipements et approvisionnements, … mais sans aucun liquide (combustible, huiles, eau douce, eau des ballasts et des caisses de réglages…). Dans cette situation, le sous-marin ne saurait plonger, ni même naviguer.

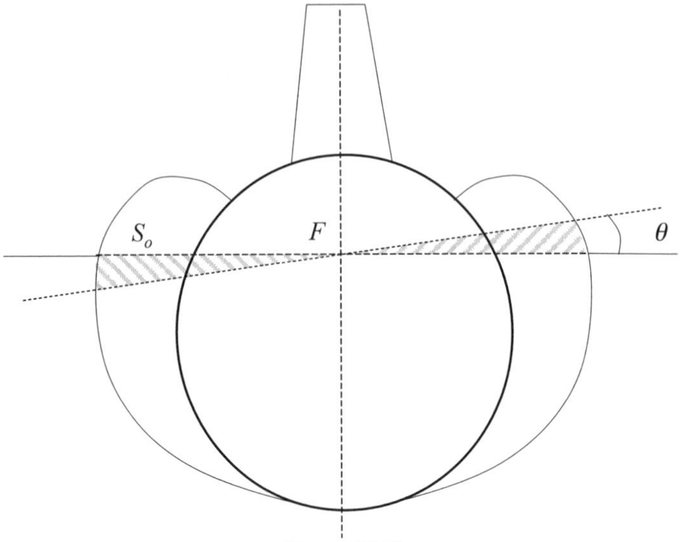

Figure III.10

Le centre de volume se déplace à l'inclinaison θ à la position C_S. En revanche, le centre de gravité G_S est inchangé.

On note M le point d'intersection de la nouvelle verticale en C_S avec l'ancienne verticale en C_{So}. Comme on peut le constater sur la figure III.8, se crée alors un couple de redressement, si M est situé au-dessus de G_S, ou de chavirement si M est situé en dessous de G_S et de valeur :

$$\Gamma_S = P_S \; \overline{G_S M} \; \sin\theta = g D_S \overline{G_S M} \; \sin\theta \qquad \text{(III.13)}$$

A la valeur nulle de l'angle θ, le point M devient le point M_o qui se définit géométriquement comme le centre de courbure, en C_{So}, de la courbe décrite par C_S. Le point M_o est appelé le *métacentre transversal*. Si on note, conventionnellement, ρ_{ST} la distance $C_{So}M_o$ et a_S la distance $C_{So}G_S$, l'équation (III.13) peut donc être réécrite sous la forme :

$$\Gamma_S = g D_S \left(\overline{C_{So} M_o} - \overline{C_{So} G_S} \right) \sin\theta = g D_S \left(\rho_{ST} - a_S \right) \sin\theta \qquad \text{(III.14)}$$

La quantité gD_S (ρ_{ST} - a_S) est appelée le *module de stabilité transversal en surface*. Un raisonnement identique conduirait à définir un *métacentre longitudinal* et un *module de stabilité longitudinal en surface*, différent du module de stabilité transversal.

On démontre enfin que la *hauteur métacentrique transversale* ρ_{ST} est définie par la formule (théorème de Bouguer) :

$$\rho_{ST} = \frac{I_T}{V_S} \qquad \text{(III.15)}$$

Le terme I_T est le moment d'inertie géométrique de la surface de flottaison par rapport à l'axe d'inclinaison (axe horizontal parallèle à l'axe du navire et passant par le centre de flottaison F).

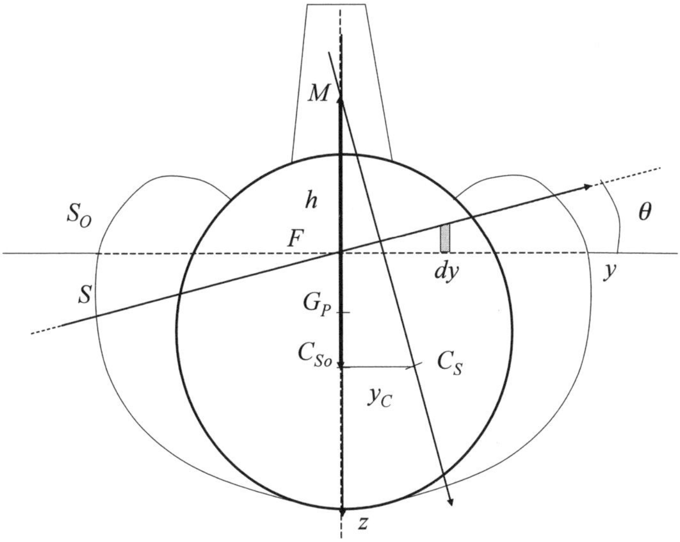

Figure III.11

En effet, pour des rotations d'angle infinitésimal, autour de l'axe d'inclinaison passant par *F*, nous pouvons écrire :

$$y_C \cong h\theta$$

Mais par définition du centre de volume C_S, nous avons aussi :

$$V_S y_C \cong \int_{S_o} yy\sin\theta dydx$$

D'où, de façon évidente :

$$V_S h\theta \cong \int_{S_o} yy\sin\theta dydx \cong \theta\int_{S_o} yydydx = \theta\ I_T$$

Et le résultat, pour $\theta \to 0$:

$$h \to \rho_{ST} = \frac{I_T}{V_S}$$

Remarque :

Un sous-marin à simple coque a une carène à symétrie de révolution. Dans ce cas, un raisonnement géométrique simple montre que le métacentre transversal en surface est situé sur l'axe de révolution. Si le sous-marin était rempli de façon homogène, son centre de gravité serait également situé sur cet axe, conduisant à un module de stabilité transversale nulle. Pour un tel sous-marin, il est impératif de concevoir ses aménagements, de façon à déplacer au maximum vers le bas le centre de gravité, ce qui se fait, en partie, en prévoyant une réserve de lest solide importante. La situation est moins critique en plongée dans la mesure où le centre de volume en plongée est naturellement plus haut et que par ailleurs le sous-marin n'est pas soumis aux sollicitations de la houle, cause du roulis.

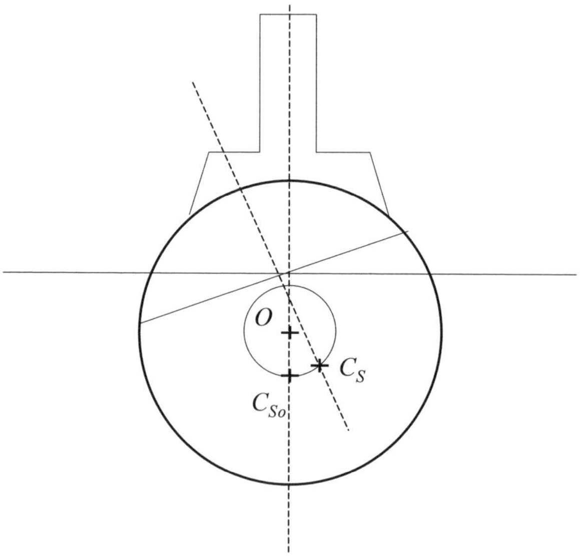

Figure III.12

On a également :

$$\rho_{SL} = \frac{I_L}{V_S} \qquad \text{(III.16)}$$

Les hauteurs métacentriques ne dépendent donc que de la forme géométrique de la flottaison à l'équilibre et du volume du sous-marin en surface. Ces données étant invariables pour un sous-marin donné, les hauteurs métacentriques sont donc elles aussi invariables. En revanche, comme en plongée, la position du centre de gravité peut évoluer en fonction des consommations et de leur compensation. Les modules de stabilité en surface doivent donc être définis pour un chargement standard, en principe la tenue de mobilisation.

On peut à présent aller plus loin dans la détermination de l'assiette en surface. Reprenons la figure III.7, et notons C_{S1} le centre de volume correspondant au sous-marin horizontal (même assiette que dans la situation de référence), en surface.

Le couple inclinant s'exerçant sur le sous-marin vaut alors :

$$\Gamma = P_S \, \overline{G_S H}$$

Le couple de redressement est donné par (III.14). Il y a donc équilibre pour :

$$P_S \, \overline{G_S H} = P_S \, (\rho_T - a_S) \sin \theta_S \approx P_S \, \rho_T \, \theta_S$$

car, d'une part θ_S est très petit, et d'autre part le rayon métacentrique longitudinal est très grand (plus de 100 fois) par rapport à a_S.

On a donc :

$$\theta_S = \frac{\overline{G_S H}}{\rho_T} \tag{III.17}$$

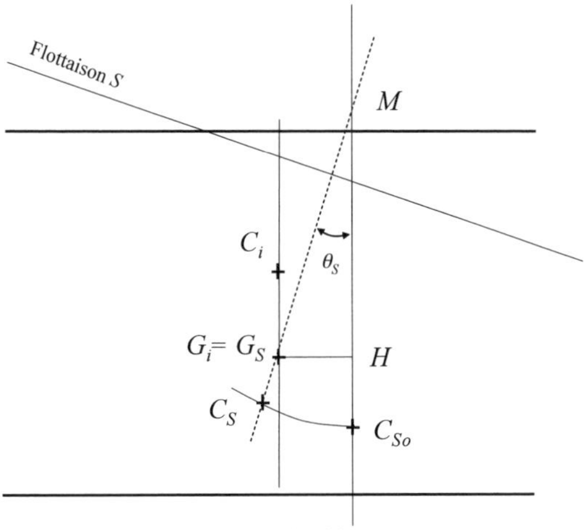

Figure III.13

La détermination de θ_S ne dépend que de données géométriques de la coque intérieure et de la carène extérieure en surface.

Un facteur très important pour la stabilité des navires est la présence de *carènes liquides*, c'est-à-dire de capacités partiellement remplies de liquide. Lors des déplacements angulaires du navire, le liquide est libre de se déplacer à l'intérieur de son réservoir, entraînant ainsi un déplacement du centre de gravité du navire. Le liquide étant généralement homogène, son centre de gravité est confondu avec son centre de volume. Pour les petites inclinaisons, la surface libre du liquide tourne autour de son centre de surface. Le centre de volume du liquide décrit, dans les déplacements, une courbe dont la normale reste perpendiculaire à la surface libre. Le centre de courbure de cette courbe à la position d'équilibre initiale est le métacentre du réservoir liquide.

Vis-à-vis de la stabilité du navire, les carènes liquides doivent donc être traitées comme si leur poids était appliqué non en leur centre de gravité mais en leur métacentre. Elles ont donc un effet déstabilisant par rapport au lest solide de même poids et de même centre de gravité mais qui ne se déformerait pas lors des déplacements du navire. Ainsi, en présence d'une carène liquide, on obtient :

$$\Gamma_P = \left(gD_P a_P - g\rho_f I_f\right)\sin\theta$$

en plongée, et :

$$\Gamma_S = \left[gD_S\left(\rho_{ST} - a_S\right) - g\rho_f I_f\right]\sin\theta$$

en surface. L'effet destabilisant de la carène liquide est proportionnel à la masse volumique ρ_f du liquide et à l'inertie géométrique I_f de sa surface libre. Il ya donc lieu de diminuer autant que faire se peut cette inertie, notamment en fractionnant les réservoirs. Un exemple simple est donné par le ballast annulaire partiellement rempli représenté sur la figure III.13.

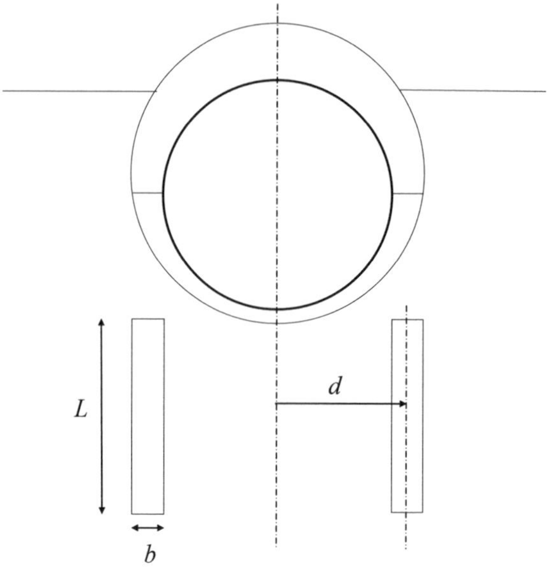

Figure III.14

L'inertie I_f de la surface libre de l'eau en ballasts est donnée par :

$$I_f = 2\left(\frac{Lb^3}{12} + d^2 Lb\right) \qquad \text{(III.18)}$$

si le ballast est en un seul volume (l'équation (III.18) est obtenue d'après le *théorème de Huygens*), ou bien par :

$$I_f = 2\ \frac{Lb^3}{12}$$

si le ballast est cloisonné longitudinalement, c'est-à-dire s'il ne peut pas y avoir de transfert d'eau de mer d'un bord sur l'autre.

2.3 STABILITE LORS DE LA PRISE ET DE LA SORTIE DE PLONGEE

La stabilité du sous-marin en plongée et en surface relève de phénomènes physiques différents. On parle de *stabilité de poids* dans le cas du sous-marin en plongée et de *stabilité de forme* dans le cas du sous-marin (comme des autres navires) en surface. On passe de la première à la seconde dès qu'une partie du sous-marin, un périscope par exemple, perce la surface.

Suivant le même raisonnement que celui tenu autour de la figure III.5, on constate qu'en toute position intermédiaire de la prise ou de la sortie de plongée, le volume de coque intérieure émergeant est égal au volume d'air contenu dans les ballasts en dessous de la surface de flottaison.

En termes de stabilité transversale, la prise et la sortie de plongée s'accompagnent d'une transition entre le module de stabilité en surface, $gD_S\ (\rho_{ST} - a_S)$, et le module de stabilité en plongée, $gD_P a_P$.

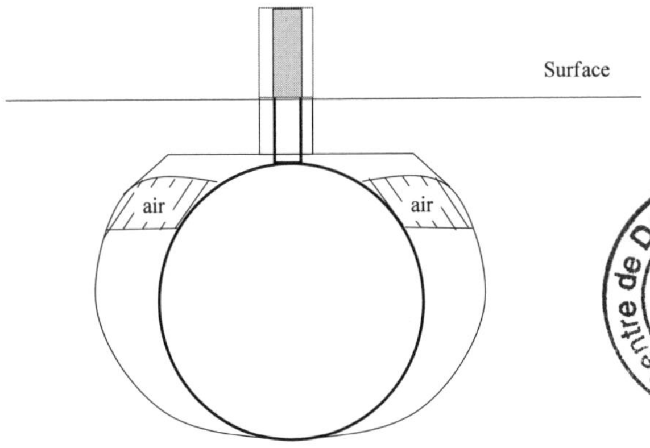

Centre de Documentation sur la Mer
Bibliothèque La Pérouse

Figure III.15

Ainsi, lors de la phase transitoire où le sous-marin émerge partiellement de la surface, plusieurs effets antagonistes jouent sur le module de stabilité:

- la variation du déplacement

- la modification du a par remplacement d'une partie de l'eau des ballasts par de l'air,

- la création de carènes liquides à l'intérieur des ballasts,

- la stabilité de forme liée à la présence d'une flottaison, importante en surface, mais très faible lorsque n'émerge plus que le périscope !

Au bilan, le module de stabilité évolue tout au long de l'opération de prise ou de sortie de plongée. Ses variations ont l'allure générale suivante :

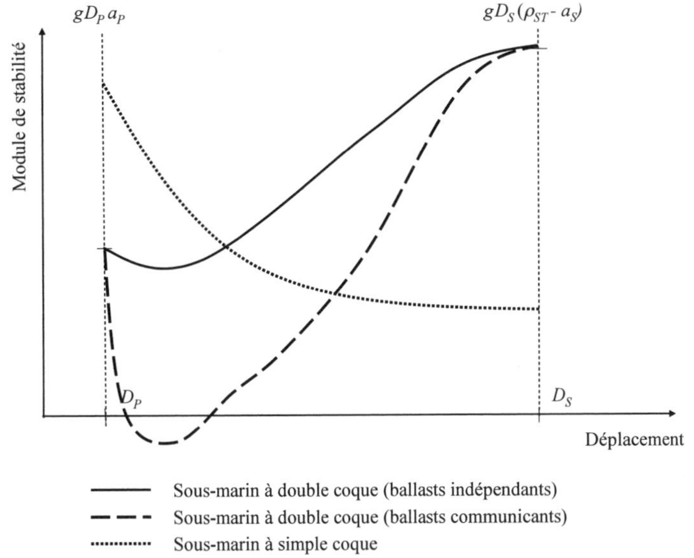

Figure III.16 *Module de stabilité transversal durant la prise et la sortie de plongée*

Le module de stabilité peut donc passer par un minimum, inférieur aux modules en plongée et en surface, au cours des opérations de prise et de sortie de plongée. En raison d'effets supplémentaires de carène liquide (présence d'eau non vidangée dans les fonds, par exemple) ce module peut éventuellement passer par des valeurs négatives.

Chapitre IV
LA DYNAMIQUE DU SOUS-MARIN EN PLONGEE

La *dynamique du sous-marin en plongée* s'apparente à la *mécanique du vol des aéronefs*. En effet il s'agit dans cette discipline d'étudier, modéliser et enfin maîtriser les évolutions du mobile suivant six degrés de liberté (trois axes de translation et trois axes de rotation) dans un espace fluide illimité. L'analogie s'arrête cependant là car, contrairement au vol de l'engin « plus lourd que l'air » les mouvements du sous-marin sont ceux d'un mobile « aussi lourd que l'eau », ce qui est le principe même de la pesée à l'équilibre étudiée au chapitre précédent. Le sous-marin n'a donc nul besoin de surfaces portantes pour assurer sa sustentation et les plans porteurs verticaux et horizontaux n'ont d'autre but que d'assurer la stabilité de trajectoire en route rectiligne ou les manœuvres d'évolution (giration, changement d'immersion). Ces plans sont de dimensions relatives faibles (la masse volumique de l'eau, 800 fois supérieure à celle de l'air, à pression atmosphérique, induit, même à faible vitesse, une portance alaire très élevée) et leur action ne peut être disjointe de l'action globale de l'écoulement sur l'ensemble de la carène.

De plus, on se trouve en présence, dans le cas du sous-marin, d'effets d'inertie, négligeables pour la mécanique du vol des avions, connus sous l'appellation d'effets de « masse ajoutée ».

La dynamique du sous-marin en plongée s'intéresse, fondamentalement au cas du sous-marin en immersion suffisamment profonde pour qu'il n'y ait pas à tenir compte d'effets de la surface libre. Le cas particulier du sous-marin en plongée au voisinage immédiat de la surface, et donc soumis à l'influence non négligeable de la houle, est traité au chapitre V.

Enfin, le sous-marin est astreint à naviguer dans une lame d'eau de relativement faible épaisseur, c'est-à-dire ne dépassant pas quelques longueurs du sous-marin. Toute erreur de commande ou toute défaillance du système de gouverne, peut conduire très rapidement le sous-marin à quitter ce domaine, soit en faisant surface inopinément, ce qui pour un sous-marin militaire peut-être une indiscrétion fatale, soit en s'enfonçant au-delà de l'immersion maximale autorisée par la résistance de la coque. La tenue d'immersion et les parades aux avaries font donc naturellement l'objet d'études et de dispositions spécifiques.

La maîtrise des mouvements du sous-marin en plongée n'a pas été immédiate, loin s'en faut. C'est au contraire le manque de maîtrise qui est la principale origine des échecs ou du moins des piètres performances opérationnelles de toutes les tentatives de navigation sous-marine jusqu'à la fin du XIXème siècle. Le principe d'actionneurs spécifiques pour maintenir l'immersion en plongée et pour diriger les mouvements du sous-marin à l'instar du gouvernail pour les navires de surfaces était présent dès les premiers prototypes. Compte tenu des faibles vitesses de déplacement de ces engins, il n'y avait toutefois pas de claire délimitation entre les actionneurs destinés à tenir l'immersion statique et ceux destinés à gouverner les mouvements. Le problème de la maîtrise du mouvement dans l'espace à trois dimensions, et notamment dans le plan vertical s'est posé dès le sous-marin Gymnote et celui-ci fut utilisé pour tester différentes configurations de safrans. Lors des premières expériences, sur le Gymnote comme sur le Gustave Zédé, à la suite, et jusque vers 1910, trois, voire quatre paires de safrans de plongée sont considérés comme nécessaires. Progressivement, avec une meilleure compréhension des efforts hydrodynamiques exercés sur les sous-marins, la configuration se réduisit à 2 paires, une à l'arrière contrôlant l'assiette du sous-marin, l'autre, située aux environs du quart AV, permettant, en association avec la paire AR, de contrôler l'immersion.

Les surfaces de gouverne sont naturellement disposées verticalement pour le gouvernail et horizontalement pour les barres de plongée. Il faut attendre les expériences menées sur le sous-marin Albacore pour voir introduite une configuration de surfaces AR dite « en X » ou en « croix de Saint André ». Cette configuration a prouvé son efficacité puisque, avec le couplage approprié, les quatre safrans peuvent agir dans les deux plans du mouvement. Cette configuration est néanmoins beaucoup plus complexe à piloter manuellement en cas d'avarie sur l'un des actionneurs. Cette pourquoi, pendant plusieurs décennies, elle ne fut appliquée que sur des sous-marins côtiers qui, d'une part, nécessitent des performances de manœuvrabilité supérieures et d'autre part naviguent par fond limité.

1. AXES ET PARAMETRES DU MOUVEMENT DU SOUS-MARIN EN PLONGEE

Les formes du sous-marin considérées dans ce chapitre correspondent à l'enveloppe extérieure du sous-marin et de tous ses appendices dont le volume constitue le *volume de forme*. La surface extérieure du sous-marin est également appelée *surface de carène*, ou tout simplement *carène*.

Les considérations qui suivent ont, sur le principe, une portée tout à fait générale mais les développements mathématiques seront appliqués aux sous-marins militaires de taille suffisante, possédant un plan de symétrie longitudinal et avec une forme de base proche d'un corps à symétrie de révolution. Cette considération exclut de l'étude détaillée les petits sous-marins de recherche ou d'intervention dont les formes très compactes et la présence de très nombreux appendices se prêtent mal aux développements théoriques.

Les surfaces de gouverne d'un sous-marin sont constituées de plans porteurs, soit fixes par rapport au sous-marin, on les appelle alors *ailerons*, soit mobiles et orientables, on les appelle alors *safrans*. On considèrera dans ce chapitre, à titre illustratif, le cas relativement classique du sous-marin à une ligne d'arbres doté de trois paires de surfaces de gouverne, chaque paire étant symétrique par rapport au plan de symétrie longitudinal du sous-marin (configuration dite de « barres en croix » pour les gouvernes arrière). Une paire de safrans, la mèche qui les relie et le mécanisme qui permet de les orienter constitue une *barre*. Dans une telle configuration, le sous-marin dispose de deux *barres de plongée* et d'une *barre de direction*.

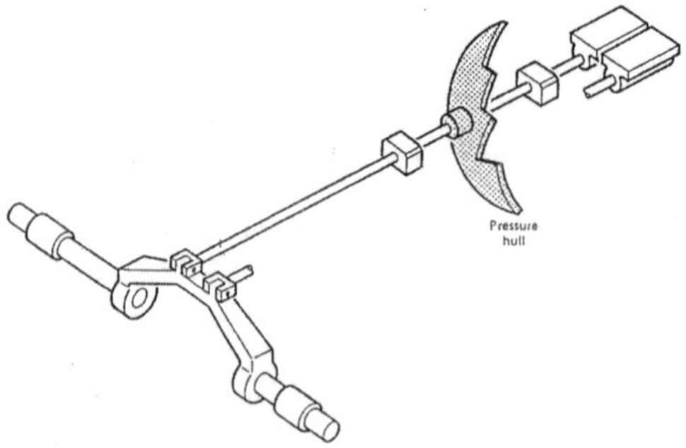

Figure IV.1 *Mécanisme d'orientation hydraulique de la barre de plongée AR*

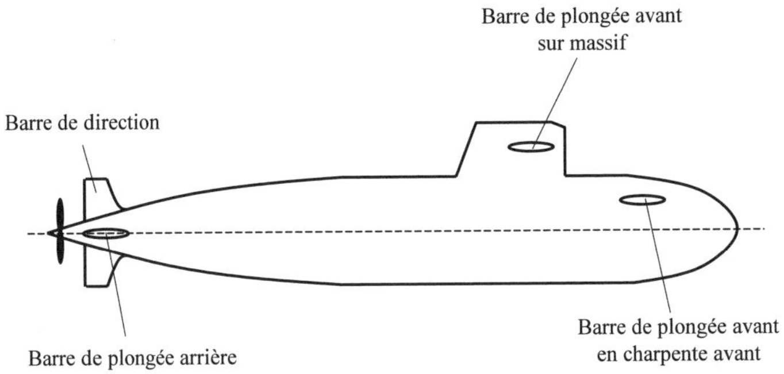

Figure IV.2 *Position longitudinale des barres AV et AR*

1.1 AXES DU MOUVEMENT

Le mouvement du sous-marin est défini en fonction des 6 degrés de liberté conventionnels d'un mobile. Le référentiel absolu du mouvement (référentiel fixe par rapport à la terre) est noté *Oxyz*. Le plan *Oxy* est horizontal, l'axe *Oz* est généralement, dans les applications sous-marines, orienté positivement vers le bas. Par commodité on prendra l'axe *Ox* dirigé vers le Nord.

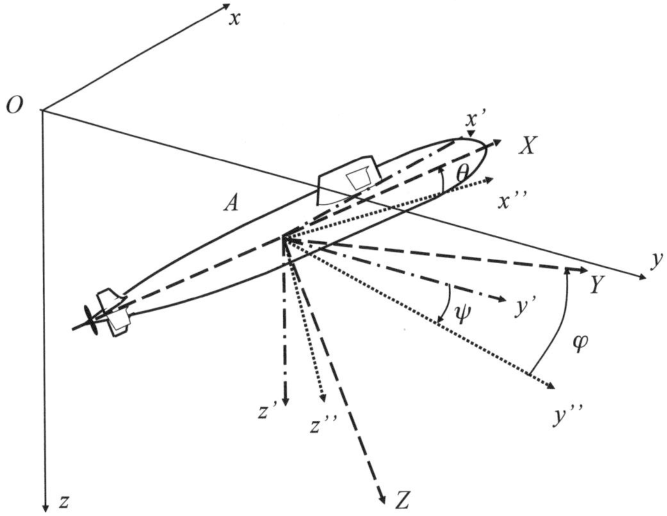

Figure IV.3 *Référentiels du mouvement*

On définit un référentiel *AXYZ* lié au sous-marin et se déplaçant avec lui. Le point A est un point arbitraire, fixe par rapport au sous-marin, par exemple le centre de volume C_P. La cote du point *A* suivant l'axe *Oz* désigne l'*immersion* du sous-marin. L'axe *AX* est l'axe longitudinal du sous-marin, orienté positivement vers l'avant. C'est l'axe horizontal passant par *A* lorsque le sous-marin est dans la situation de référence. L'axe *AZ* est l'axe perpendiculaire à *AX* dans le plan de symétrie du sous-marin. Dans la situation de référence, l'axe *AZ* est vertical, orienté positivement vers le bas. L'axe *AY* complète le trièdre direct. Il est donc orienté positivement vers tribord.

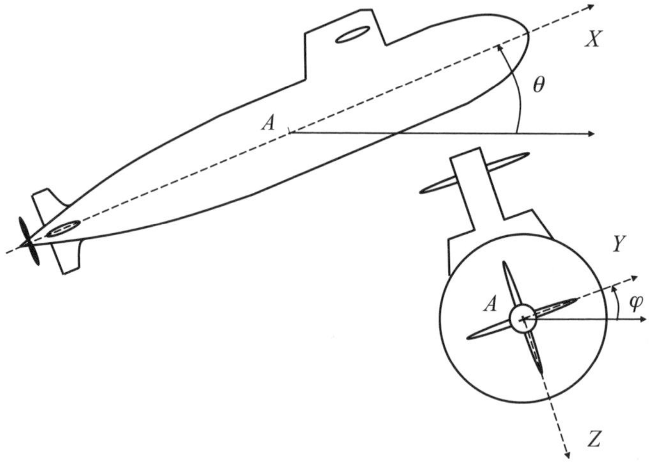

Figure IV.4 *Référentiel lié au sous-marin*

Si on note *Ax'y'z'*, le repère d'axes parallèles au repère *Oxyz* ayant son origine en *A*, on passe du repère *Ax'y'z'* au repère *Ax''y''z'* par une rotation d'un angle ψ autour de *Az'*, puis l'on passe du repère *Ax''y''z'* au repère *AXy''z''* par une rotation d'un angle θ autour de l'axe *Ay''*, et enfin on passe du repère *AXy''z''* au repère *AXYZ* par une rotation d'un angle φ autour de l'axe *AX*.

L'angle ψ est encore appelé l'angle de cap. Le mouvement angulaire correspondant est l'*abattée*, s'il correspond à une giration, ou le *lacet*, s'il correspond à une perturbation autour d'une trajectoire rectiligne. L'angle θ est l'angle d'*assiette*. Le mouvement correspondant est le *tangage*. L'angle φ est la gîte. Le mouvement correspondant est le *roulis*.

La matrice de rotation entre les deux systèmes de coordonnées (x, y, z) et (X, Y, Z) s'établit comme :

$$\begin{array}{cccc} & X & Y & Z \\ x & \cos\psi\cos\theta & -\sin\psi\cos\varphi+\cos\psi\sin\theta\sin\varphi & \sin\psi\sin\phi+\cos\psi\sin\theta\cos\varphi \\ y & \sin\psi\cos\theta & \cos\psi\cos\phi+\sin\psi\sin\theta\sin\varphi & -\cos\psi\sin\phi+\sin\psi\sin\theta\cos\varphi \\ z & -\sin\theta & \cos\theta\sin\varphi & \cos\theta\cos\varphi \end{array} \qquad \text{(IV.1)}$$

1.2 PARAMETRES DU MOUVEMENT

L'axe *AX* est l'axe de déplacement normal du sous-marin. Il est aussi l'axe de petits mouvements de translation à moyenne nulle qui se superposent à la vitesse moyenne d'avancement. Ces mouvements constituent le *cavalement*. L'axe *AX* est également l'axe autour duquel se mesure la *gîte* φ. L'axe *AY* est l'axe de translation pour le mouvement d'*embardée* et l'axe de rotation pour l'*assiette* θ. L'axe *AZ*, enfin, est l'axe de translation pour le mouvement de *pilonnement* et l'axe de rotation pour le mouvement de *lacet*.

A ces paramètres, relatifs au sous-marin, on peut rajouter : la position du point *A*(*x, y, z*) dans le référentiel fixe *Oxyz* et dont le lieu constitue la *trajectoire* du sous-marin, la cote *z*(*A*) du point *A* qui définit l'immersion *I* du sous-marin, et l'angle ψ entre l'axe *Ox* et la projection horizontale de l'axe *AX* qui n'est autre que le *cap* du sous-marin (le mouvement de giration horizontale se produit, pour sa part, autour d'un axe vertical parallèle à *Oz* et passant par un point, extérieur au sous-marin, appelé centre de giration *Cg*).

De façon très générale, le mouvement du sous-marin est défini à chaque instant par un distributeur des vitesses, c'est-à-dire par le couple de deux vecteurs, la vitesse $\vec{U}(t)$ de translation du point *A*, et la vitesse de rotation $\vec{\Omega}(t)$ autour du point *A*. La vitesse instantanée d'un point *M* quelconque du sous-marin est donnée par :

$$\vec{V}(t) = \vec{U}(t) + \vec{\Omega} \wedge \overrightarrow{AM}$$

A chaque instant, les vecteurs vitesses $\vec{U}(t)$ et $\vec{\Omega}(t)$ peuvent être projetés dans le référentiel mobile *AXYZ*. On note (*U*, *V*, *W*) et (*P*, *Q*, *R*) les composantes respectives de $\vec{U}(t)$ et $\vec{\Omega}(t)$ dans ce référentiel.

On appelle *mouvement dans un plan vertical*, une évolution du sous-marin telle que *AZX* glisse sur un plan vertical fixe. Dans un tel mouvement, $V = 0$, $P = R = 0$. L'angle d'assiette θ est l'angle formé entre *AX* et le plan horizontal. Le vecteur $\vec{U}(t)$ étant parallèle au plan du mouvement, on appelle *incidence* ε l'angle fait par le vecteur $\vec{U}(t)$ avec l'axe *AX*.

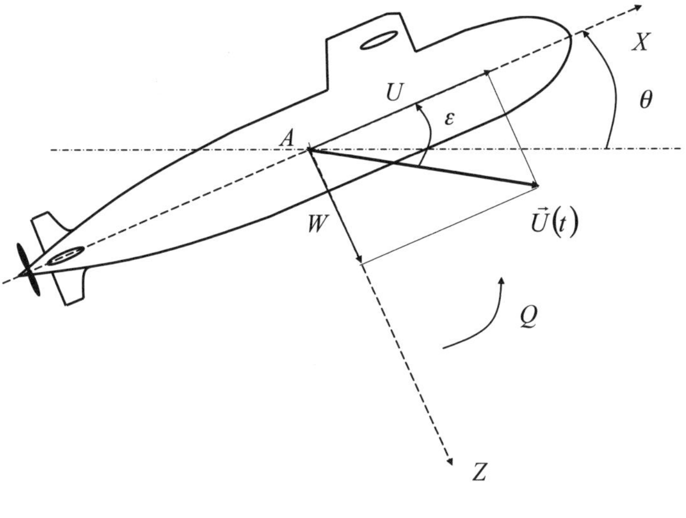

Figure IV.5 *Paramètres du mouvement dans un plan vertical*

On appelle *mouvement dans un plan horizontal*, une évolution du sous-marin telle que le point *A* se déplace dans un plan horizontal fixe. Dans un tel mouvement, le vecteur $\vec{U}(t)$ reste horizontal. En revanche, le vecteur $\vec{\Omega}(t)$ est, a priori, quelconque, le sous-marin pouvant prendre une assiette θ et une gîte φ. Lorsque le sous-marin évolue à assiette nulle, l'angle de cap ψ est l'angle formé par l'axe *AX* avec la direction fixe *Ox*. La composante *R* est donc également la *vitesse d'abattée en cap*. On appelle *angle de dérive* δ l'angle fait par le vecteur $\vec{U}(t)$ avec l'axe *AX* (ou sa projection horizontale).

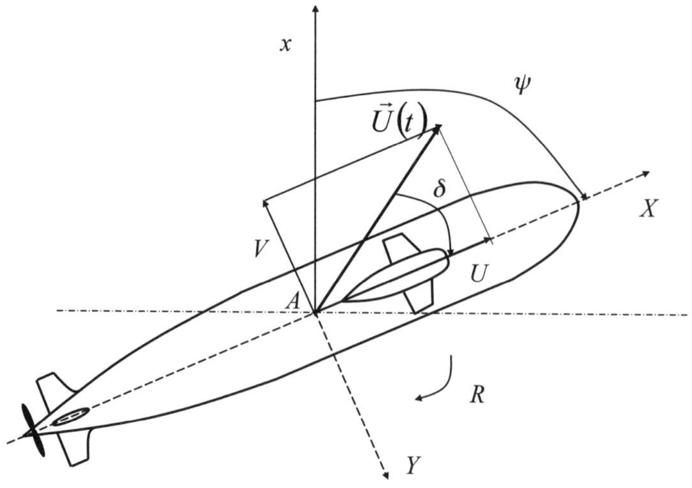

Figure IV.6 *Paramètres du mouvement dans un plan horizontal (cas où AX est horizontal)*

L'orientation des barres est définie par les angles α pour le gouvernail, β_1 pour la barre de plongée arrière, β_2 pour la barre de plongée avant. La convention de signes est précisée sur la figure IV.7.

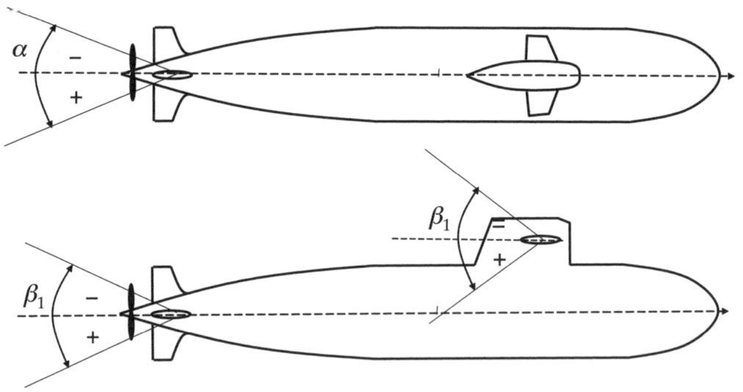

Figure IV. *7 Convention de signe des angles de barres*

Bien évidemment, d'autres conventions seraient à définir pour d'autres configurations de gouvernes.

2. EQUATIONS DU MOUVEMENT

Les équations du mouvement traduisent l'équilibre dynamique des forces et moments qui s'exercent à chaque instant sur le sous-marin. Ces efforts sont de différentes natures. L'on a ainsi les efforts statiques :

- le poids (poids du sous-marin en plongée $P = gM$),

- la poussée d'Archimède ($\rho g V$),

les efforts d'inertie, fonctions des accélérations du mobile, les efforts hydrodynamiques dus à l'effet de l'écoulement de l'eau sur la carène et incluant les efforts de portance des surfaces de gouverne,

enfin, les efforts « donnés », c'est-à-dire les efforts déterminés par d'autres paramètres que ceux du mouvement et qui, au moins dans le but de simulation, sont supposés connus :

- la poussée T_H et le couple Q_H de l'hélice,

- l'effort induit par un alourdissement accidentel (voie d'eau) ou un allègement volontaire (chasse aux ballasts).

Lors des évolutions, le sous-marin est supposé pesé, c'est-à-dire que la poussée d'Archimède est égale au poids. Cependant, il pourra être étudié des configurations où, soit de façon transitoire, soit de façon établie (en cas de voie d'eau, par exemple), la valeur du poids s'écarte de celle de la poussée d'Archimède. De plus, la masse à prendre en compte dans le mouvement du sous-marin est son déplacement de forme, car on peut considérer que l'eau emprisonnée dans les superstructures (en l'absence de bulle résiduelle) fait corps avec le sous-marin et en subit toutes les accélérations. Bien évidemment, cette considération dynamique qui affecte la valeur des inerties, ne change en rien l'équilibre des forces hydrostatiques tel qu'il a été énoncé au chapitre III[1].

Les équations du mouvement, ou équation fondamentale de la mécanique « $m\frac{d\vec{V}}{dt} = \vec{F}$ » s'expriment en référentiel absolu (galiléen). Dès lors que le vecteur vitesse $\vec{V}$ n'est connu que par ses composantes dans un repère mobile, sa dérivation par rapport au temps doit s'entendre comme une dérivation lagrangienne (particulaire). Si on note $\vec{K}$ l'énergie cinétique totale mise en jeu dans le mouvement[2], on peut écrire les équations du mouvement sous une forme intrinsèque, c'est-à-dire indépendante du référentiel dans lequel on exprime les composantes du distributeur des vitesses $\left\langle \vec{U}, \vec{\Omega} \right\rangle$. On les appelle alors *équations de Kelvin-Kirchhoff*) :

$$\frac{d}{dT}\left(\frac{\partial \vec{K}}{\partial \vec{U}}\right) + \vec{\Omega} \wedge \frac{\partial \vec{K}}{\partial \vec{U}} = \vec{F} \qquad \text{(IV.2)}$$

pour les forces, et :

$$\frac{d}{dT}\left(\frac{\partial \vec{K}}{\partial \vec{\Omega}}\right) + \vec{U} \wedge \frac{\partial \vec{K}}{\partial \vec{U}} + \vec{\Omega} \wedge \frac{\partial \vec{K}}{\partial \vec{\Omega}} = \vec{M} \qquad \text{(IV.3)}$$

pour les moments par rapport à un point fixe quelconque de l'espace. Les premiers membres des équations (IV.2) et (IV.3) représentent les efforts d'inertie globaux, c'est-à-dire les efforts d'inertie qui s'exercent sur le mobile lui-même (incluant l'eau emprisonnée dans les superstructures) ainsi que ceux qui s'exercent sur le fluide entraîné par le mobile (eau extérieure au volume de forme du sous-marin). On parle alors *d'inertie ajoutée*. Les membres

[1] Plus précisément, si le sous-marin en plongée est caractérisé par ses paramètres V_P, C_P, M_P, G_P , on aura entre les paramètres « plongée » et les paramètres « de forme » , tels que définis au chapitre III, les relations :

$$\rho(V_F - V_P) = M_F - M_P \qquad \text{et} \qquad \overrightarrow{G_F C_F} = \overrightarrow{G_P C_P}$$

La différence entre les deux déplacements, « plongée » et « de forme » étant constituée d'eau de mer.

[2] $\vec{K}$ est donc la somme de l'énergie cinétique du mobile (incluant l'eau en ballasts et en superstructures) et de l'énergie cinétique de l'eau extérieure au sous-marin mise en mouvement par le déplacement du mobile.

de droite, $\langle \vec{F}, \vec{M} \rangle$ sont les éléments de réduction en *A* du torseur des efforts extérieurs mentionnés en introduction du §2, à l'exception des efforts d'inertie.

De façon symbolique, les équations (IV.2) et (IV.3) peuvent se réécrire :

$$\dot{U}_i m_{ji} + E_{jkl} U_i \Omega_k \, m_{li} = F_j \qquad \text{(IV.4)}$$

$$\dot{U}_i m_{j+3,i} + E_{jkl} U_i \Omega_k \, m_{l+3,i} + E_{jkl} U_k U_i m_{li} = M_j \qquad \text{(IV.5)}$$

$i = 1, 2, 3, 4, 5, 6$
$j, k, l = 1, 2, 3$

$$[U_i] = \begin{bmatrix} U \\ V \\ W \\ P \\ Q \\ R \end{bmatrix} \qquad [\Omega_k] = \begin{bmatrix} P \\ Q \\ R \end{bmatrix} \qquad [U_k] = \begin{bmatrix} U \\ V \\ W \end{bmatrix}$$

$$E_{jkl} = \begin{cases} 0 & si \quad deux \quad au \quad moins \quad j,k,l \quad sont \quad égaux \\ 1 & si \quad j,k,l \quad sont \quad ordonnés \quad (1,2,3) \quad (2,3,1) \quad (3,1,2) \\ -1 & si \quad j,k,l \quad ne \quad sont \quad pas \quad ordonnés \end{cases}$$

$(\dot{U})$ désigne la dérivée simple par rapport au temps.

2.1 TERMES D'INERTIE

Les coefficients m_{ij} sont les coefficients d'inertie généralisés, encore appelés *coefficients d'inertie entraînée*. Ils forment une matrice 6 x 6 (36 coefficients) qui est la somme de la matrice des inerties propres du sous-marin et de la matrice d'inertie de l'eau mise en mouvement par le déplacement du sous-marin.

$$[m_{ij}] = [M_{ij}] + [A_{ij}]$$

La matrice des inerties propres par rapport au point *A* est symétrique et s'écrit:

$$[M_{ij}] = \begin{bmatrix} M & 0 & 0 & 0 & MZ_G & -MY_G \\ 0 & M & 0 & -MZ_G & 0 & MX_G \\ 0 & 0 & M & MY_G & -MX_G & 0 \\ 0 & -MZ_G & MY_G & J_{44} & J_{45} & J_{64} \\ MZ_G & 0 & -MX_G & J_{45} & J_{55} & J_{56} \\ -MY_G & MX_G & 0 & J_{64} & J_{56} & J_{66} \end{bmatrix} \qquad \text{(IV.6)}$$

Remarque :

Les inerties propres sont généralement connues par rapport à des axes parallèles à *AX*, *AY*, *AZ* passant par le centre de gravité *G* du sous-marin. La matrice des inerties par rapport au point *A* se déduit de la matrice des inerties par rapport au point *G* par application du *théorème de Huygens*. On a alors, les autres termes de $\lfloor M_{ij} \rfloor$ étant inchangés :

$$[J]_A = \begin{bmatrix} J'_{44} + M\left(Y_G^2 + Z_G^2\right) & J'_{45} - MX_GY_G & J'_{64} - MZ_GX_G \\ J'_{45} - MX_GY_G & J'_{55} + M\left(Z_G^2 + X_G^2\right) & J'_{56} - MY_GZ_G \\ J'_{64} - MZ_GX_G & J'_{56} - MY_GZ_G & J'_{66} + M\left(X_G^2 + Y_G^2\right) \end{bmatrix}$$

Si les axes passant par G sont des axes principaux d'inertie, $J'_{45} = J'_{64} = J'_{56} = 0$. Par ailleurs, si le sous-marin est pesé, alors $X_G = Y_G = 0$ et $Z_G = a$.

On démontre également que la matrice des inerties ajoutées est symétrique. De plus, ses coefficients ne dépendent que des formes géométriques du mobile et peuvent donc être calculés, comme les inerties propres, indépendamment du mouvement. Enfin, les symétries géométriques du mobile, lorsqu'il en possède, permettent de simplifier la matrice.

Dans le cas d'un mobile possédant un plan de symétrie vertical, la matrice des inerties ajoutées est déterminée par 12 coefficients non nuls :

$$\left[A_{ij}\right] = \begin{bmatrix} A_{11} & 0 & A_{13} & 0 & A_{15} & 0 \\ 0 & A_{22} & 0 & A_{24} & 0 & A_{26} \\ A_{31} = A_{13} & 0 & A_{33} & 0 & A_{35} & 0 \\ 0 & A_{42} = A_{24} & 0 & A_{44} & 0 & A_{46} \\ A_{51} = A_{15} & 0 & A_{53} = A_{35} & 0 & A_{55} & 0 \\ 0 & A_{62} = A_{26} & 0 & A_{64} = A_{46} & 0 & A_{66} \end{bmatrix} \qquad \text{(IV.7)}$$

Pour un corps à symétrie de révolution autour de son axe, on a de plus

$A_{13} = A_{15} = A_{24} = A_{45} = 0$

$A_{22} = A_{33} \qquad A_{55} = A_{66} \qquad A_{26} = A_{35}$

Soit, 5 coefficients indépendants :

$$\begin{bmatrix} A_{11} & 0 & 0 & 0 & 0 & 0 \\ 0 & A_{22} & 0 & 0 & 0 & A_{26} \\ 0 & 0 & A_{22} & 0 & A_{26} & 0 \\ 0 & 0 & 0 & A_{44} & 0 & 0 \\ 0 & 0 & A_{26} & 0 & A_{55} & 0 \\ 0 & A_{26} & 0 & 0 & 0 & A_{55} \end{bmatrix} \qquad \text{(IV.8)}$$

Dans le cas d'un sous-marin moderne dont les formes sont proches de celles d'un corps à symétrie de révolution, on admet d'expérience que l'on peut retenir, en première approximation :

$$A_{11} \sim 0 \qquad A_{22} = A_{33} \sim \rho V_F \qquad A_{26} \sim 0$$

$$A_{44} \sim J_{44} \qquad A_{55} \sim J_{55} \qquad A_{66} \sim J_{66}$$

En résumé, les équations (IV.4) et (IV.5) peuvent s'écrire :

$$\begin{aligned}
&M\dot{U} + (M + \rho V_F)(WQ - VR) - MX_G(Q^2 + R^2) + MY_G(PQ - \dot{R}) + MZ_G(PR + \dot{Q}) = F_X \\
&(M + \rho V_F)\dot{V} + MUR - (M + \rho V_F)WP + MX_G(PQ + \dot{R}) - MY_G(R^2 + P^2) + MZ_G(QR - \dot{P}) = F_Y \\
&(M + \rho V_F)\dot{W} - MUQ + (M + \rho V_F)VP + MX_G(RP - \dot{Q}) + MY_G(QR + \dot{P}) - MZ_G(P^2 + Q^2) = F_Z \\
&(J_{44} + A_{44})\dot{P} + (J_{66} + A_{66} - J_{55} - A_{55})QR + J_{64}(PQ + \dot{R}) - J_{45}(PR - \dot{Q}) + J_{56}(Q^2 - R^2) \\
&\qquad + MY_G(\dot{W} + PV - UQ) - MZ_G(\dot{V} + UR - PW) = L \\
&(J_{55} + A_{55})\dot{Q} + (J_{44} + A_{44} - J_{66} - A_{66})RP + J_{45}(\dot{P} + QR) + J_{56}(\dot{R} - PQ) + J_{64}(R^2 - P^2) \\
&\qquad - MX_G(\dot{W} + VP - QU) + MZ_G(\dot{U} - VR + QW) = M \\
&(J_{66} + A_{66})\dot{R} + (J_{55} + A_{55} - J_{44} - A_{44})PQ + J_{64}(\dot{P} - QR) + J_{56}(\dot{Q} + RP) + J_{45}(P^2 - Q^2) \\
&\qquad + MX_G(\dot{V} + RU - WP) - MY_G(\dot{U} + WQ - VR) = N
\end{aligned} \qquad \text{(IV.9)}$$

L'ensemble des coefficients apparaissant dans les membres de gauche des équations (IV.9) ne dépend que des caractéristiques géométriques et massiques du sous-marin, indépendamment de tout mouvement. Ces coefficients sont donc établis une fois pour toutes, dès que ces caractéristiques sont connues, soit par calcul soit expérimentalement.

Il n'en est pas de même des membres de droite qui, outre les efforts statiques, par définition indépendant du mouvement, incluent les efforts de frottement et de portance créés par l'écoulement sur la carène et qui eux sont fortement dépendants du mouvement. Afin d'établir un modèle d'évolution du sous-marin, utilisable pour le dimensionnement des organes de manœuvre aussi bien que pour des simulations en temps réel nécessaires pour l'entraînement des équipages, une approche semi-théorique est mise en œuvre dont le résultat s'appelle « *modèle mathématique* » du sous-marin, pour signifier qu'il ne s'agit pas d'un « *modèle physique* » fondé sur les équations de la mécanique des fluides, mais d'une représentation abstraite par développements polynomiaux.

2.2 EFFORTS STATIQUES

Les efforts statiques résultent de la création d'une force et d'un moment résultant de la combinaison du poids et de la poussée d'Archimède du sous-marin, dans deux situations :

- le sous-marin est pesé, mais du fait de la prise d'une assiette et d'une gîte, il se crée un moment de redressement $\overrightarrow{M_S}$

- le sous-marin est conjoncturellement dépesé et subit alors les effets d'une force ascendante ou descendante $\overrightarrow{F_S}$ et d'un moment (inclinant ou de redressement) $\overrightarrow{M_S}$, fonction de la nature de la dépesée (voie d'eau, chasse aux ballasts).

La force est dirigée suivant la verticale. Dans le référentiel *AXYZ* lié au sous-marin, elle a donc pour expression, compte tenu de (IV.1) :

$$F_S = \begin{bmatrix} -g(M-\rho V_F)\sin\theta \\ g(M-\rho V_F)\cos\theta\sin\varphi \\ g(M-\rho V_F)\cos\theta\cos\varphi \end{bmatrix} \qquad \text{(IV.10)}$$

Le moment hydrostatique s'écrit, pour sa part :

$$M_S = \begin{bmatrix} gY_G M\cos\theta\cos\varphi - gZ_G M\cos\theta\sin\varphi \\ -gZ_G M\sin\theta - gX_G M\cos\theta\cos\varphi \\ gX_G M\cos\theta\sin\varphi + gY_G M\sin\theta \end{bmatrix} \qquad \text{(IV.11)}$$

Si le sous-marin est pesé, la force est nulle et le moment s'écrit :

$$M_S = \begin{bmatrix} -\rho g V_F a\cos\theta\sin\varphi \\ -\rho g V_F a\sin\theta \\ 0 \end{bmatrix} \qquad \text{(IV.12)}$$

où $a = Z_G$.

2.3 PARAMETRES ADIMENSIONNELS

En évolutions normales, le sous-marin se déplace approximativement parallèlement à son axe. Cela veut dire, en particulier, que les angles de dérive et d'incidence restent petits. On parle également de mouvements aux « *petits angles* ». La situation inverse, dont on évoquera quelques aspects plus loin, correspond à des mouvements aux « *grands angles* ».

Dans l'hypothèse des petits angles, et si on note U_o la valeur moyenne (constante) de la vitesse du sous-marin, vitesse parallèle à son axe longitudinal, on considère que les différents paramètres du mouvement cités au paragraphe précédent, à l'exception de la composante de vitesse U, sont infiniment petits (par rapport à U_o, pour les composantes de vitesse linéaire, par rapport à 1 radian par seconde pour les angles).

Plus précisément, on introduit les paramètres sans dimension suivants :

$$\frac{U}{U_o} = 1+u \qquad \frac{V}{U_o} = v \qquad \frac{W}{U_o} = w \qquad \frac{PL}{U_o} = p \qquad \frac{QL}{U_o} = q \qquad \frac{RL}{U_o} = r$$

L est la longueur du sous-marin. Les paramètres $u, v, w, p, q, r, \varepsilon, \delta, \theta, \phi$ sont, a priori, tous d'un ordre de grandeur très petit devant 1. Dans le cas d'un sous-marin se déplaçant en route rectiligne à un cap fixe Ψ_0, on pourra écrire $\Psi = \Psi_0 + \psi$. On définit également une variable de temps sans dimension $\frac{TU_o}{L} = t$. Afin, en ce qui concerne les masses, on prendra :

$$\mu = \frac{M}{\rho V_F} \qquad \text{(IV.13)}$$

Ainsi, $M = D_F$, $\mu = 1$, lorsque le sous-marin est pesé. En tout état de cause, on considère que dans toutes les situations le paramètre $\frac{a}{L}$ reste également très petit.

J_{44}, J_{55}, J_{66} étant les moments d'inertie propre du sous-marin autour de ses 3 axes, A_{44}, A_{55}, A_{66} les inerties ajoutées autour des mêmes axes, on note

$$\chi_{ii} = \frac{J_{ii}}{\rho V_F L} \qquad \text{et} \qquad a_{ii} = \frac{A_{ii}}{\rho V_F L} \qquad \text{(IV.14)}$$

Les efforts externes sont également exprimés sous forme de coefficients adimensionnels de la forme :

$$C_F = \frac{F}{\frac{1}{2}\rho S U_o^2} \qquad C_M = \frac{M}{\frac{1}{2}\rho S L U_o^2} \qquad \text{(IV.15)}$$

où S est une surface de référence. Ce peut être L^2. Il est habituellement plus commode de prendre la surface du maître couple, par exemple $S = \frac{\pi D^2}{4}$ (D diamètre de la coque extérieure du sous-marin au maître couple). Il importe, en tous cas, de choisir une référence et de l'appliquer de façon homogène à tous les coefficients d'efforts[3].

Sans nuire à la généralité, après retranchement des forces d'inertie (fonction des accélérations) et des forces hydrostatiques (fonctions des angles θ et φ) on peut légitimement écrire les forces hydrodynamiques sous la forme:

$$C_F = C_F(u, v, w, p, q, r, \alpha, \beta_1, \beta_2)$$

2.4 MODELE LINEAIRE DU MOUVEMENT

Pour construire le modèle mathématique du mouvement, on cherche à écrire les efforts hydrodynamiques sous la forme d'expressions polynomiales par rapport aux paramètres du mouvement. Dans l'hypothèse des mouvements aux petits angles, de telles expressions peuvent être construites sous forme de *développements de Taylor* que l'on limite aux termes constants et aux termes proportionnels, lorsqu'on se satisfait d'un *modèle linéaire*. Le modèle linéaire permet de déterminer le comportement initial du sous-marin à partir d'un mouvement de translation rectiligne uniforme.

Au *premier ordre* (approximation linéaire), chaque coefficient adimensionnel d'effort est ainsi développé sous la forme :

$$C_I = C_{I,0} + uC_{I,u} + vC_{I,v} + wC_{I,w} + pC_{I,p} + qC_{I,q} + rC_{I,r} + \alpha C_{I,\alpha} + \beta C_{I,\beta} \qquad \text{(IV.16)}$$

Les coefficients $C_{I,b}$ représentent les différentes dérivées premières de la fonction C_I :

[3] En particulier, le coefficient de traînée de frottement de l'eau sur une carène est conventionnellement adimensionnalisé par rapport à la surface mouillée de la carène. Il y a lieu, dans ce cas, de faire une conversion pour le ramener à la même surface de référence que les autres coefficients utilisés dans les équations.

$$C_{I,b} = \left.\frac{\partial C_I}{\partial b}\right|_{b=0}$$

$C_{I,b}$ est égal à la pente à l'origine de la courbe de variation du coefficient d'effort C_I en fonction du paramètre b. Ces coefficients ne sont pas accessibles de façon théorique. Ils sont donc déterminés expérimentalement (Figure IV.7) à partir d'essais sur maquettes en bassin de carènes dans lesquels on déplace la maquette suivant successivement chacun des degrés de liberté du mouvement (en translation et en rotation), tous les autres degrés de liberté étant bloqués à la valeur nulle du paramètre correspondant. Afin de prendre en compte des effets d'échelles possibles associés aux conditions expérimentales (le système de blocage de la maquette peut introduire un biais sur la détermination des coefficients), on ajuste ensuite ces coefficients en comparant les trajectoires obtenues par résolution des équations du mouvement et celles observées sur une maquette libre autopropulsée. On appelle ce processus de détermination des équations du mouvement *le processus d'identification*.

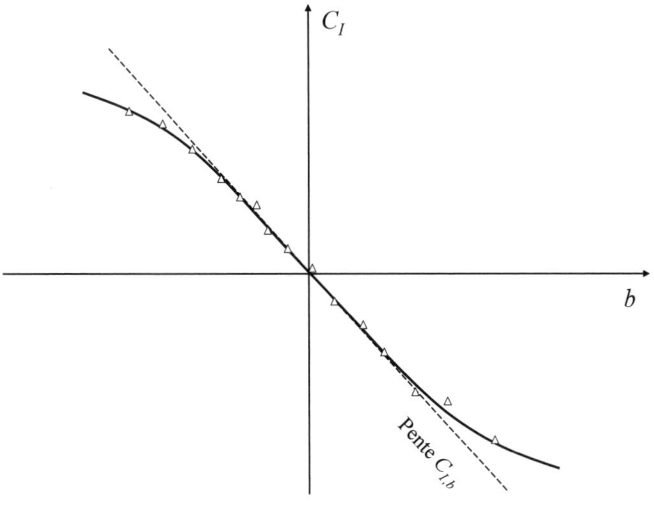

Figure IV.8 *Détermination expérimentale du coefficient* $C_{I,b}$

Le tableau suivant donne, dans le cas d'un sous-marin moderne de forme de base à symétrie de révolution, les ordres de grandeurs des coefficients les plus significatifs de ces développements (les autres coefficients peuvent être considérés comme négligeables, en première approximation).

u	v	w	p	q	r
$C_{X,0} = f(\mathcal{R}_e)$		$C_{Z,0} = \lvert 0{,}01 \rvert$		$C_{M,0} = \lvert 0{,}01 \rvert$	
	$C_{Y,v} = -4{,}0$	$C_{Z,w} = -2{,}0$	$C_{L,p} = -0{,}02$	$C_{M,w} = 0{,}6$	$C_{N,r} = -0{,}3$
	$C_{Y,r} = 0{,}25$	$C_{Z,q} = -0{,}5$	$C_{L,r} = -0{,}015$	$C_{M,q} = -0{,}3$	$C_{N,v} = -1{,}5$
	$C_{Y,\alpha} = -0{,}4$	$C_{Z,\beta_1} = -0{,}5$	$C_{L,v} = -0{,}1$	$C_{M,\beta_1} = -0{,}2$	$C_{N,\alpha} = 0{,}25$
		$C_{Z,\beta_2} = -0{,}3$		$C_{M,\beta_2} = 0{,}1$	

Avec ces hypothèses et ces notations, les équations linéarisées du mouvement s'écrivent donc, pour un sous-marin pesé:

$$\frac{du}{dt} = \frac{1}{2}\frac{LS}{V_F}\left(C_{X,0} + \frac{T_H}{\frac{1}{2}\rho S U_o^2} \right)$$

Remarque 1:

Le rapport $C_\Delta = \frac{V_F}{LS}$ ne dépend que des caractéristiques géométriques de la carène. Si on prend pour S la surface du maître couple, C_Δ est le *coefficient prismatique* de la carène (voir Chapitre II). On notera, pour simplifier, $k_F = \frac{1}{2C_\Delta}$.

Remarque 2:

La poussée T de l'hélice, de même que son couple Q, est fonction à la fois des paramètres de réglage de l'appareil moteur et des conditions d'écoulement sur l'hélice. Le fonctionnement de l'hélice est étudié au chapitre VI. Pour les besoins de ce chapitre, on considèrera que l'appareil moteur est réglé de façon à donner et maintenir la poussée T voulue. On note par la suite :

$$K_T = \frac{T}{\frac{1}{2}\rho S U_o^2} \qquad \text{et} \qquad K_Q = \frac{Q}{\frac{1}{2}\rho S L U_o^2}$$

d'où :

$$\frac{du}{dt} = k_F \left(C_{X,0} + K_T \right) \tag{IV.17}$$

et :

$$2\frac{dv}{dt} + r = k_F \left(C_{Y,v} v + C_{Y,r} r + C_{Y,\alpha} \alpha \right) \tag{IV.18}$$

$$2\frac{dw}{dt} - q = k_F \left(C_{z,0} + C_{Z,w} w + C_{Z,q} q + C_{Z,\beta_1} \beta_1 + C_{Z,\beta_2} \beta_2 \right) \tag{IV.19}$$

$$\left(\chi_{44} + a_{44} \right) \frac{dp}{dt} = k_F \left(C_{L,v} v + C_{L,r} r + C_{L,p} p + K_Q \right) - \frac{ga}{U_o^2} \cos\theta \sin\varphi \tag{IV.20}$$

$$\left(\chi_{55} + a_{55} \right) \frac{dq}{dt} = k_F \left(C_{M,0} + C_{M,w} w + C_{M,q} q + C_{M,\beta_1} \beta_1 + C_{M,\beta_2} \beta_2 \right) - \frac{ga}{U_o^2} \sin\theta \tag{IV.21}$$

$$\left(\chi_{66} + a_{66} \right) \frac{dr}{dt} = k_F \left(C_{N,v} v + C_{N,r} r + C_{N,\alpha} \alpha \right) \tag{IV.22}$$

3. STABILITE DYNAMIQUE DU SOUS-MARIN EN PLONGEE

Un sous-marin parfaitement pesé, ayant sa propulsion réglée à un régime fixe et stabilisé, toutes barres à zéro, se déplace normalement sur une trajectoire rectiligne horizontale. La vitesse d'avance est déterminée par l'équation (IV.17) dans laquelle $\frac{du}{dt} = 0$, soit :

$$K_T\left(\frac{U_o}{nD_H}\right) = -C_{X,0}(U_0) \tag{IV.23}$$

qui détermine le point de fonctionnement de l'hélice (vitesse de rotation n tr/s) pour la vitesse U_o.

Un sous-marin est dit *dynamiquement stable* si, lorsqu'une perturbation l'écarte de sa trajectoire rectiligne, il reprend une trajectoire rectiligne lorsque la perturbation a cessé son effet. La trajectoire du sous-marin peut alors prendre une des formes de la figure IV.9 suivant que la perturbation s'exerce dans le plan horizontal où il n'existe aucune force de rappel à la trajectoire initiale (trajectoire A), ou dans le plan vertical (trajectoire B ou C) où s'exercent les forces de rappel hydrostatique.

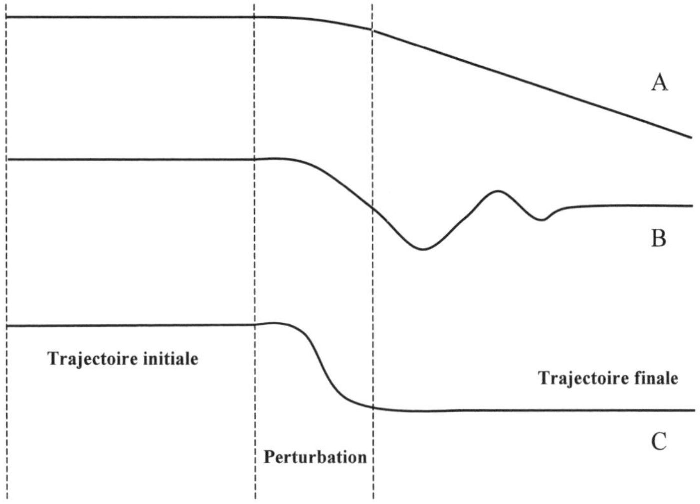

Figure IV.9 *Différentes formes possibles de la stabilité dynamique*

La stabilité dynamique n'est pas une stabilité de trajectoire puisqu'en aucun cas le sous-marin ne revient à sa trajectoire initiale.

Si le sous-marin est dynamiquement instable, les effets de la perturbation tendront à s'amplifier, même lorsque la cause a disparu et peuvent rapidement conduire, notamment en cas d'instabilité dans le plan vertical, à une situation périlleuse. Cependant, une faible instabilité peut-être acceptable dans la mesure où elle permet d'améliorer la manoeuvrabilité du bâtiment et les performances du pilote automatique.

3.1 STABILITE HORIZONTALE

Les « petits mouvements » à vitesse stabilisée ($u = 0$), barre à zéro ($\alpha = 0$), dans un plan horizontal sont déterminés par les équations (IV.18) et (IV.22):

$$2\frac{dv}{dt} + r = k_F\left(C_{Y,v}v + C_{Y,r}r\right) \qquad \text{soit} \qquad A\frac{dv}{dt} + Br + Cv = 0$$

et :

$$\left(\chi_{66} + a_{66}\right)\frac{dr}{dt} = k_F\left(C_{N,v}v + C_{N,r}r\right) \qquad \text{soit} \qquad D\frac{dr}{dt} + Er + Fv = 0 \qquad \text{(IV.24)}$$

avec :

$$B = 1 - k_F C_{Y,r} \quad > \quad 0$$

$$C = -k_F C_{Y,v} \quad > \quad 0$$

$$D = \left(\chi_{33} + a_{66}\right) \quad > \quad 0 \qquad \text{(IV.25)}$$

$$E = -k_F C_{N,r} \quad > \quad 0$$

$$F = -k_F C_{N,v} \quad > \quad 0$$

Une solution triviale du système (IV.12) est $\frac{dv}{dt} = \frac{dr}{dt} = r = v = 0$ (mouvement rectiligne uniforme). La stabilité dynamique exprime que le sous-marin retourne à cette solution d'équilibre après avoir été soumis à une perturbation. La condition de stabilité s'obtient mathématiquement en recherchant les solutions oscillantes du système (IV.24) et en exprimant que toutes ces solutions doivent être amorties dans un régime stable.

Si on exprime ces solutions sous la forme :

$$r = \bar{r}\, e^{st} \qquad\qquad v = \bar{v}\, e^{st}$$

On obtient la condition sur s pour qu'il existe une solution oscillante du système (IV.24) :

$$\frac{AD}{C}s^2 + \left(D + \frac{AE}{C}\right)s + \left(E - \frac{BF}{C}\right) = 0 \qquad \text{(IV.26)}$$

Pour qu'il y ait stabilité, il est nécessaire et suffisant que les racines de l'équation caractéristique (IV.26) aient leur partie réelle négative (*critère de Routh*). Compte tenu du signe des coefficients A, B, C, D, E, F, cette condition se réduit à la condition nécessaire et suffisante $EC - BF > 0$. De façon explicite, ce critère s'écrit :

$$k_F C_{N,r} C_{Y,v} + \left(1 - k_F C_{Y,r}\right) C_{N,v} > 0$$

ou encore :

$$\xi_H = C_{N,r} C_{Y,v} + \left(2C_\Delta - C_{Y,r}\right) C_{N,v} > 0 \qquad \text{(IV.27)}$$

La condition de stabilité (IV.27) peut s'interpréter de la façon suivante :

- $(-2C_\Delta r)$ représente la force centrifuge qui s'exerce au centre d'inertie du sous-marin lors d'une rotation à vitesse angulaire r,

- $C_{Y,r}r$ et $C_{N,r}r$ sont respectivement la force et le moment hydrodynamiques exercés sur la carène lors de cette rotation,

- la longueur (adimensionnelle) $d_r = \dfrac{C_{N,r}}{C_{Y,r} - 2C_\Delta}$ est donc la distance au centre de gravité G du point d'application de la résultante des efforts appliqués au sous-marin lors de la rotation ;

- de même, $d_v = \dfrac{C_{N,v}}{C_{Y,v}}$ est la distance à G de la résultante des efforts hydrodynamiques appliqués à la carène en translation avec la vitesse transversale v (dérive $\delta \sim v$).

La condition de stabilité exprime donc, compte tenu des différents signes affectant les coefficients, que $d_r > d_v$ (figure IV.10).

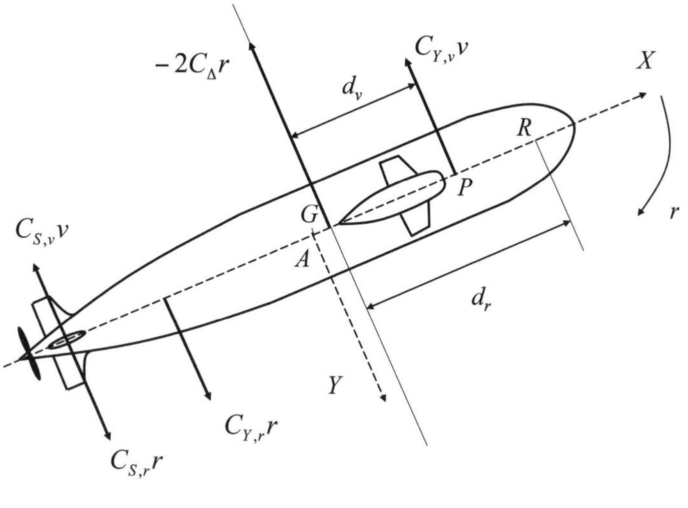

Figure IV.10

Une surface verticale (aileron ou safran) située sur l'arrière du sous-marin se comporte en dérive comme une aile portante et subit les efforts hydrodynamiques $C_{S,v}v$ ($C_{S,v} < 0$) et $C_{S,r}r$ ($C_{S,r} > 0$). Une telle surface a donc pour effet de reculer le point P et d'avancer le point R. C'est donc un moyen de stabilisation du sous-marin. A l'inverse, le massif qui se comporte également comme une aile portante, a un effet d'autant plus déstabilisant qu'il est situé plus en avant du point G.

3.2 STABILITE VERTICALE

Les « petits mouvements » à vitesse stabilisée ($u = 0$), barres à zéro ($\beta_1 = \beta_2 = 0$)[4], dans un plan vertical sont déterminés par les équations:

$$2\frac{dw}{dt} - q = k_F \left(C_{Z,w}w + C_{Z,q}q\right) \quad \text{soit} \quad A\frac{dw}{dt} + Bq + Cw = 0$$

et :

$$\left(\chi_{55} + a_{55}\right)\frac{dq}{dt} = k_F \left(C_{M,w}w + C_{M,q}q\right) - \frac{ga}{U_o^2}\theta \quad \text{soit} \quad D\frac{dq}{dt} + Eq + Fw + G\theta = 0 \qquad \text{(IV.28)}$$

Avec :

$$B = -\left(1 + k_F C_{Z,q}\right) < 0$$

$$C = -k_F C_{Z,w} > 0$$

$$D = \left(\chi_{55} + a_{55}\right) > 0 \qquad \text{(IV.29)}$$

$$E = -k_F C_{M,q} > 0$$

$$F = -k_F C_{M,w} < 0$$

$$G = \frac{ga}{U_o^2} > 0$$

L'étude des petits mouvements harmoniques autour de la trajectoire d'équilibre ($q = w = \theta = 0$) conduit à présent à l'équation caractéristique du troisième degré :

$$\frac{AD}{C}s^3 + \left(D + \frac{AE}{C}\right)s^2 + \left(E - \frac{BF}{C} + \frac{AG}{C}\right)s + G = 0 \qquad \text{(IV.30)}$$

On démontre encore (*critère de Routh*) que pour que les racines de (IV.30) aient leur partie réelle négative, il est nécessaire et suffisant que soient vérifiée la condition suivante :

$$\left(D + \frac{AE}{C}\right)\left(E - \frac{FB}{C} + \frac{AG}{C}\right) - \frac{ADG}{C} > 0 \qquad \text{(IV.31)}$$

Le critère (IV.31) est de la forme :

$$K \cdot U_o^2 + ga > 0 \qquad \text{(IV.32)}$$

dans laquelle le signe de K est celui de l'expression :

[4] En fait, en raison d'une légère portance naturelle de la carène, traduite par les coefficients $C_{Z,0}$ et $C_{M,0}$, on prendra plus exactement $C_{Z,0} + C_{Z,\beta_1}\beta_1 + C_{Z,\beta_2}\beta_2 = 0$ et $C_{M,0} + C_{M,\beta_1}\beta_1 + C_{M,\beta_2}\beta_2 = 0$. Ces deux équations définissent le « zéro hydrodynamique » des barres qui peut être différent du zéro géométrique (safrans horizontaux en situation de référence).

$$\xi_V = k_F C_{M,q} C_{Z,w} - \left(1 + k_F C_{Z,q}\right) C_{M,w} \qquad \text{(IV.33)}$$

Aux très faibles vitesses, c'est-à-dire pour $U_o^2 < \left|\frac{ga}{K}\right|$, le critère de stabilité (IV.32) est donc satisfait grâce au terme de rappel hydrostatique *ga*. Il s'agit d'une stabilité de poids, ou stabilité quasi-statique. Aux vitesses supérieures la stabilité dépendra du signe de *K*.

Si ξ_V est positif, la stabilité est assurée à toutes vitesses. On a affaire à une *stabilité hydrodynamique*.

Si ξ_V est négatif, la stabilité verticale n'est assurée que si $U_o \leq U_c = \sqrt{\frac{ga}{K}}$. La vitesse U_c est appelée *vitesse critique*.

Les anciens sous-marins, naturellement assez lents en plongée, pouvaient avoir une vitesse critique qui ne dépassait pas quelques nœuds. Pour les sous-marins modernes, pouvant soutenir de façon prolongée des vitesses élevées, il est exigé, par mesure de sécurité, d'avoir une stabilité hydrodynamique verticale.

La stabilité verticale s'interprète physiquement de façon analogue à la stabilité horizontale. La condition $\xi_V = k_F C_{M,q} C_{Z,w} - \left(1 + k_F C_{Z,q}\right) C_{M,w} > 0$ est traduite graphiquement sur la figure IV.11 comme :

$d_q > d_w$

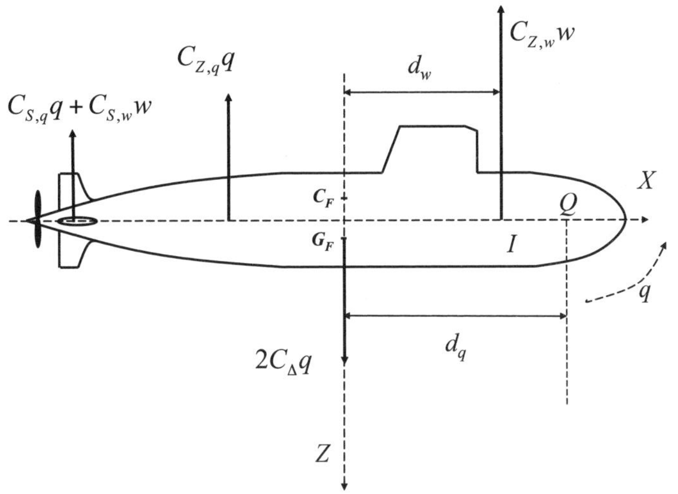

Figure IV.11

Un plan horizontal (soit des ailerons fixes, soit des safrans calés à leur zéro hydrodynamique), situé à l'arrière du sous-marin, subit l'effort $C_{S,q}q + C_{S,w}w$, avec $C_{S,q} < 0$ et $C_{S,w} < 0$. Une telle surface a donc pour effet de reculer le point *I* et d'avancer le point *Q*. C'est donc un élément de stabilisation du sous-marin. En revanche, un plan horizontal situé sur l'avant du centre de gravité (sur le massif ou sur la coque en arrière de l'étrave) aura un effet d'autant plus déstabilisant qu'il sera plus avancé. Il conviendra donc d'en compenser l'effet, soit en le rétractant à l'intérieur de la coque lorsqu'il n'est pas nécessaire à la manœuvre, soit en augmentant la surface du plan arrière.

4. EVOLUTIONS DU SOUS-MARIN EN PLONGEE

On appelle *évolution permanente*, une loi d'évolution du sous-marin atteinte asymptotiquement lorsqu'une ou plusieurs barres sont orientées à des angles non nuls et maintenues dans cette position. Dans une telle évolution les accélérations sont nulles ainsi que les termes d'inertie correspondants.

4.1 CHANGEMENT D'IMMERSION

Les équations du régime d'évolution permanente dans un plan vertical se réduisent, toujours dans l'hypothèse des petits angles, à ($\frac{dw}{dt} = \frac{dq}{dt} = q = 0$) :

$$C_{Z,0} + C_{Z,w} w + C_{Z,\beta_1} \beta_1 + C_{Z,\beta_2} \beta_2 = 0$$

$$C_{M,0} + C_{M,w} w + C_{M,\beta_1} \beta_1 + C_{M,\beta_2} \beta_2 - \frac{ga}{k_P U_o^2} \theta = 0 \qquad \text{(IV.34)}$$

Ces équations permettent de déterminer la vitesse w et l'assiette θ prises par le sous-marin à la suite de l'orientation des barres de plongée aux angles β_1 et β_2.

Si on note $h = \frac{I}{L}$, l'immersion adimensionnelle du sous-marin, la vitesse de changement d'immersion sera donnée par l'équation :

$$\frac{dh}{dt} = w - \theta \qquad \text{(IV.35)}$$

Le système linéaire (IV.34) admet, en fonction de β_1 et β_2, la solution immédiate :

$$w = -\frac{C_{Z,0}}{C_{Z,w}} - \frac{C_{Z,\beta_1}}{C_{Z,w}} \beta_1 - \frac{C_{Z,\beta_2}}{C_{Z,w}} \beta_2$$

(IV.36)

$$\theta = \frac{k_P U_o^2}{ag} \left[C_{M,0} - \frac{C_{Z,0} C_{M,w}}{C_{Z,w}} + \left(C_{M,\beta_1} - \frac{C_{Z,\beta_1} C_{M,w}}{C_{Z,w}} \right) \beta_1 + \left(C_{M,\beta_2} - \frac{C_{Z,\beta_2} C_{M,w}}{C_{Z,w}} \right) \beta_2 \right]$$

Remarque 1 :

Lors de l'orientation des barres de plongée, le sous-marin tend à prendre une assiette proportionnelle à $\frac{U_o^2}{ag}$. La vitesse de variation d'immersion augmentera, quant à elle, comme $\frac{U_o^3}{ag}$. Cela explique, le caractère rapidement irréversible de l'avarie de barre de plongée (blocage d'une barre de plongée à un angle « *à plonger* »), notamment de la barre de plongée arrière pour laquelle le coefficient $\left(C_{M,\beta_1} - \frac{C_{Z,\beta_1} C_{M,w}}{C_{Z,w}}\right)$ est important.

Remarque 2 :

Si $C_{Z,0}$ et $C_{M,0}$ ne sont pas nuls, la navigation à immersion constante $\frac{dh}{dt} = 0$ se fait avec une assiette et une incidence reliées par $w = \theta$. Il existe une infinité d'angles de barres β_1 et β_2 permettant de réaliser cette condition. Seul le couple β_1, β_2 défini par les équations de la note [4] permettent de réaliser $w = \theta = 0$. De même, il existe une infinité de combinaisons (w, θ) permettant de réaliser une vitesse ascensionnelle $\frac{dh}{dt}$ donnée. Dans les évolutions lentes et discrètes, on choisira de minimiser l'incidence, génératrice de perturbations de sillage, avec $w \sim 0$, $\frac{dh}{dt} = -\theta$. Les angles de barres arrière et avant s'en déduisent. D'autres consignes pourront être définies pour des situations d'évolution rapide (manœuvre d'urgence, manœuvre de dérobement), pour des évolutions à assiette nulle au voisinage de la surface ou du fond, etc… Dans chaque cas, une la combinaison des angles de barres arrière et avant se déduit des équations (IV.36).

Les équations (IV.35) et (IV.36) définissent les conditions stabilisées d'un changement d'immersion sous l'action des barres de plongée. Ces conditions stabilisées, lorsqu'un temps suffisant permet de les atteindre, sont précédées et suivies de phases transitoires : la phase de prise d'assiette et la phase de raccordement à la nouvelle trajectoire horizontale, ou *arrondi*. L'étude du mouvement transitoire nécessite la résolution des équations complètes du mouvement (accélérations et vitesses angulaires non nulles). La figure IV.12 donne l'allure générale d'un changement d'immersion. L'optimisation des lois de pilotage permet d'éviter les dépassements d'immersion (encore appelés *overshoots*) lors de la phase de raccordement.

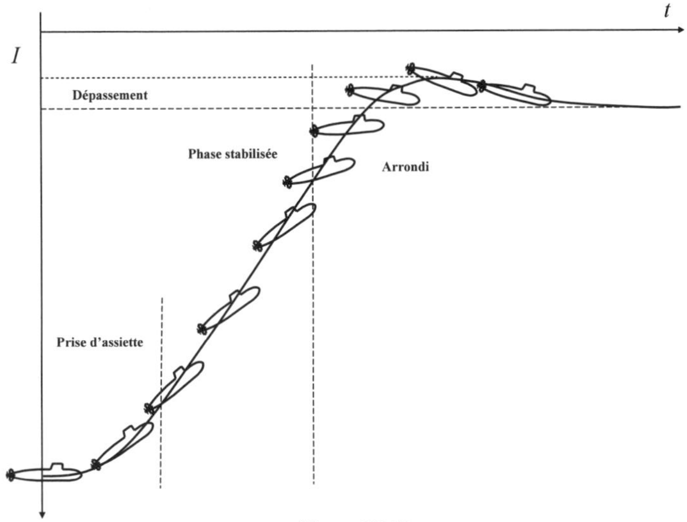

Figure IV.12

4.2 GIRATIONS

Les girations ne correspondent plus, stricto sensu, à l'hypothèse des petits angles car, en l'absence de toute force de rappel en cap, même une faible orientation α du gouvernail peut induire une variation du cap ψ de 360° au bout d'un temps fini. L'observation montre également que l'angle de dérive δ peut être important et induire de forts décollements de l'écoulement sur la carène et ses appendices. Dans ces conditions, le modèle de mouvement linéaire n'est plus suffisant et il est nécessaire d'élaborer un modèle d'ordre supérieur, ceci avec deux inconvénients majeurs :

- le nombre de coefficients d'efforts à déterminer expérimentalement augmente exponentiellement avec l'ordre du modèle ;

- il n'existe plus de base finie de mouvements élémentaires.

L'identification du modèle mathématique ne peut donc se faire que globalement, par simulation numérique et comparaison avec l'expérience sur un nombre le plus élevé possible de manœuvres représentatives réalisées sur modèle libre. En tout été de cause, le modèle mathématique ainsi élaboré n'est valable que si l'on ne s'écarte pas trop des manœuvres ayant servi à l'identification (domaine de validité du modèle).

Afin, toutefois, de limiter l'effort nécessaire à cette identification, on essaie d'introduire dans le modèle mathématique des considérations physiques sur la nature des non linéarités. Ces linéarités se traduisent entre autre par des couplages hydrodynamiques entre les différentes composantes du mouvement.

Le régime de giration stabilisée se caractérise par :

$$\frac{du}{dt} = \frac{dv}{dt} = \frac{dw}{dt} = p = q = \frac{dr}{dt} = 0$$

Les vitesses de translation (u, v, w) et d'abattée en cap r sont constantes. Les vitesses de roulis p et de tangage q sont nulles, ce qui n'exclue pas la prise d'une gîte φ et d'une assiette θ. En giration permanente, u et r sont donc constantes. La trajectoire est un cercle et le rapport dimensionnel $\frac{U}{R} = L\frac{u}{r}$ en est le rayon. On l'appelle le *rayon de giration* R_g.

Les équations de la giration stabilisée s'écrivent alors :

$$\left[C_{X,0} + C_{X,vv}v^2 + C_{X,ww}w^2 + \left(C_{X,vr} + \frac{1}{k_F}\right)vr + C_{X,\alpha\alpha}\alpha^2 + C_{X,\beta_1\beta_1}\beta_1^2\right] = -K_T \qquad \text{(IV.37)}$$

$$\left[C_{Y,v}v + \left(C_{Y,ur} - \frac{1}{k_F}\right)ur + C_{Y,\alpha}\alpha + C_{Y,NL}(v+br)^3 + C_{Y,NL\alpha}|v+br|\alpha\right] = 0 \qquad \text{(IV.38)}$$

$$\left[C_{N,v}v + C_{N,ur}ur + C_{N,\alpha}\alpha + C_{N,NL}(v+br)^3 + C_{N,NL\alpha}|v+br|\alpha\right] = 0 \qquad \text{(IV.39)}$$

L'équation (IV.37) traduit le ralentissement de la carène induit par la traînée additionnelle des barres et la mise en incidence de la carène, la poussée de l'hélice K_T étant elle-même, à vitesse de rotation de l'arbre constante, une fonction de la vitesse u.

Les termes en $C_{I,NL}$ qui apparaissent dans les équations (IV.38) et (IV.39) représentent les efforts transverses dus aux importants décollements qui se produisent à l'arrière de la carène et sur les appendices aux fortes dérives ($\delta \geq 5°$).

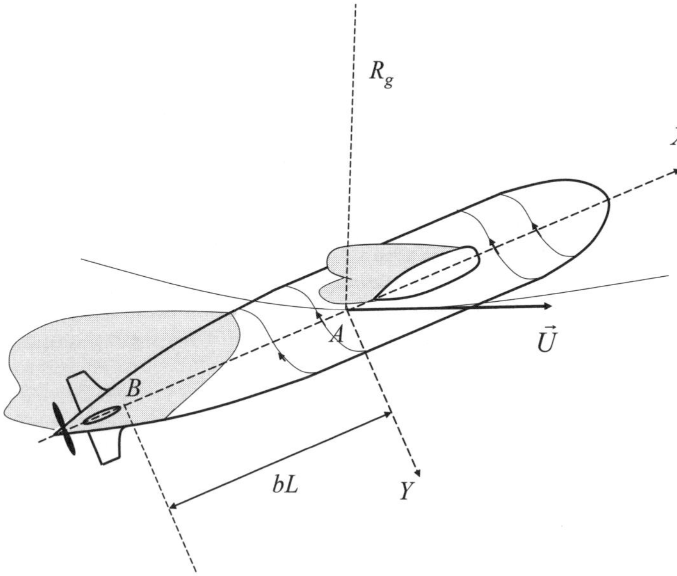

Figure IV.13 *Zones de décollement de l'écoulement en giration*

Ces efforts sont fonction de l'incidence locale ($v + br$) d'un point B situé à la distance bL du point A. Si A est confondu avec le centre de carène, b vaut approximativement 0,4 pour des sous-marins modernes. On a donc :

$$\frac{C_{N,NL}}{C_{Y,NL}} = b \qquad \text{(IV.40)}$$

De même, l'efficacité de la barre de direction doit prendre en compte l'incidence réelle de l'écoulement sur les safrans. C'est l'objet des termes $C_{Y,NL\alpha}$ et $C_{N,NL\alpha}$. On a encore :

$$\frac{C_{N,NL\alpha}}{C_{Y,NL\alpha}} \approx b \qquad \text{(IV.41)}$$

Grâce aux relations (IV.40) et (IV.41) ci-dessus, il est possible d'éliminer l'angle de barre α et tous les termes non linéaires des équations (IV.38) et (IV.39) et d'obtenir :

$$v = \frac{b(C_{Y,r} - 2C_{\Delta}) - C_{N,r}}{C_{N,v} - bC_{Y,v}} u \cdot r = K_r u \cdot r \qquad \text{(IV.42)}$$

Enfin, grâce à (IV.42), il est possible d'obtenir la relation, non linéaire, entre l'angle de barre α et la vitesse d'abattée en cap r, après élimination de v :

$$\alpha = -\frac{C_{Y,v}K_r + C_{Y,r} - 2C_\Delta}{C_{Y,\alpha} + C_{Y,NL\alpha}|K_r u + b||r|} u \cdot r - \frac{C_{Y,NL}(K_r u + b)^3}{C_{Y,\alpha} + C_{Y,NL\alpha}|K_r u + b||r|} r^3 \qquad \text{(IV.43)}$$

Lorsque r est très petit (très grands rayons de giration), la relation (IV.43) se simplifie en :

$$\alpha \approx + \frac{C_{N,r}C_{Y,v} + (2C_\Delta - C_{Y,r})C_{N,v}}{(C_{N,v} - bC_{Y,v})C_{Y,\alpha}} r = \frac{\zeta_H r}{(C_{N,v} - bC_{Y,v})C_{Y,\alpha}} \qquad \text{(IV.44)}$$

Le dénominateur de (IV.44) étant toujours positif, le comportement de $r(\alpha)$ pour les faibles valeurs de r est déterminé par le signe de l'indice de stabilité horizontale ζ_H. La figure IV.13 donne l'allure de la courbe $r(\alpha)$ dans le cas d'un sous-marin stable ($\zeta_H > 0$), en trait plein, et d'un sous-marin légèrement instable, en pointillé. Dans ce dernier cas, le sous-marin a donc tendance à répondre « à contre » de l'effet attendu de la barre pour de tous petits angles de celle-ci. Ceci peut constituer une difficulté pour la tenue de cap manuelle. En revanche, un tel sous-marin aura, pour un angle de barre donné, des performances en giration supérieures (vitesse d'abattée plus grande) qu'un sous-marin stable.

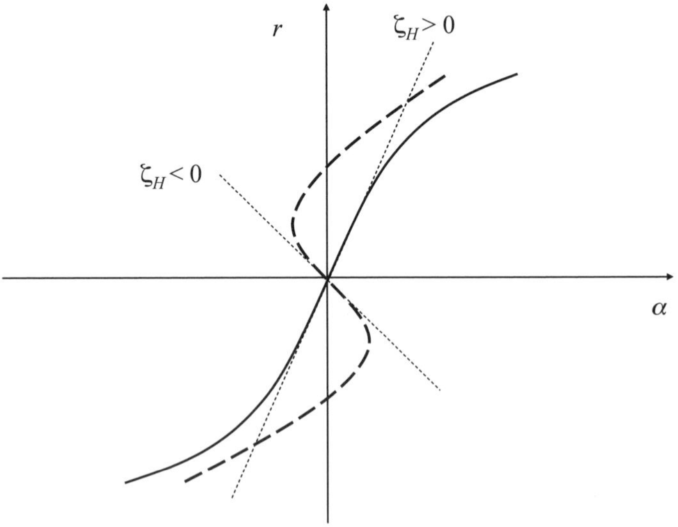

Figure IV.14 *Courbes de giration*

L'architecture des submersibles, largement inspirée des bâtiments de surface, adoptait généralement une position du massif à mi-longueur du sous-marin, voire dans certains cas en arrière du centre de volume. La propulsion nucléaire, et, pour les SNLE, la longue tranche missiles, a conduit à repousser sur l'avant le centre de conduite et d'opérations (PCNO) des sous-marins modernes entraînant également vers l'avant la position du massif. Cette évolution présente plusieurs avantages. En effet, dans cette position, la force hydrodynamique exercée sur le massif lorsque le sous-marin est en dérive tend à augmenter cette dérive. Cet effet permet donc d'augmenter la capacité de manœuvre du sous-marin avec un dimensionnement réduit de son gouvernail. Trop forte, l'instabilité pourrait cependant devenir une gêne et doit donc éventuellement être compensée par des ailerons verticaux situés à l'arrière du sous-marin. La position avancée diminue les effets de couplage (roulis en giration notamment) et garantit que la force verticale qui s'exerce sur le massif en giration s'exerce sur l'avant du centre de dérive verticale (phénomène *d'alourdissement de l'arrière en giration*, utilisé comme parade aux avaries de barre).

4.3 COUPLAGES

Lors d'une giration, le sous-marin prend une dérive v d'autant plus importante que le rayon de giration est petit. En fait v désigne la dérive du centre A. En une section transversale quelconque, située à la distance xL du centre A, la dérive locale est déterminée par $(v + rx)$. Le *centre de pivotement en giration P* est défini comme étant le point de l'axe AX où la dérive est nulle. Ce point a donc pour abscisse $x_P = -\frac{v}{r}$ ou encore, d'après (IV.42), $x_P = -K_r u$. Tout autre point du sous-marin est, lors d'une giration, en incidence. Le massif lui-même, s'il n'est pas exactement centré au point P, se comportera comme une aile en incidence et développera donc une portance. Du fait de sa position en partie haute, la portance ainsi créée induit un couple de roulis autour de l'axe AX. Il en est de même pour le gouvernail, si le safran supérieur et le safran inférieurs ne sont pas symétriques.

En giration permanente, la valeur de la gîte est donnée par l'équation suivante, limitée au premier ordre :

$$\frac{ga}{U_o^2}\varphi = k_F\left(C_{L,v}v + C_{L,r}r\right)$$

ou encore, compte tenu de (IV.42) :

$$\varphi = \frac{k_F U_o^2}{ga}\left(C_{L,v}K_r + C_{L,r}\right)r \tag{IV.45}$$

Ainsi, les forces de dérive sur le massif, en giration, tendent à donner au sous-marin une gîte qui, contrairement aux navires de surface, est toujours dirigée vers l'intérieur du cercle de giration. Lors de la phase transitoire de mise en giration, l'angle de gîte passe par un maximum (le « *salut* ») avant de se stabiliser.

Bien que la forme de base d'un sous-marin soit approximativement à symétrie de révolution, la présence du pont et du massif en partie haute de la carène crée une dissymétrie de l'écoulement transversal (Figure IV.15) lors des girations.

De façon fréquente (mais non systématique) cette dissymétrie se traduit par la création d'une force hydrodynamique verticale, dirigée vers le bas et appliquée en arrière du centre de carène. Elle tend donc à induire, si elle n'est pas compensée par une orientation des barres de plongée, une prise d'assiette positive du sous-marin. Ce phénomène est connu des sous-mariniers sous l'appellation *d'alourdissement de l'arrière*.

L'alourdissement de l'arrière lors des girations serrées nécessite, afin de tenir l'immersion, une orientation importante de la barre de plongée arrière. Ce peut même être un critère de dimensionnement de cette barre. En revanche, ce phénomène offre une parade aisée et efficace en cas d'avarie de la barre de plongée arrière entraînant le sous-marin à plonger. La mise en giration rapide, induit alors un moment cabreur suffisant pour casser la prise d'assiette négative et limiter l'incursion d'immersion accidentelle.

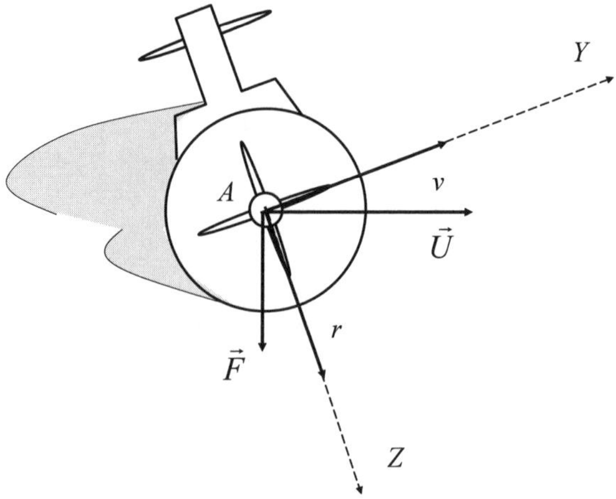

Figure IV.15 *Dissymétrie hydrodynamique en giration*

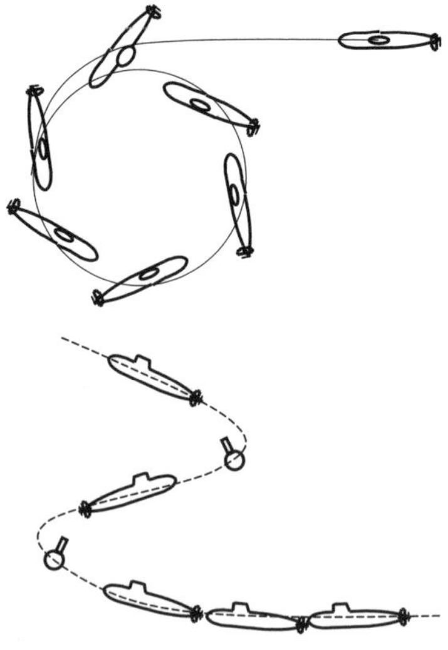

Figure IV. 16 *Couplage giration-plongée*

La *remontée d'urgence* consécutive à une voie d'eau en plongée est une manœuvre exceptionnelle pouvant conduire à un comportement atypique du sous-marin. Lorsqu'une voie d'eau (généralement une fuite sur un circuit d'eau de mer) survient en immersion profonde, le sous-marin se trouve rapidement en situation de dépesée en raison :

- dans un premier temps, de l'alourdissement créé par la pénétration d'eau de mer dans la coque résistante,

- dans un deuxième temps, de l'allègement énergique consécutif à la chasse aux ballasts.

Le mouvement est régi essentiellement par les forces de gravité (surtout si l'évènement survient à faible vitesse) et la remontée, lorsqu'elle est amorcée, se fait toujours avec une forte incidence[5]. L'établissement d'un modèle mathématique de ce mouvement est très délicat car les développements en séries limitées des efforts hydrodynamiques ne sont plus applicables en raison d'un décollement généralisé (et très instationnaire) sur l'ensemble de la carène. C'est pourquoi, on préfère s'appuyer directement pour l'étude de ce mouvement sur des essais de modèle libre.

L'expérience montre que lors d'une remontée rapide par flottabilité, il apparaît sous l'effet conjugué des forces hydrodynamiques liées à la forte incidence et de la chute de stabilité consécutive à la chasse aux ballasts (et éventuellement à l'eau embarqué) des phénomènes d'instabilité, aggravés éventuellement par des échappements tourbillonnaires alternés (de type « *allée de Karman* ») et des manœuvres de chasse dissymétriques. Il peut en résulter une forte prise de gîte (supérieure à 45 °) lors de l'arrivée en surface.

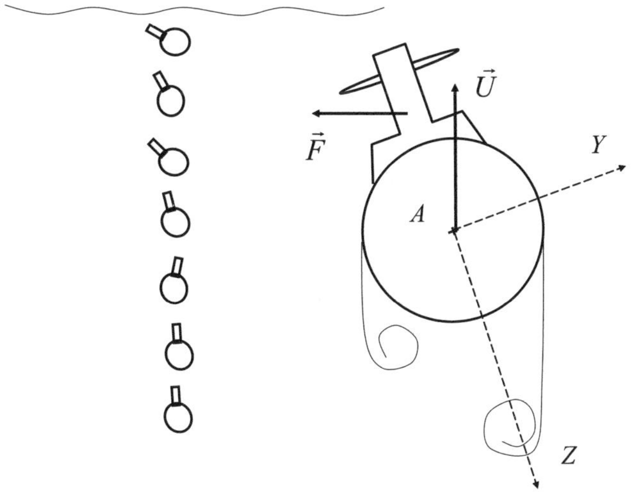

Figure IV.17 *Remontée en « feuille morte » d'un sous-marin*

L'effet du massif étant essentiel dans ce phénomène, il peut également apparaître une instabilité en cap se traduisant par une mise en giration du sous-marin.

Pour éviter, ou limiter ces phénomènes de couplage, il est nécessaire, lors d'une remontée d'urgence, de donner au sous-marin une forte assiette positive de façon à en réduire l'incidence.

[5] Le mouvement de remontée est encore plus brutal s'il a été déclanché, en l'absence de voie d'eau, sur fausse alarme ou pour exercice.

Figure IV.18 *Essais de remontée rapide à forte incidence sur modèle libre (Bassin d'essais des carènes)*

4.4 DOMAINE DE SECURITE IMMERSION-VITESSE

En plongée, il existe des risques potentiels d'accident pouvant entraîner rapidement le sous-marin à sa perte et qui présentent la caractéristique d'être fortement liés aux conditions d'immersion et de vitesse auxquelles ils apparaissent. Ces risques appartiennent à deux catégories :

- les risques externes (ou « *fortunes de mer* »), il s'agit essentiellement, pour un sous-marin, de risques de collision avec un navire de surface ou d'impact sur le fond ;

- les risques internes, voie d'eau ou avaries de l'appareil à gouverner entraînant le sous-marin au-delà de son immersion maximale.

Le domaine de navigation sûre d'un sous-marin est défini comme étant le domaine de vitesse et d'immersion pour lesquelles :

- la probabilité d'accident dû à un risque externe est quasiment nulle ;

- en cas d'accident lié à un risque interne, la mise en œuvre d'une parade permet de sauver le sous-marin.

Les courbes de sécurité immersion-vitesse sont les frontières du domaine de navigation sûre.

Il s'agit, dans cette étude, d'assurer la sécurité maximale du sous-marin en navigation normale. Ne sont donc pas prises en compte les avaries de combat du sous–marin d'attaque qui relèvent d'une autre approche[6].

L'avarie la plus grave de l'appareil à gouverner est une perte de contrôle de la barre de plongée arrière se traduisant par le départ en butée positive de celle-ci à sa vitesse maximale d'orientation et son maintien prolongé dans cette position. La conséquence de cet évènement, s'il n'est pas contré, est de donner au sous-marin une assiette négative très importante,

[6] Comme il a déjà été mentionné, la valeur militaire d'un sous-marin d'attaque est avant tout fondée sur sa discrétion (faible bruit rayonné, faible réponse aux émissions sonar, faibles signatures aux autres modes de détection) qui lui assure également sa sécurité en le rendant indétectable. En cas de détection, et plus précisément, en cas d'identification et de localisation qui le mettent sous menace directe d'une agression par torpille, mine, grenade, etc.. la survivabilité du sous-marin repose sur ses moyens de leurrage qui peuvent masquer sa fuite et sur la tenue aux chocs de la coque et des équipements vitaux.

proportionnelle, toutes choses égales par ailleurs, au carré de la vitesse U^2. La vitesse d'augmentation d'immersion est, pour sa part proportionnelle à U^3. L'avarie est donc d'autant plus dangereuse que la vitesse du sous-marin au moment où elle intervient est plus grande. De façon à ne pas trop restreindre le domaine de sécurité, il est nécessaire d'équiper les sous-marins rapides de limitations mécaniques variables de la barre de plongée arrière. Un tel dispositif est constitué d'un ergot solidairement monté sur la tige de manoeuvre de la barre butant sur un manchon à crans rotatif.

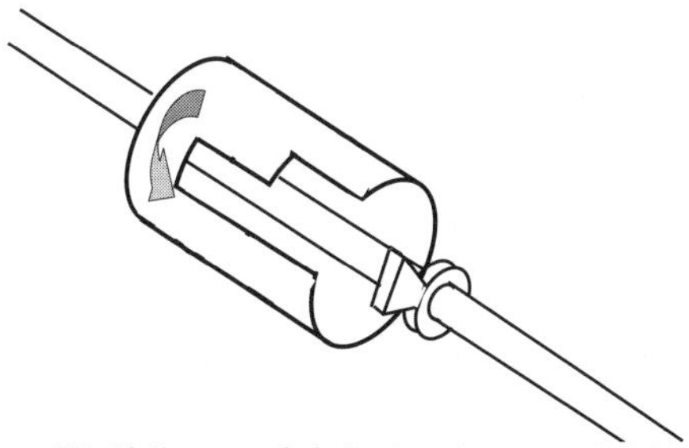

Figure IV. 19 *Principe de la butée mécanique réglable*

Les valeurs de la butée, définies pour différentes plages de vitesse doivent permettre au sous-marin à la fois de satisfaire aux exigences de la navigation (tenue de l'immersion sous houle ou au cours de girations) tout en l'empêchant, en cas d'avarie ou de manœuvre intempestive de prendre une assiette ou de dépasser une immersion maximale donnée (fonction de la résistance de la coque ou de la profondeur du fond).

La parade nominale à l'avarie de barre arrière consiste à stopper la propulsion et à orienter tout d'un bord la barre de direction afin de jouer de l'effet d'alourdissement de l'arrière pour casser la prise d'assiette. Cette parade nominale n'inclut pas la chasse aux ballasts, ni l'action de la barre avant. Il s'agit donc de l'action minimale à exécuter le plus rapidement possible et permet ainsi de définir, par simulations des limites de sécurité conservatives.

La voie d'eau de référence est celle consécutive à la rupture d'un circuit d'eau de mer, franchie au bout d'un temps de réaction par action sur les fermetures d'urgence. Les études de sécurité excluent donc l'atteinte à l'intégrité de la coque résistante dont l'histoire enseigne qu'elle conduit irrémédiablement le sous-marin à sa perte[7].

Plusieurs cas de voie d'eau sont envisageables en fonction du diamètre et de la localisation du circuit rompu. Suivant le cas, la voie d'eau peut également entraîner la perte de la propulsion. L'immersion et la vitesse au moment de l'avarie sont déterminantes pour les conséquences. La rapidité avec laquelle le sous-marin s'alourdit croît avec l'immersion. En effet, si S est la section de la brèche (diamètre de la canalisation rompue), et si H est l'immersion de l'ouverture, le débit massique Q pénétrant dans le sous-marin est donné par :

$$Q = 0,6 \ \rho S \sqrt{2gH} \qquad \text{(IV.46)}$$

[7] Dans les opérations par faible fond, on peut espérer qu'une partie du sous-marin reste étanche une fois que l'épave a atteint le fond et constitue donc un refuge pour une partie de l'équipage. Certains sous-marins sont équipés d'un ou plusieurs sas de sauvetage qui permettent alors aux survivants de quitter l'épave par leurs propres moyens. Il existe également des engins de secours (Deep Submergence Rescue Vehicles) permettant de venir les récupérer dès lors que le sous-marin est équipé d'un panneau d'accès compatible avec ce moyen. Toutefois, de nombreux exemples, dont le naufrage du sous-marin russe Koursk le 12 août 2000, montrent que le temps de survie de l'équipage échoué est limité et leur sauvetage toujours délicat.

Quant à la vitesse au moment de l'avarie, elle est un paramètre déterminant, d'une part pour augmenter la portance des barres et ainsi limiter l'enfoncement initial, d'autre part pour réduire le temps de remontée et permettre de contrôler l'attitude du sous-marin au cours de cette phase (voir paragraphe 4.3).

La parade nominale aux voies d'eau retenue pour les études de sécurité consiste, au bout d'un temps de réaction, à stopper l'entrée d'eau par action sur les fermetures d'urgence, à orienter « tout à monter » les barres de plongée en réglant la propulsion à la vitesse maximale en marche avant, si celle-ci reste disponible, éventuellement, et à mettre en œuvre la chasse aux ballasts (voir annexe).

Lors d'une voie d'eau et au cours de la parade consécutive, les conditions de stabilité statique peuvent évoluer considérablement en raison de l'eau embarquée, du remplissage partiel des ballasts au cours de la chasse et de la remontée, des différentes carènes liquides ainsi créées. Associées aux effets dynamiques mentionnés en 4.3, ces variations des caractéristiques de stabilité peuvent induire des mouvements d'assiette et de gîte de grande amplitude, entraînant de nouveaux risques d'avaries ou d'accident.

En conclusion, les simulations de parade aux avaries de référence permettent de déterminer les courbes de sécurité immersion-vitesse en prenant en compte :

- la marge de sécurité vis-à-vis de la navigation en surface, définie à partir du tirant d'eau maximal des navires susceptible de naviguer dans la zone d'opérations ;

- une marge de sécurité par rapport au fond, lors de la navigation par fond limité ;

- une frontière relative aux risques d'avarie de barre

- une frontière relative aux risques de voie d'eau.

Ces courbes définissent un domaine à l'intérieur duquel la navigation est considérée comme sûre. En dehors de ce domaine, la navigation doit être soumise à limitation et la vigilance de l'équipage doit être renforcée.

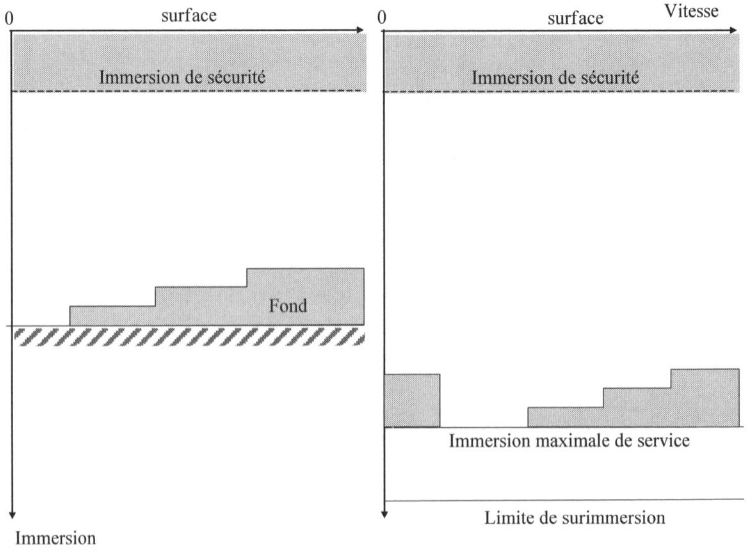

Figure IV.20 *Domaine de sécurité pour la navigation par faible fond et par grand fond*

Afin de vérifier les modèles mathématiques, aux petits et grands angles, et de mesurer le comportement (trajectoire et attitude) du sous-marin dans des situations de dépesée extrême, inaccessibles en sécurité sur sous-marin réel, on utilise un modèle libre autopropulsé. Il s'agit d'une maquette en similitude géométrique et dynamique (masses et inerties), équipée d'un système de propulsion et de gouvernes, commandés par un calculateur embarqué préprogrammé. La mesure des mouvements se fait soit de façon externe, soit par mesure inertielle interne.

Figure IV.21 *Mise à l'eau pour essais d'un modèle libre (Bassin d'essais des carènes)*

5. FORCES HYDRODYNAMIQUES SUR LES BARRES

5.1 PORTANCE D'UNE AILE DE FAIBLE ENVERGURE

Les appendices extérieurs à la carène destinés à assurer la manœuvrabilité du sous-marin suivant ses différents degrés de liberté se comportent du point de vue hydrodynamique comme des ailes portantes : safrans du gouvernail et des barres de plongée, ailerons fixes ou rétractables. Le calcul des caractéristiques hydrodynamique de ces appendices est à la base du dimensionnement de l'installation « appareil à gouverner » du sous-marin.

Ces ailes portantes se caractérisent par de faibles allongements (relativement aux ailes aérodynamiques) c'est-à-dire par une envergure $2b$ du même ordre de grandeur que la corde c. D'une manière générale, on caractérisera une aile de faible allongement par la relation :

$$AR = \frac{(2b)^2}{S} \leq 5 \qquad \text{(IV.47)}$$

Le paramètre AR s'appelle, en anglais, « *aspect ratio* ».

Les caractéristiques générales d'un plan d'appendice arrière sont données sur la figure IV.19.

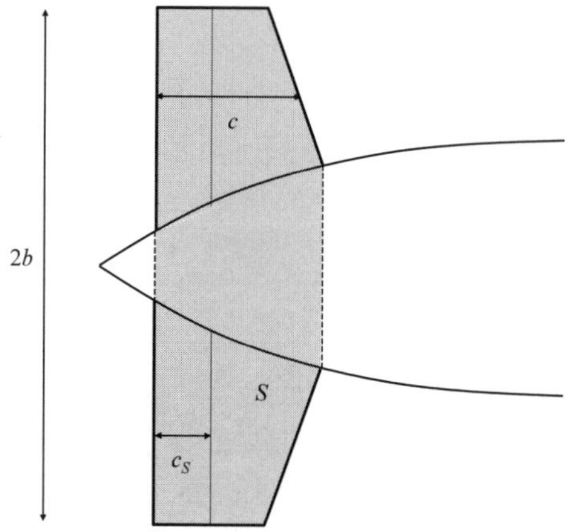

Figure IV.22 *Caractéristiques géométriques générales d'un plan de gouverne arrière*

Les surfaces de gouverne, fixes et orientables sont, pour des raisons évidentes, non cambrées, c'est-à-dire symétrique par rapport à un plan médian[8]. Au calage nul par rapport à l'écoulement (incidence hydrodynamique nulle), une telle surface ne développe donc pas de portance. A une incidence α par rapport à l'écoulement, elle développe une portance qui, pour de faibles angles, est proportionnelle à l'incidence. La portance d'une aile en incidence s'exprime classiquement sous la forme :

$$P = \frac{1}{2}\rho V^2 S C_L \alpha \tag{IV.48}$$

Le coefficient C_L s'appelle le *coefficient de portance* et ne dépend que de la géométrie de l'aile.

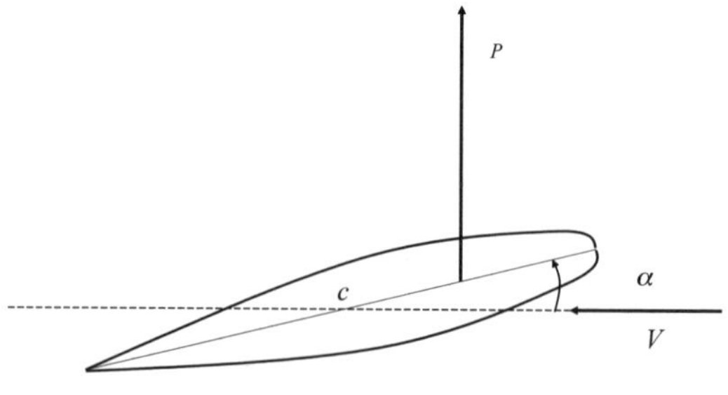

Figure IV.23 *Portance d'une aile en incidence*

Il existe de nombreuses formules d'origine expérimentale pour obtenir le coefficient de portance C_L, par exemple :

$$C_L = \frac{1}{0{,}175 + \dfrac{0{,}454}{(AR)} + \dfrac{0{,}175}{(AR)^2}} \tag{IV.49}$$

[8] Il a existé sur des sous-marins anciens des barres de plongée AV rétractables. Ces barres étaient constituées d'ailerons cambrés, de forme et de calage invariables pouvant être sortis ou rentrés de la carène par simple translation. Ce dispositif a été abandonné au profit de safrans orientables.

Il est également possible de prendre en compte d'autres caractéristiques dont l'influence sur la portance est secondaire telles que l'épaisseur relative $\frac{e}{c}$ de l'aile ou sa flèche γ:

$$C_L = \frac{2\pi(AR)}{\cos\gamma\sqrt{\frac{(AR)^2}{\cos^2\gamma}+2}+2,6}\left[1-\left(\frac{e}{c}\right)^2\right] \qquad \text{(IV.50)}$$

Les formules (IV.48) à (IV.50) sont valables dans le domaine linéaire, c'est-à-dire pour une incidence inférieure à 25° (AR=2) ou 30° (AR=1). Au-delà, la portance chute brutalement (*décrochage* de l'aile).

Pour une aile d'envergure infinie, la portance s'exerce au quart avant de la corde. Ce point d'application se déplace vers le bord d'attaque aux faibles envergures (à 0,18c pour AR=2 et 0,15c pour AR=1). Suivant que l'axe de rotation de l'aile se situe en arrière ou en avant du point d'application de la portance on dira que l'aile est *compensée* ou *non compensée.* La compensation permet de réduire le couple hydrodynamique sur l'axe et donc l'effort mécanique à lui appliquer pour le maintenir ou l'orienter à incidence. Toutefois, un safran compensé sera instable en orientation puisque le couple hydrodynamique aura la tendance naturelle à augmenter son incidence.

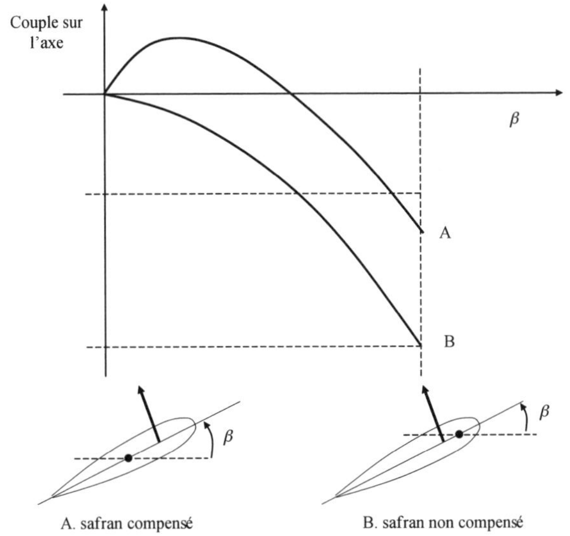

Figure IV.24 *Compensation d'un safran*

5.2 MASSE D'EAU AJOUTEE

Une aile mince soumise à une accélération perpendiculaire à son plan déplace une « masse d'eau ajoutée » qui crée une force d'inertie qui s'ajoute à l'inertie propre de l'aile. Pour un sous-marin dont la forme de base de la carène est un fuseau à symétrie de révolution, l'inertie ajoutée des plans de gouverne horizontaux et verticaux (de ce point de vue, le massif du sous-marin peut-être assimilé à un plan vertical) se rajoute aux termes A_{22} de la matrice (IV.8). L'influence sur les autres termes de cette matrice se calcule simplement par application du théorème de Huygens dès que l'on connaît la position dans le référentiel du sous-marin du centre de surface chaque plan de gouverne.

Pour des ailes de formes simples, on obtient les valeurs suivantes :

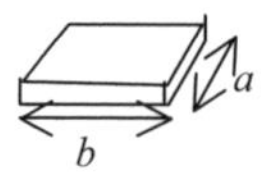

$$\frac{b}{a} = \infty \qquad A = \pi\rho\frac{a^2 b}{4}$$

$$\frac{b}{a} = 2 \qquad A = 0{,}842\pi\rho\frac{a^2 b}{4}$$

$$\frac{b}{a} = 1 \qquad A = 0{,}478\pi\rho\frac{a^2 b}{4}$$

5.3 DIMENSIONNEMENT DES BARRES

Partant des différentes équations présentées aux paragraphes précédent et définissant tant le comportement du sous-marin que l'efficacité des safrans, il est nécessaire de fixer les critères de dimensionnement afin de définir les caractéristiques utiles des barres.

On peut ainsi dimensionner le gouvernail de façon à obtenir, à son orientation maximale $\alpha_{\max}$ et à vitesse U_α donnée (spécification opérationnelle), une vitesse d'abattée R imposée. En pratique, on se fixe une valeur constante du rapport adimensionnel $\frac{LR}{U_\alpha}$, c'est-à-dire, en fait, une valeur choisie de l'angle de dérive δ.

Le dimensionnement de la barre de plongée AR est calculé de façon à assurer, à vitesse spécifiée U_β, une vitesse de variation d'immersion (ou une assiette θ_β) imposée. De plus, lors des girations serrées ($\alpha_{\max}$, U_α), la barre AR doit être en mesure de contrer la prise d'assiette positive due à l'alourdissement de l'AR, de façon à maintenir l'immersion constante.

La barre de plongée AV est dimensionnée, pour sa part, de façon à tenir, en association avec la barre de plongée AR, l'immersion périscopique à vitesse U_P imposée et pour un état de mer donné.

6. MODELISATION SIMPLE DE LA CHASSE AUX BALLASTS

La modélisation précise de la chasse aux ballasts est relativement complexe car le débit d'air, et par conséquent le débit d'eau qu'il est possible de chasser des ballasts, dépend d'un grand nombre de facteurs propres aux bouteilles d'air comprimé, au circuit de chasse à la configuration des ballasts et la situation du sous-marin. Une modélisation élémentaire est cependant possible sous quelques hypothèses.

Si on admet que l'écoulement d'air est supersonique dans le circuit de chasse (*col sonique amorcé*), ce qui est admissible compte tenu de la différence de pression entre les bouteilles pleines et les ballasts à la pression d'immersion, alors le débit d'air ne dépend que de la pression aux bouteilles. Dans ce cas, et pour une chasse courte, on peut écrire :

$$m(t) = m_o\left[1 - \frac{1}{\left(1 + \frac{\gamma - 1}{2}\frac{D_o t}{m_o}\right)^{\frac{2}{\gamma-1}}}\right]$$

$m(t)$ est la masse d'air injectée dans les ballasts au bout d'un temps de chasse t, m_o est la masse d'air initialement contenue dans les bouteilles, D_o est le débit d'air en début de chasse et γ est le coefficient polytropique de l'air caractérisant son comportement thermodynamique lors de la détente.

La pression résiduelle dans les bouteilles à l'instant t vaut :

$$p(t) = p_o \left(\frac{m_o - m(t)}{m_o} \right)^{\gamma}$$

Le volume d'eau chassé des ballasts après la fin de la chasse (masse d'air totale injectée m_1), dépend de l'immersion et vaut :

$$V = m_1 \frac{RT}{\rho g H + P_a}$$

R est la constante des gaz parfaits, T la température absolue (en kelvin), H l'immersion des ballasts, P_a la pression atmosphérique (en pascal).

Ainsi l'injection de 1000 kg d'air à 300 m d'immersion vidange un volume de ballast de 0,75 m^3.

Une voie d'eau de 10 cm^2 de section, laisse pénétrer, à la même immersion, un volume d'eau équivalent en moins de 2 secondes. Ceci montre bien l'extrême gravité d'une voie d'eau et la nécessité de réactions très rapides. Seule la propulsion est capable, à cette immersion, de produire rapidement un effort pouvant contrer l'alourdissement, la chasse aux ballasts avant étant utilisée, avec les barres de plongée, pour créer un effet initial favorable sur l'assiette. Les très faibles vitesses sont interdites sur le domaine immersion-vitesse pour la navigation à grande immersion et par grands fonds.

En revanche, il est classique que les sous-marins à propulsion conventionnelle se posent sur le fond lors de patrouilles en zone de faible fond. Les très faibles vitesses sont donc autorisées au voisinage du fond.

Centre de Documentation sur la Mer
Bibliothèque La Pérouse

Chapitre V DYNAMIQUE DU SOUS-MARIN SOUS HOULE

La modélisation théorique du comportement d'un sous-marin en surface est identique à celle d'un bâtiment de surface et cet ouvrage, consacré aux aspects spécifiques aux sous-marins ne les reprendra pas, d'autant que ce comportement n'entre en considération que de façon très marginale dans la conception des sous-marins modernes. En fait, le sous-marin étant conçu de façon à répondre au mieux aux exigences fonctionnelles de la navigation en plongée, son comportement en surface, qu'il s'agisse de sa tenue à la mer ou de sa manoeuvrabilité, s'en déduit. Comparé à ses ancêtres submersibles d'avant-guerre, le sous-marin moderne s'avère donc être un piètre bâtiment de surface : stabilité statique réduite en raison d'un faible $\rho - a$, résistance de vague relativement élevée, rayon de giration élevé dû à l'efficacité réduite du gouvernail dont une partie du safran supérieur se trouve émergée,...

Cependant, il existe une situation intermédiaire entre la situation plongée et la situation en surface qui est une situation normale du sous-marin : l'immersion périscopique ou, de manière plus large, la situation plongée au voisinage de la surface libre. Le sous-marin, y compris le sous-marin à propulsion nucléaire, est amené à opérer au voisinage de la surface en de nombreuses occasions :

- pour observer l'activité sur ou au-dessus de la surface par moyens optiques, optroniques ou électromagnétiques ;

- pour recharger ses batteries, dans le cas d'un sous-marin à propulsion diesel-électrique ;

- pour communiquer avec d'autres forces ou avec la terre ;

- pour lancer des armes à changement de milieu (missiles) ;

- ou, enfin, parce qu'opérant dans des eaux de profondeur limitée, le sous-marin doit naviguer dans une tranche d'immersions restreinte entre la surface et le fond.

Dans cette situation, le sous-marin est exposé à un risque de détection, notamment depuis les aéronefs de lutte anti-sous-marine, voire depuis un satellite d'observation, soit de façon optique, par transparence de l'eau, soit par son sillage, notamment lorsqu'un mât périscopique est hissé à travers la surface. On appelle taux d'indiscrétion d'un sous-marin le rapport du temps passé à l'immersion périscopique sur le temps total en plongée. Pour un sous-marin à propulsion conventionnelle, le taux d'indiscrétion est étroitement lié au temps et à fréquence de recharge des batteries, et dépend donc de la vitesse moyenne à laquelle navigue le sous-marin. Ce taux est aujourd'hui de l'ordre de 10 à 20 %. Afin de le réduire, les sous-marins non nucléaires peuvent être dotés de systèmes de production d'énergie anaérobies, capables de recharger les batteries sans recours à l'atmosphère. Par ailleurs, le sous-marin peut opérer des systèmes de communication et d'observation déportés, sur des bouées remorquées, ou, de façon plus sophistiquée, à bord d'engins autonomes pilotés.

Figure V.1 *Sous-marin à l'immersion périscopique*

La tenue de l'immersion par un sous-marin au voisinage de la surface revêt une importance particulière car, quelle que soit la raison qui oblige le sous-marin à naviguer dans cette situation, tout écart par rapport à l'immersion de consigne peut entraîner le sous-marin soit à émerger, même de façon temporaire, ce qui constitue une indiscrétion majeure, soit à perdre le contact avec la surface en interrompant l'opération en cours. Or les efforts de houle subis par le sous-marin augmentent rapidement avec l'état de la mer, tandis que ses moyens propres pour les contrer sont relativement limités (pas ou très peu de rappel hydrostatique, efficacité des barres de plongée d'autant plus limitée que la vitesse est faible). C'est pourquoi, dans certaines situation particulières, telles que le tir à faible immersion de missiles à lancement vertical, le sous-marin doit être doté d'une installation spécifique de « *tenue de l'immersion de lancement* » utilisant, par exemple, des propulseurs auxiliaires verticaux.

1. CARACTERISTIQUES DE LA HOULE

1.1 HOULE REGULIERE SINUSOÏDALE EN PROFONDEUR INFINIE

La houle régulière sinusoïdale (*Houle d'Airy*) est le modèle le plus simple de houle. Elle est définie comme une onde plane progressive associée à une déformation sinusoïdale de la surface libre. Le modèle de houle d'Airy est un modèle linéaire, c'est-à-dire qu'il est solution approchée au premier ordre des équations de la mécanique des fluides. Cette approximation suppose, en particulier, que la houle est de faible cambrure (l'amplitude des vagues reste faible par rapport à leur longueur d'onde, soit inférieure à 5 %) ce qui élimine les vagues déferlantes. Les grandeurs caractéristiques de la houle sinusoïdale sont :

- la direction de propagation, faisant l'angle γ par rapport à la direction fixe Ox (les crêtes de la surface ou *vagues* sont perpendiculaires à la direction de propagation) ;

- la *longueur d'onde* λ (distance entre deux crêtes) ou le *nombre d'ondes* $k = \dfrac{2\pi}{\lambda}$;

- la période T_o (temps écoulé entre le passage de deux vagues successives au même point) ou la pulsation $\omega_o = \dfrac{2\pi}{T_o}$ (la pulsation est donc équivalente à la fréquence f_o selon $\omega_o = 2\pi f_o$);

- l'amplitude a (distance entre une crête et le plan moyen de la surface) ou le creux H=2a.

Si on désigne par η (M, t) l'élévation de la surface au point M à l'instant t, c'est-à-dire l'écart d'altitude entre la surface et sa position moyenne par mer calme, alors la fonction η s'écrit :

$$\eta(x, y, t) = \frac{H}{2}\sin(k\sigma - \omega_o t + \varphi)$$

avec : (V.1)

$$\sigma = x\cos\gamma + y\sin\gamma$$

L'équation (V.1) représente une onde sinusoïdale progressive se déplaçant dans la direction des σ croissant (k positif) ou σ décroissant (k négatif). La phase φ est arbitraire et, en régime établi, ne joue aucun rôle.

En profondeur infinie (en fait, dès que la profondeur avoisine la longueur d'onde de la houle), la période et la longueur d'onde de la houle sont reliées par les relations :

$$T_o^2 = \frac{2\pi\lambda}{g} \approx 0{,}64\ \lambda \qquad \text{ou} \qquad k = \frac{\omega_o^2}{g} \tag{V.2}$$

On appelle *célérité* c de la houle la vitesse de propagation des vagues. On a, toujours en profondeur infinie :

$$c^2 = \frac{g}{2\pi}\lambda = \left(\frac{gT_o}{2\pi}\right)^2 \tag{V.3}$$

On remarquera que la vitesse de propagation des vagues dépend de leur longueur d'onde (et donc de leur période), les vagues les plus longues se propageant avec la célérité la plus grande.

Dans un mouvement de houle sinusoïdale, chaque particule d'eau parcourt à vitesse constante une trajectoire circulaire (toutes les trajectoires sont fermées si bien que le mouvement de houle ne se traduit, en moyenne, par aucun transport de matière). L'amplitude de ce mouvement (rayon des trajectoires orbitales) décroît exponentiellement en fonction de l'immersion z_o (z_o est l'immersion moyenne de la particule où encore son immersion au repos par mer calme) :

$$a(z) = \frac{H}{2}e^{-\frac{2\pi}{\lambda}z_o} \tag{V.4}$$

Le creux H correspond au diamètre des trajectoires des particules de surface. La décroissance du rayon des trajectoires est d'autant plus rapide que la période (ou la longueur d'onde) de la houle est courte.

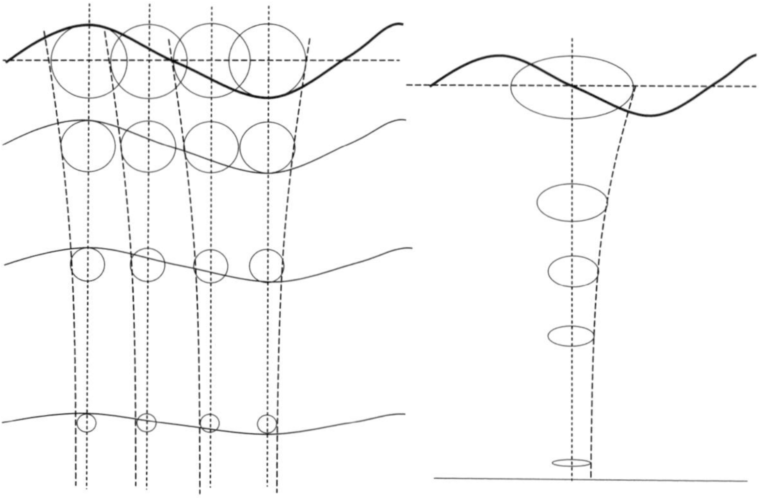

Figure V.2 *Mouvement orbital en profondeur infinie et en profondeur limitée*

La vitesse des particules sur leurs trajectoires orbitales vaut (fonction de l'immersion moyenne z de la particule) :

$$V(z) = \frac{\pi H c}{\Lambda} e^{-\frac{2\pi}{\lambda} z_o} \tag{V.5}$$

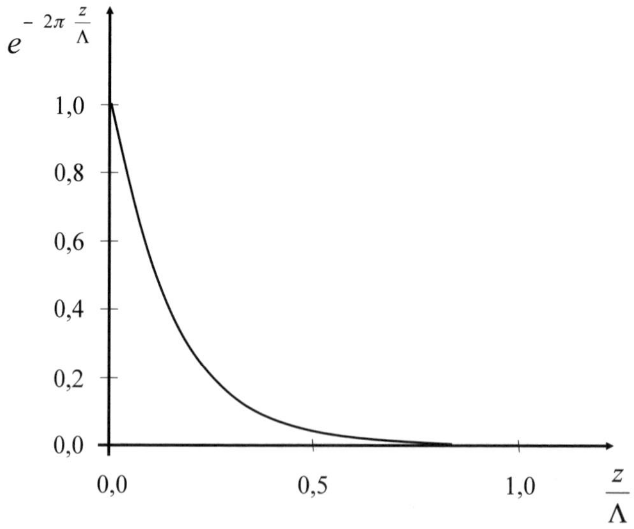

Figure V.3 *Facteur d'atténuation de la houle*

Plus généralement, le champ de vitesses en un point quelconque de la masse fluide agitée par une houle sinusoïdale (V.5) est donné par le potentiel des vitesses ϕ, avec (en profondeur infinie):

$$\phi(y,z,t) = \frac{gH}{2\omega_o} e^{-|k|z} \cos(k\sigma - \omega_o t)$$

Et : (V.6)

$$\vec{V} = grad(\phi) = \begin{bmatrix} \frac{\partial \phi}{\partial x} \\ \frac{\partial \phi}{\partial y} \\ \frac{\partial \phi}{\partial z} \end{bmatrix}$$

Le champ de pression p (x, y, z, t) en un point quelconque est donné par la relation de Bernoulli qui, linéarisée, s'écrit:

$$P = P_a + \rho g z - \rho \frac{\partial \phi}{\partial t} \quad \text{(V.7)}$$

On peut également utiliser une notation en grandeurs complexes en écrivant que le potentiel ϕ est la partie réelle d'une fonction complexe ψ suivant :

$$\phi(y,z,t) = \Re\{\psi(y,z)e^{-i\omega_o t}\} = \Re\left\{\frac{gH}{2\omega_o} e^{-|k|z} e^{ik\sigma} e^{-i\omega_o t}\right\} \quad \text{(V.8)}$$

D'où, sous forme complexe, le champ de pression dynamique (après soustraction de la partie statique $P_a + \rho g z$) :

$$p(y,z,t) = \Re\{\pi(y,z)e^{-i\omega_o t}\} = \Re\left\{i\rho g \frac{H}{2} e^{-|k|z} e^{ik\sigma} e^{-i\omega_o t}\right\} \quad \text{(V.9)}$$

1.2 HOULE REGULIERE SINUSOÏDALE EN PROFONDEUR LIMITEE

En profondeur finie, en supposant l'existence d'un fond solide, plan et horizontal situé à la distance h du plan moyen de la surface libre, il existe toujours, dans l'hypothèse des petits mouvements, une solution approchée au premier ordre conduisant à la déformation sinusoïdale de la surface libre (V.1). Mais dans ce cas, la relation de dispersion (V.2) est remplacée par :

$$\omega_o^2 = gk\ th(kh) \quad \text{(V.10)}$$

La célérité, pour sa part est modifiée en :

$$c = \sqrt{\frac{g}{k} th(kh)}$$

Et le potentiel des vitesses devient :

$$\phi(y,z,t) = \frac{gH}{2\omega_o} \frac{Ch(k[z-h])}{Ch(kh)} \cos(k\sigma - \omega_o t) \quad \text{(V.11)}$$

Les trajectoires des particules fluides sont des ellipses de grand axe horizontal (figure V.2):

$$a = \frac{Ch[k(z_o - h)]}{Sh(kh)} H$$

Et de petit axe vertical :

$$b = \frac{Sh[k(z_o - h)]}{Sh(kh)} H$$

Les vitesses orbitales s'écrivent :

$$u = \frac{\partial \phi}{\partial x} = -\frac{\omega_o H}{2} \frac{Ch(k[z-h])}{Sh(kh)} \cos\theta \sin(k\sigma - \omega_o t)$$

$$v = \frac{\partial \phi}{\partial y} = -\frac{\omega_o H}{2} \frac{Ch(k[z-h])}{Sh(kh)} \sin\theta \sin(k\sigma - \omega_o t)$$

$$w = \frac{\partial \phi}{\partial z} = \frac{\omega_o H}{2} \frac{Sh(k[z-h])}{Sh(kh)} \cos(k\sigma - \omega_o t)$$

1.3 HOULE IRREGULIERE

La houle réelle en un point donné de la surface de la mer se présente comme une succession apparemment aléatoire de vagues de caractéristiques (creux, longueurs d'onde) différentes pouvant provenir de directions différentes. Pour simplifier, nous ne nous intéresserons qu'au cas d'une houle unidirectionnelle, c'est-à-dire dans laquelle toutes les vagues se propagent dans la même direction, en général la direction du vent (« *houle du vent* »). L'élévation η (X,t) de la surface au point X à l'instant t a l'allure suivante en fonction du temps (Figure V.4).

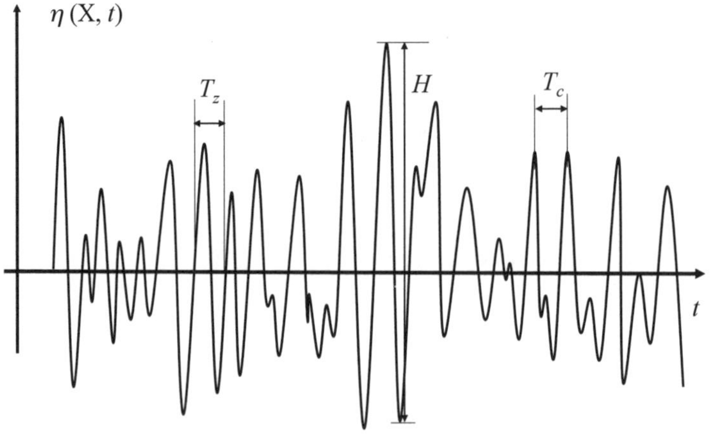

Figure V.4 *Dénivellation de la surface. Houle irrégulière unidirectionnelle*

Les différents paramètres, creux H, « *pseudo période crête à crête* » T_c, « *pseudo période de passage par zéro* » T_z, sont des variables aléatoires du temps. On définit, en classant les creux sur un échantillon d'observations suffisamment long, les valeurs moyennes $H_{n/N}$ des n plus grands creux sur l'échantillon total de N creux. Ainsi :

$H_{1/3}$ ou H_S est appelé le *creux significatif.* Il est égal à la moyenne du tiers des creux les plus importants. Il correspond assez bien à la hauteur moyenne de vagues estimée par un observateur entraîné.

$H_{1/10}$ est, par expérience, la hauteur des *trains de vagues*, c'est-à-dire les successions récurrentes de quelques vagues consécutives nettement plus hautes que la moyenne.

La période moyenne T_m (crête à crête ou de passage par zéro) est définie comme la moyenne des pseudo périodes mesurées sur l'échantillon N.

La houle réelle a les caractéristiques d'un processus aléatoire, gaussien, stationnaire (c'est-à-dire que les caractéristiques statistiques des creux et des périodes ne varient pas dans le temps, ce qui est vérifié sur une plage de temps de plusieurs heures pour une houle « *formée* »), ergodique (tous les états possibles étant équiprobables, les caractéristiques statistiques de la houle peuvent être déterminées à partir de la mesure d'échantillons). Tout paramètre caractéristique de la houle, tel que la fonction dénivelée de la surface η (X, t), a les mêmes propriétés. Ceci permet de définir la dénivelée de la surface libre, dont la fonction exacte en fonction du temps ne peut être connue, par ses caractéristiques statistiques. Plus précisément, on utilise un spectre de fréquences, appelé *densité spectrale de puissance* et défini comme la transformée de Fourier de la *fonction d'auto corrélation* de la fonction η.

$$S(\omega)=\frac{2}{\pi}\int_0^{\pi} R(\tau)e^{i\omega\tau}\,d\tau \qquad \text{(V.12)}$$

avec :

$$R(\tau)=\lim_{T\to\infty}\left[\frac{1}{T}\int_0^T \eta(t)\eta(t-\tau)dt\right] \qquad \text{(V.13)}$$

La limite signifiant en pratique que le signal temporel analysé comme échantillon doit être de longueur suffisante.

Les différents paramètres descriptifs de la houle peuvent donc se déduire de la densité spectrale. Ainsi, on obtient les « *moments* » :

$$m_o=\int_0^{\infty} S(\omega)d\omega \qquad \text{(V.14)}$$

m_o est également le carré de *l'écart type* σ^2 du spectre de puissance et caractérise l'énergie totale contenue dans le spectre ainsi que sa largeur (plage de fréquences significative). On trouve également les relations :

$$H_{1/3}=4\sqrt{m_o} \qquad \text{(V.15)}$$

$$m_1=\int_0^{\infty} \omega S(\omega)d\omega \qquad \text{(V.16)}$$

et :

$$T_m=2\pi\sqrt{\frac{m_o}{m_1}} \qquad \text{(V.17)}$$

On appelle enfin *période significative*, la grandeur définie par :

$$T_s = 2\pi \frac{m_o}{m_1} \tag{V.18}$$

Il existe de nombreuses représentations, plus ou moins complexes, pour décrire un spectre de houle sous forme de spectre de puissance. On cherche en général à corréler empiriquement ces représentations avec un état global de la mer caractérisé par quelques paramètres. Les représentations les plus courantes (spectres de *Breitshneider*) utilisent deux paramètres caractéristiques, le creux significatif H_S et une fréquence modale ω_P :

$$S(\omega) = \frac{AH_S^2\omega_P^4}{\omega^5} e^{-\frac{B\omega_P^4}{\omega^4}} \tag{V.19}$$

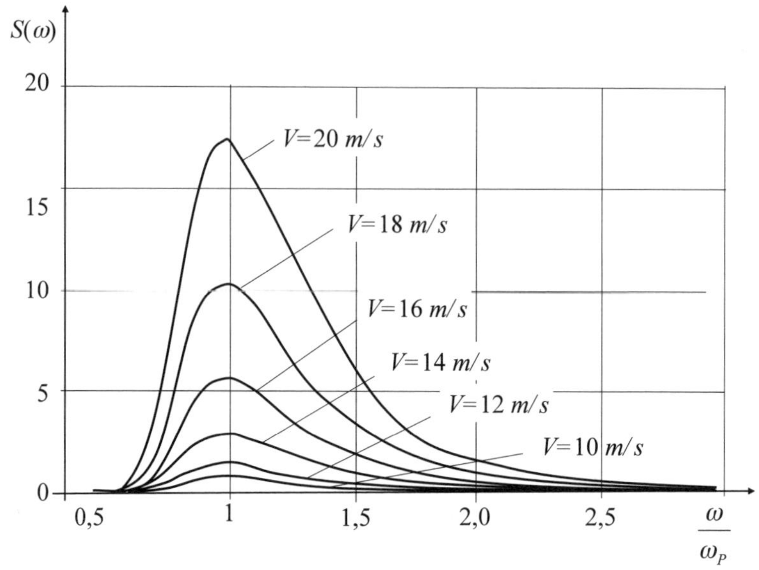

Figure V.5 *Spectres de Houle*

Des observations météorologiques permettent, par ailleurs, de relier le creux significatif à la vitesse du vent (échelle *Beaufort*).

Force Beaufort	Terme descriptif	Vitesse moyenne du vent en noeuds	Hauteur significative des vagues en mètres
0	Calme	< 1	0
1	Très légère brise	1 à 3	0,1
2	Légère brise	4 à 6	0,3
3	Petite brise	7 à 10	0,8
4	Jolie brise	11 à 16	1,5
5	Bonne brise	17 à 21	2,5
6	Vent frais	22 à 27	3,5
7	Grand frais	28 à 33	5
8	Coup de vent	34 à 40	7
9	Fort coup de vent	41 à 47	9
10	Tempête	48 à 55	12
11	Violente tempête	56 à 63	14
12	ouragan	> 63	>14

Tableau V.1 *Correspondance force du vent – creux de houle*

1.4 HOULE DE RENCONTRE

Dans le cas d'un sous-marin en mouvement rectiligne à immersion constante au voisinage de la surface, il importe de connaître, non pas les caractéristiques absolues de la houle, mais les caractéristiques relatives qui seraient mesurées par un observateur se déplaçant avec le navire. Ces caractéristiques sont celles de la houle apparente, ou *houle de rencontre.*

On note U_o la vitesse, supposée constante du sous-marin, et μ l'angle entre la direction de propagation de la houle et la direction de déplacement de l'observateur *(*$\mu = \pi$ pour une "*mer de l'avant*", 0 pour une *mer de l'arrière,* $+\frac{\pi}{2}$ *pour une mer de travers bâbord,* $-\frac{\pi}{2}$ *pour une mer de travers tribord*).

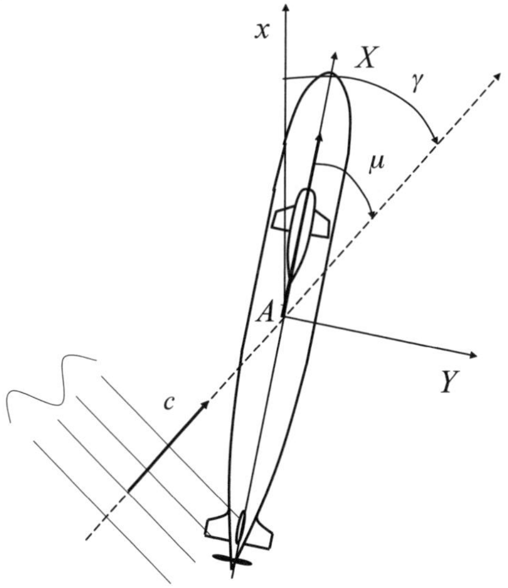

Figure V.6 *Angle de la houle par rapport au sous-marin*

Pour une houle régulière de pulsation ω_o, la surface libre a pour équation dans le référentiel *AXYz* :

$$\eta(X,Y,t) = \frac{H}{2}\sin\left[k\sigma' - \left(\omega_o - \frac{U_o\omega_o^2}{g}\cos\mu\right)t\right] \quad \text{(V.20)}$$

avec :

$$\sigma' = X\cos\mu + Y\sin\mu \quad \text{(V.21)}$$

Il y a donc un décalage de la pulsation de rencontre, ou *pulsation apparente* ω, par rapport à la pulsation vraie ω_o (*effet Doppler*).

$$\omega = \omega_o - \frac{U_o\omega_o^2}{g}\cos\mu = \omega_o - kU_o\cos\mu \quad \text{(V.22)}$$

Par mer de l'avant, la pulsation de rencontre est supérieure à la pulsation vraie :

$$\omega = \omega_o + \frac{U_o \omega_o^2}{g}$$

Par mer de l'arrière, la pulsation apparente est inférieure à la pulsation vraie et peut même s'annuler :

$$\omega = \omega_o - \frac{U_o \omega_o^2}{g}$$

En houle irrégulière, il y a de la même façon décalage du spectre apparent par rapport au spectre vrai :

$$S_r(\omega) = \frac{S(\omega_o)}{\left| 1 - 2\frac{U_o \omega_o}{g} \cos\mu \right|} \tag{V.23}$$

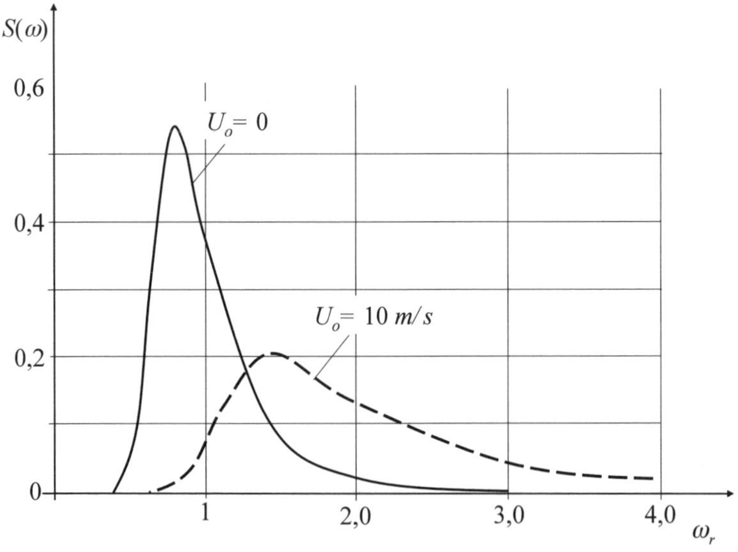

Figure V.7 *Spectre absolu et spectre de rencontre par mer de l'avant*

1.5 HOULE NON LINEAIRE

Il existe des modèles de houle non linéaires. Les *houles de Stokes* correspondent à des développements asymptotiques du potentiel des vitesses ϕ en puissances croissantes de la cambrure (qui reste un paramètre très inférieur à 1). Il a même été démontré que ces développements convergent vers une solution que l'on peut considérer comme une description exacte de la houle réelle. En pratique, cependant, on limite ces développements au deuxième ou troisième ordre.

Le premier ordre correspond à la solution d'Airy (V.5-V.6). La solution du second ordre s'obtient quant à elle par une correction :

$$\eta(x,y,t)=\frac{H}{2}\sin(k\sigma-\omega_o t)+\frac{k}{2}\left(\frac{H}{2}\right)^2\cos 2(k\sigma-\omega_o t) \qquad \text{(V.24)}$$

Le potentiel des vitesses restant, à cet ordre, inchangé. Au troisième ordre, la solution de Stokes s'écrit :

$$\eta=\frac{H}{2}\sin(k\sigma-\omega_o t)+\frac{k}{2}\left(\frac{H}{2}\right)^2\cos 2(k\sigma-\omega_o t)-\frac{3}{8}\left(\frac{H}{2}\right)^3 k^2\sin 3(k\sigma-\omega_o t) \qquad \text{(V.25)}$$

Le potentiel correspondant s'écrit, en profondeur infinie, au quatrième ordre près :

$$\phi=\frac{gH}{2\omega}e^{-|k|z}\cos(k\sigma-\omega_o t)\left[1-H^2k^2e^{-2|k|z}\right] \qquad \text{(V.26)}$$

2. MOUVEMENTS DU SOUS-MARIN SOUS HOULE

2.1 REFERENTIEL ET EQUATIONS DU MOUVEMENT

La détermination des mouvements d'un navire avançant sur une mer formée est un problème complexe qui ne peut être résolu que par des méthodes de calcul (par singularités ou par éléments finis) lourdes. Cependant, dans le cas d'un sous-marin en immersion, plusieurs approximations sont légitimes car l'interaction hydrodynamique entre le sous-marin et la surface libre reste faible.

Le cas étudié ici est celui d'un sous-marin, totalement immergé[1], parfaitement pesé, se déplaçant à un régime moteur stabilisé et toutes barres à zéro, c'est à dire avançant suivant une trajectoire proche d'une route rectiligne horizontale parcourue à vitesse constante V_o.

Les mouvements du sous-marin autour de cette trajectoire étant supposés petits, on prendra pour référentiel du mouvement le référentiel en translation uniforme défini sur la figure V.8. Au premier ordre d'approximation, ce référentiel en translation uniforme, rectiligne, horizontale se confond avec le référentiel propre du sous-marin tel que défini au chapitre IV, paragraphe 1.1 et figure IV.2.

Le sous-marin rencontre une houle définie par l'équation (V.1) dans un référentiel fixe ou (V.20) dans le référentiel en translation avec le sous-marin.

Sous ces hypothèses, les équations du mouvement du sous-marin sous houle s'écrivent, dans le plan vertical (on ne considère ici que les mouvements de pilonnement et de tangage, essentiels pour la tenue d'immersion) et limitées au premier ordre d'approximation:

$$\begin{aligned}&(M+A_{33})\dot{W}+B_{33}W+(-MX_G+A_{35})\dot{Q}+B_{35}Q+C_{35}\theta=F_Z\\&(-MX_G+A_{53})\dot{W}+B_{53}W+(J_{55}+A_{55})\dot{Q}+(C_{55}+\rho gV_F a)\theta=M\end{aligned} \qquad \text{(V.27)}$$

[1] Cela exclut la présence de toute surface de flottaison, ne fusse que celle d'un périscope. Les conditions de stabilité et les efforts de rappel hydrostatique sont donc ceux du sous-marin en plongée. Cependant si le cas du sous-marin ayant hissé mâts et périscope doit être considéré, il faudrait rajouter en conséquence une force de rappel verticale liée aux variations du volume immergé de ces appendices et corriger le rappel angulaire de la hauteur métacentrique (qui reste très faible).

Les notations sont celles du paragraphe 2.1 du chapitre IV. Les termes A_{ij} sont les inerties ajoutées introduites en 2.1.1, chapitre IV. Les termes B_{ij} sont les termes d'amortissement liés au rayonnement, les termes C_{ij} représentent les efforts exercés par les barres horizontales, maintenues au calage zéro mais placée en incidence périodique en raison du mouvement de tangage.

Dans le plan horizontal, les équations de l'embardée et du lacet s'écrivent :

$$\begin{aligned}&(M + A_{22})\dot{V} + B_{22}V + (MX_G + A_{26})\dot{R} + B_{26}R + C_{26}\delta = F_Y \\ &(MX_G + A_{62})\dot{V} + B_{62}V + (J_{66} + A_{66})\dot{R} + C_{66}\delta = N\end{aligned} \qquad (V.28)$$

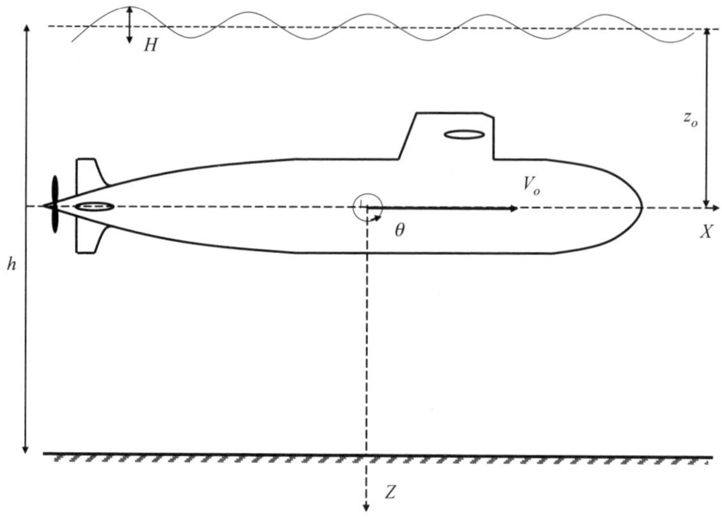

Figure V.8

2.2 EFFORTS HYDRODYNAMIQUES DU PREMIER ORDRE

En dehors de toute manœuvre commandée du sous-marin, un modèle purement linéaire suffit à rendre compte des efforts principaux exercés par la houle sur la carène. Ces efforts dépendent à la fois des caractéristiques de la houle et des mouvements du sous-marin. Ils comprennent en toute rigueur :

- les efforts, dits *d'excitation*, liés à l'effet de la houle sur le sous-marin immobile,

- les efforts *de rayonnement* liés à la création d'un champ de vagues propre par le sous-marin en mouvement,

- les efforts de rappel hydrostatique,

Les efforts d'excitation peuvent eux-mêmes être décomposés en efforts liés au champ de vagues incident non perturbé (efforts dits *de Froude-Krylov*) et les efforts *de diffraction* dus à la déformation de la houle par la présence du sous-marin. Grâce à l'hypothèse de linéarité, ces différents efforts peuvent être étudiés séparément puis sommés. Ces efforts, qui ne dépendent pas de la viscosité du fluide (hypothèse de *fluide parfait*) peuvent être calculés théoriquement comme indiqué ci-après[2].

En première approximation (théorie linéaire) les efforts d'excitation, efforts de Froude-Krylov et efforts de diffraction, sont calculés pour une vitesse du sous-marin nulle, c'est-à-dire sans vitesse d'avance ni mouvement oscillatoire. Cependant, ces efforts périodiques s'appliqueront au sous-marin avec une pulsation correspondant à la pulsation de rencontre ω.

Les efforts de rayonnement sont calculés comme étant les efforts induits par des mouvements oscillatoires en pilonnement, en embardée et en lacet du sous-marin à une pulsation égale à la pulsation de rencontre de la houle. La résistance de vagues due à la vitesse de translation du sous-marin, de même que les efforts associés aux mouvements de roulis et de cavalement sont négligés.

Il est courant de dire que cette approximation n'est valable que pour des houles courtes, c'est-à-dire de longueur d'onde inférieure à la longueur du navire et pour des vitesses d'avance faibles. En fait, une analyse dimensionnelle simple donne que l'approximation est valable tant que la longueur d'onde de la houle vérifie :

$$\lambda << \frac{\pi}{2\mathcal{F}^2} L \quad \text{en profondeur infinie}$$

$$\lambda << \frac{\pi}{\mathcal{F}} \sqrt{hL} \quad \text{dans une lame d'eau de profondeur } h. \tag{V.29}$$

Où $\mathcal{F}$ est le nombre de Froude défini par :

$$\mathcal{F} = \frac{U_o}{\sqrt{gL}}$$

De plus, la forme naturellement élancée du sous-marin permet d'utiliser une description de l'écoulement dite *méthode des tranches*. Dans cette description, l'écoulement autour de la carène est étudié en deux dimensions séparément pour chaque tranche transversale à l'axe du sous-marin.

La méthode des tranches est une théorie simplifiée qui s'applique, d'une manière générale à des navires de forme élancée, c'est-à-dire dont l'allongement $\frac{L}{B}$ (longueur du navire sur largeur du maître couple) est supérieur à 7, ce qui est vérifié sur les sous-marins.

Pour un sous-marin à faible immersion, le nombre de Froude ne saurait être supérieur à 0,3 si bien que la méthode des tranches peut être admise jusqu'à des longueurs d'ondes de houle de l'ordre d'une dizaine de fois la longueur du sous-marin.

[2] Ce modèle ne prend donc pas en compte les effets de frottement visqueux de l'eau sur la carène et les appendices. En effet, au premier ordre d'approximation autour du mouvement de translation rectiligne uniforme, ces effets ne jouent un rôle significatif que sur les mouvements de roulis et de cavalement. Ces mouvements, secondaires pour le problème de la tenue d'immersion sous houle, ne seront pas étudiés ici.

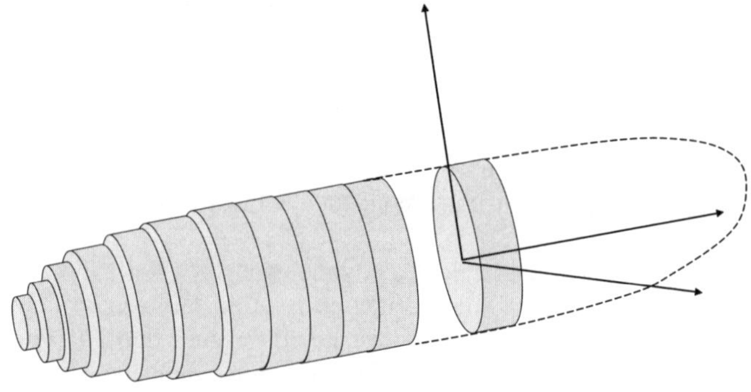

***Figure V.9** Méthode des tranches*

La méthode des tranches permet de calculer les coefficients A_{ij} et B_{ij} à partir des valeurs élémentaires de ces grandeurs pour chaque tranche bidimensionnelle du navire. On obtient ainsi :

$A_{33} = \int a_{33} dX$	$B_{33} = \int b_{33} dX$
$A_{35} = -\int X a_{33} dX - \frac{V_o}{\omega^2} B_{33}$	$B_{35} = -\int X b_{33} dX + V_o A_{33}$
$A_{53} = -\int X a_{33} dX + \frac{V_o}{\omega^2} B_{33}$	$B_{35} = -\int X b_{33} dX - V_o A_{33}$
$A_{55} = \int X^2 a_{33} dX + \frac{V_o^2}{\omega^2} A_{33}$	$B_{55} = \int X^2 b_{33} dX + \frac{V_o^2}{\omega^2} B_{33}$
$A_{22} = \int a_{22} dX$	$B_{22} = \int b_{22} dX$
$A_{26} = \int X a_{22} dX + \frac{V_o}{\omega^2} B_{22}$	$B_{26} = \int X b_{22} dX - V_o A_{22}$
$A_{62} = \int X a_{22} dX - \frac{V_o}{\omega^2} B_{22}$	$B_{26} = \int X b_{22} dX + V_o A_{22}$
$A_{66} = \int X^2 a_{22} dX + \frac{V_o^2}{\omega^2} A_{22}$	$B_{66} = \int X^2 b_{22} dX + \frac{V_o^2}{\omega^2} B_{22}$

(V.30)

Pour une tranche de section circulaire de rayon $r(X)$, la masse ajoutée transversale vaut :

$$a_{22} = a_{33} = \pi\rho\, r^2(X)$$

Les formules (V.30) ci-dessus donnent donc que la masse ajoutée transversale d'un corps élancé à symétrie de révolution vaut exactement (chapitre IV, paragraphe 2.1.1):

$$A_{22} = A_{33} = \rho V_F$$

Les coefficients d'amortissement B_{ij} correspondent aux efforts de réaction induits par la création d'un champ de vagues du aux oscillations du sous-marin. Ce sont les *efforts de rayonnement*. En théorie linéaire, la séparation et l'additivité des phénomènes permet de calculer ces efforts en l'absence de houle (mer calme). Ces efforts sont calculés, pour chaque tranche, à partir d'une fonction potentiel de rayonnement Ψ_R, solution d'un problème dit de Neumann bidimensionnel:

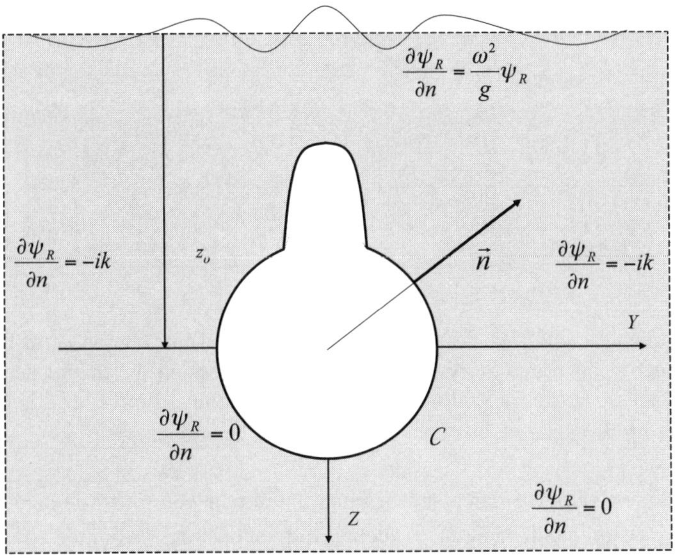

Figure V.10 *Problème de rayonnement bidimensionnel*

Le potentiel Ψ_R est calculé pour des mouvements d'amplitude unité du sous-marin dans la direction Z (potentiel Ψ_{R3} de *pilonnement*) et dans la direction Y (potentiel Ψ_{R2} d'*embardée*).

Le potentiel Ψ_{Rj} est connu sur la surface Σ constituée par la carène C et les frontières de la « boîte » de calcul (zone teintée sur la figure V.10) où s'appliquent différentes conditions aux limites (condition de glissement, condition de surface libre, condition de rayonnement). D'après le *théorème de Green*, Ψ_{Rj} peut être représenté en tout point de la « boîte » par l'expression intégrale :

$$\psi_{Rj}(Y,Z) = \int_S \left[G \frac{\partial \psi_{Rj}}{\partial n}(\eta,\zeta) - \psi_{Rj}(\eta,\zeta)\frac{\partial G}{\partial n} \right] dS \qquad \text{(V.31)}$$

Où la surface Σ inclut l'ensemble des frontières du domaine (carène C, surface libre, fond, frontières verticales) et où la *fonction de Green G* vaut (*source de Rankine*) :

$$G(Y,Z,\eta\zeta) = -\frac{1}{2\pi} Log\sqrt{(Y-\eta)^2 + (Z-\zeta)^2} \qquad \text{(V.32)}$$

Pour résoudre numériquement l'équation (V.30), la frontière Σ est discrétisée en segments de droites adjacents. Le potentiel Ψ_{Rj} est pris constant sur chaque segment de telle façon que l'équation (V.31) est remplacée par un système d'équations linéaires avec autant d'inconnues (les valeurs de Ψ_{Rj}) et d'équations que de segments.

La connaissance de Ψ_{Rj} permet de déterminer les efforts hydrodynamiques exercés sur la carène en mouvement par mer calme. On obtient ainsi, pour chaque section :

$$f_{Rj} = \rho i\omega \int_C \psi_{Rj} n_j dl = \omega^2 a_{jj} - i\omega b_{jj}$$

Les termes F_Y, F_Z, M et N représentent les efforts d'excitation de la houle sur le sous-marin. Ce sont les parties réelles d'efforts complexes $\mathcal{F}_Y$, $\mathcal{F}_Z$, $\mathcal{M}$ et $\mathcal{N}$ qui peuvent être écrits sous la forme :

$\mathcal{F}_Y = \rho \frac{H}{2} \int (f_Y + g_Y) dX$	$\mathcal{M} = -\rho \frac{H}{2} \int \left[X(f_Z + g_Z) + \frac{V_o}{i\omega} g_Z \right] dX$
$\mathcal{F}_Z = \rho \frac{H}{2} \int (f_Z + g_Z) dX$	$\mathcal{N} = -\rho \frac{H}{2} \int \left[X(f_Y + g_Y) + \frac{V_o}{i\omega} g_Y \right] dX$

(V.33)

Pour chaque tranche, la force et le moment d'excitation sont composés d'un terme f, correspondant à l'effort de Froude-Krylov, intégrale de la pression du champ de vagues non perturbé sur la surface de la carène, et d'un terme g correspondant à l'effort du à la déformation (diffraction) du champ de vague incident par la présence de la carène.

Les efforts de Froude-Krylov se calculent en intégrant sur le pourtour orienté C de chaque section la pression dynamique de la houle incidente, soit, en profondeur limitée :

$$f_Y = -i \frac{\rho g H}{2} \frac{1}{Ch(kh)} \int_C Chk(z\text{-}h) e^{ik\sigma'} n_Y dl \qquad \text{(V.34)}$$

qui tend, en profondeur infinie, vers :

$$f_Y = -i \frac{\rho g H}{2} \int_C e^{-|k|z} e^{ik\sigma'} n_Y dl \qquad \text{(V.35)}$$

Et :

$$f_Z = -i \frac{\rho g H}{2} \frac{1}{Ch(kh)} \int_C Chk(z\text{-}h) e^{ik\sigma'} n_Z dl \qquad \text{(V.36)}$$

qui tend, en profondeur infinie, vers :

$$f_Z = -i \frac{\rho g H}{2} \int_C e^{-|k|z} e^{ik\sigma'} n_Z dl \qquad \text{(V.37)}$$

Par houle de l'avant ($\mu = \pi$) ou de l'arrière ($\mu = 0$), en notant z_o l'immersion moyenne du sous-marin, on peut écrire :

$$f_Y = -i \frac{\rho g H}{2} e^{\pm ikX} \int_C e^{-|k|(z_o + Z)} n_Y dl = 0 \qquad \text{(V.38)}$$

et :

$$f_Z = -i \frac{\rho g H}{2} e^{ikX} \int_C e^{-|k|(z_o + Z)} n_Z dl \qquad \text{(V.39)}$$

Si on suppose de plus que la longueur de houle est très grande devant les dimensions transversales du sous-marin ($z = z_o + Z$, $kZ << 1$), on obtient aisément en première approximation, en profondeur infinie :

$$f_Z = i\frac{\rho g H}{2}|k|S(X)e^{ikX}e^{-|k|z_o} \qquad \text{(V.40)}$$

Où $S(X)$ est l'aire de la section de carène d'abscisse X.

Les efforts de Froude-Krylov s'exercent sur le sous-marin à la pulsation de rencontre ω de la houle. Ils imposent la pulsation des mouvements oscillatoires du sous-marin.

Les efforts de diffraction peuvent être calculés par une méthode analogue à celle qui permet de calculer les efforts de rayonnement. En fait une propriété mathématique des potentiels de vitesses (*théorème de Haskind*) permet de s'abstenir de calculer le potentiel de diffraction et l'on obtient :

$$g_Y = i\rho\omega\int_C\left[\psi_I\frac{\partial\psi_{R2}}{\partial n} - \psi_{R2}\frac{\partial\psi_I}{\partial n}\right]dl \qquad \text{(V.41)}$$

et :

$$g_Z = i\rho\omega\int_C\left[\psi_I\frac{\partial\psi_{R3}}{\partial n} - \psi_{R3}\frac{\partial\psi_I}{\partial n}\right]dl \qquad \text{(V.42)}$$

Où, ψ_I est le potentiel de la houle incidente :

$$\psi_I(Y,Z) = \frac{gH}{2\omega_o}e^{-|k|(z_o+Z)}e^{ik\sigma'}$$

Ou, en profondeur limitée :

$$\psi_I(Y,Z) = \frac{gH}{2\omega_o}\frac{Ch[k(z_o+Z-h)]}{Ch(kh)}e^{ik\sigma'}$$

2.3 EFFORTS DUS AUX BARRES

Même maintenues au calage zéro, les barres, safrans et ailerons, subissent des efforts périodiques dus au mouvement orbital de l'eau et aux variations d'incidence hydrodynamique qui s'ensuivent. Ces effets portants instationnaires ne sont pas pris en compte dans les calculs de potentiel de vitesses. Ces effets étant de plus tridimensionnels ils ne peuvent être décrits en théorie des tranches. Il est donc nécessaire de les évaluer séparément.

Par simplification, on supposera que les plans de gouverne AR sont disposés symétriquement par rapport à l'axe du sous-marin, dans une configuration classique en croix (plan du gouvernail vertical et plan de la barre de plongée horizontal). On note X_g l'abscisse du point d'application de la portance sur le gouvernail ($Z_g = Y_g = 0$). On note X_{AR} l'abscisse du point d'application de la portance sur la barre de plongée AR ($Z_{AR} = Y_{AR} = 0$).

La barre de plongée AV est disposée symétriquement soit de part et d'autre de la coque au voisinage de l'étrave, soit sur le massif. Dans les deux cas on note X_{AV} et Z_{AV} l'abscisse et la cote du point d'application de la portance sur la barre de plongée AV ($Y_{AR} = 0$).

Désignons indifféremment par $(X_m,0,Z_m)$ les coordonnées du point d'application de la portance sur une barre. Les vitesses orbitales de la houle en ce point valent, dans le référentiel du sous-marin :

$$v = -\frac{\omega H}{2}\frac{Ch(k[z_o + Z_m - h])}{Sh(kh)}\sin\mu\sin(kX_m\cos\mu - \omega t) \qquad (V.43)$$

$$w = \frac{\omega H}{2}\frac{Sh(k[z_o + Z_m - h])}{Sh(kh)}\cos(kX_m\cos\mu - \omega t) \qquad (V.44)$$

Le sous-marin avançant à vitesse U_o, l'incidence relative des barres créée par ces vitesses orbitales vaut $\alpha = \frac{v}{U_o}$ pour le gouvernail et $\beta = \frac{w}{U_o}$ pour les barres de plongée. Cette incidence crée les éléments de portance :

$$F_{g2} = -\frac{1}{2}\rho S_g U_o C_{Lg}\frac{\omega H}{2}\frac{Ch(k[z_o - h])}{Sh(kh)}\sin\mu\sin(kX_g\cos\mu - \omega t) \qquad (V.45)$$

$$F_{AR3} = \frac{1}{2}\rho S_{AR} U_o C_{LAR}\frac{\omega H}{2}\frac{Sh(k[z_o - h])}{Sh(kh)}\cos(kX_{AV}\cos\mu - \omega t) \qquad (V.46)$$

$$F_{AV3} = \frac{1}{2}\rho S_{AV} U_o C_{LAV}\frac{\omega H}{2}\frac{Sh(k[z_o + Z_{AV} - h])}{Sh(kh)}\cos(kX_{AV}\cos\mu - \omega t) \qquad (V.47)$$

$$M = \frac{1}{2}\rho U_o\left[S_{AV}C_{LAV}X_{AV}\frac{\omega H}{2}\frac{Sh(k[z_o + Z_{AV} - h])}{Sh(kh)}\cos(kX_{AV}\cos\mu - \omega t)\right] + \frac{1}{2}\rho U_o\left[S_{AR}C_{LAR}X_{AR}\frac{\omega H}{2}\frac{Sh(k[z_o - h])}{Sh(kh)}\cos(kX_{AR}\cos\mu - \omega t)\right] \qquad (V.48)$$

$$N = \frac{1}{2}\rho U_o S_g C_g X_g\frac{\omega H}{2}\frac{Ch(k[z_o - h])}{Sh(kh)}\sin\mu\sin(kX_g\cos\mu - \omega t) \qquad (V.49)$$

Où S_g, S_{AV}, S_{AR} représentent les surfaces en plan des barres (figure IV.22) et C_{Lg}, C_{LAV}, C_{LAR} leurs coefficients de portance.

Par ailleurs, l'existence d'un angle de dérive δ et d'une assiette θ crée une portance supplémentaire des barres qui induit sur le sous-marin des efforts de rappel mentionnés dans les équations (V.27) :

$$C_{35}\theta = -\frac{1}{2}\rho V_o^2[S_{AR}C_{LAR} + S_{AV}C_{LAV}] \qquad (V.50)$$

$$C_{26}\delta = \frac{1}{2}\rho V_o^2 S_g C_{Lg} \qquad (V.51)$$

$$C_{55}\theta = \frac{1}{2}\rho V_o^2[S_{AR}C_{LAR}X_{AR} + S_{AV}C_{LAV}X_{AV}] \qquad (V.52)$$

$$C_{66}\delta = -\frac{1}{2}\rho V_o^2 S_g C_{Lg} X_g \qquad (V.53)$$

Enfin, dans le mouvement du sous-marin, les plans de gouverne se déplacent perpendiculairement à leur axe avec une vitesse ($-W+QX_m$) pour les barres de plongée et ($V+RX_g$) pour le gouvernail. Ces vitesses induites créent une incidence supplémentaire sur ces barres égale à $\alpha = \frac{V + RX_g}{U_o}$ pour le gouvernail et $\beta = \frac{-W + QX_m}{U_o}$ pour les barres de plongées, induisant des efforts résultants sur le sous-marin proportionnels aux vitesses. Ces efforts contribuent donc aux termes d'amortissement des équations du mouvement. On obtient ainsi :

$$B_{22}^g = \frac{1}{2}\rho S_g U_o C_{Lg} \tag{V.54}$$

$$B_{26}^g = \frac{1}{2}\rho S_g U_o C_{Lg} X_g \tag{V.55}$$

$$B_{33}^p = \frac{1}{2}\rho U_o \left[S_{AR} C_{LAR} + S_{AV} C_{LAV}\right] \tag{V.56}$$

$$B_{35}^p = -\frac{1}{2}\rho U_o \left[S_{AR} C_{LAR} X_{AR} + S_{AV} C_{LAV} X_{AV}\right] \tag{V.57}$$

2.4 COEFFICIENTS DE TRANSFERT

En théorie linéaire, l'ensemble des effets de la houle monochromatique sur le sous-marin détaillé aux paragraphes précédents peuvent s'exprimer de manière relativement simple dans la mesure où ils se traduisent tous par des efforts périodiques de pulsation ω, pulsation de la houle de rencontre, proportionnels au creux H de la houle. On peut donc écrire, de façon formelle, en profondeur infinie:

$$F_{HY} = \rho V_F \frac{H}{2}\omega^2 C_{HY}\left(\frac{\lambda}{L}, \mu\right) e^{-kz_o} \sin(k\sigma' - \omega t) \tag{V.58}$$

$$F_{HZ} = \rho V_F \frac{H}{2}\omega^2 C_{HZ}\left(\frac{\lambda}{L}, \mu\right) e^{-kz_o} \cos(k\sigma' - \omega t) \tag{V.59}$$

$$M_H = \rho V_F L^2 \frac{H}{2}\omega^2 k C_{HM}\left(\frac{\lambda}{L}, \mu\right) e^{-kz_o} \sin(k\sigma' - \omega t) \tag{V.60}$$

$$N_H = \rho V_F L^2 \frac{H}{2}\omega^2 k C_{HN}\left(\frac{\lambda}{L}, \mu\right) e^{-kz_o} \cos(k\sigma' - \omega t) \tag{V.61}$$

Les coefficients C_H sont appelés les coefficients de transfert entre l'amplitude des mouvements orbitaux de la houle à l'immersion z_o et l'amplitude des efforts exercés sur le sous-marin. Ces coefficients adimensionnels peuvent être déterminés expérimentalement en bassin à houle. Les figures V.11 et V.12 donnent l'allure des coefficients de transfert en pilonnement et en tangage en fonction de la longueur d'onde de la houle pour différents nombres de Froude relatifs $\mathcal{F} = \frac{U_o \cos\mu}{\sqrt{gL}}$.

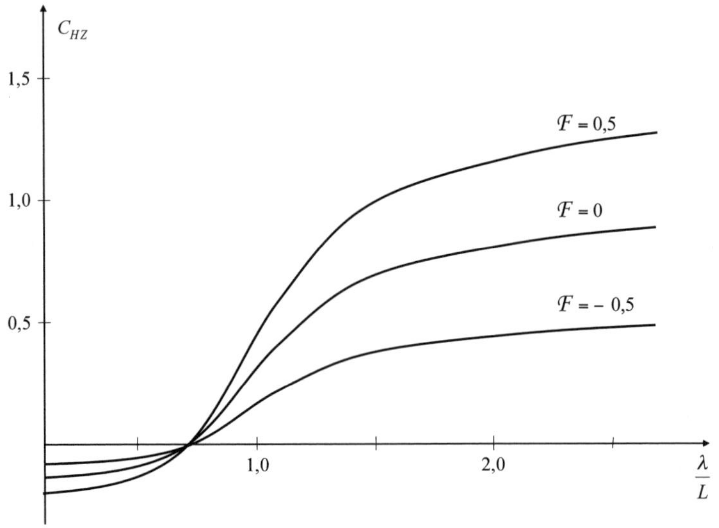

Figure V.11 *Coefficient de transfert en pilonnement*

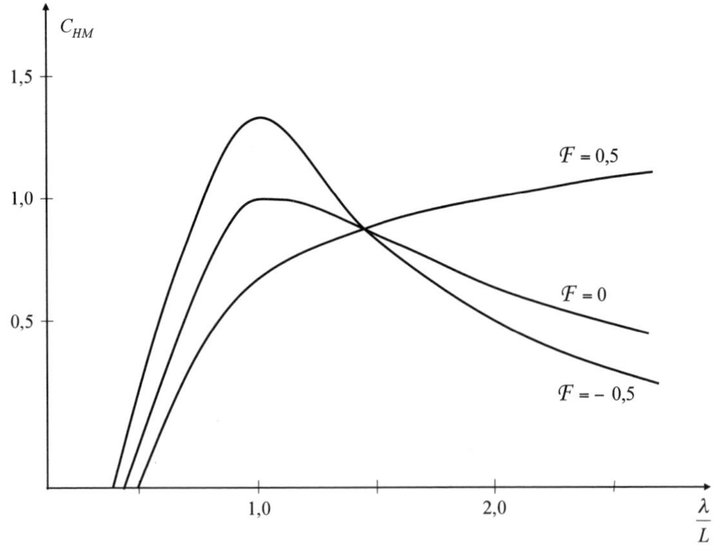

Figure V.12 *Coefficient de transfert en tangage*

La figure V.13 donne pour sa part l'influence de l'angle relatif de la houle sur le coefficient de transfert en lacet.

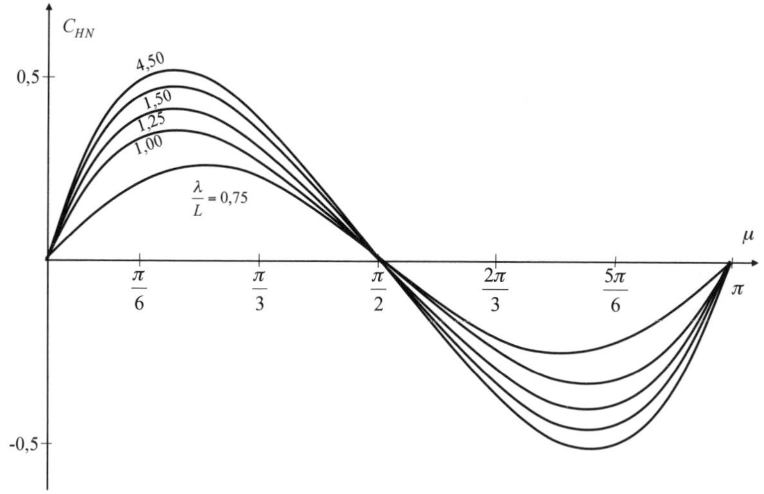

Figure V.13 *Coefficient de transfert en lacet*

3. EFFETS NON-LINEAIRES DE LA HOULE SUR LE SOUS-MARIN

Toute l'étude précédente a été faite sous l'hypothèse de linéarité des phénomènes : houle sinusoïdale, mouvements du sous-marin de petite amplitude autour d'une trajectoire rectiligne, additivité des différents effets. Sous ces hypothèses, tous les efforts hydrodynamiques et les mouvements du sous-marin qu'ils induisent sont à moyenne nulle. Il est donc inutile de chercher à contrer ces mouvements, cette action de pilotage s'avérant par ailleurs très délicate. En effet, à faible vitesse du sous-marin, la portance des barres est insuffisante pour contrer les mouvements linéaires et angulaires du sous-marin. A vitesse plus élevée, la fréquence de la houle de rencontre, notamment par houle de l'avant, rend le pilotage manuel impossible et un pilotage automatique s'avèrerait très éprouvant pour la mécanique des barres.

Il existe des effets de la houle sur le sous-marin qui ne sont pas linéaires. Ces effets sont, par définition d'amplitude sensiblement plus faible que les effets du premier ordre. Ils se traduisent par des efforts à des fréquences différentes de celle de la houle de rencontre. Il existe en particulier une composante d'effort constante, en houle monochromatique, ou à très longue période, en houle irrégulière, qui induit un mouvement de dérive du sous-marin. Il est ainsi connu d'expérience des sous-marinier qu'un sous-marin correctement pesé en immersion profonde subit lorsqu'il navigue au voisinage de la surface sous houle un effort vertical toujours dirigé vers le haut et que l'on appelle « *succion de houle* ».

En se limitant aux effets de second ordre, l'explication mathématique des efforts perturbateurs non linéaires est multiple et correspond aux différentes approximations introduites dans la formulation du problème par l'hypothèse de linéarisation. On peut ainsi citer l'effet des composantes d'ordre supérieur de la houle (paragraphe 1.5), celui des termes non linéaires dans le calcul de la pression (équation V.7), l'effet des termes non linéaires des différentes conditions aux limites, dont la condition de surface libre (figure V.10).

L'étude analytique complète des effets non linéaires, même limités au second ordre d'approximation est extrêmement complète. Une étude asymptotique en a été réalisée par Fernandez [16], mais la résolution numérique des équations complètes de Navier-stokes, incluant également les effets de la viscosité et les effets tourbillonnaires s'avère plus prometteuse. Sur le plan expérimental, il est encore possible de représenter un coefficient de transfert pour l'effort de succion vertical. Ce coefficient fait apparaître une proportionnalité de l'effort de succion avec le carré de l'amplitude des mouvements orbitaux à l'immersion de référence. On peut ainsi écrire :

$$F_{2HZ} = \rho V_F \frac{H^2}{4L}\omega^2 e^{-2kz_0} C_{2HZ}\left(\frac{\lambda}{L}, \mu\right) \qquad \text{(V.62)}$$

La figure V.14 donne l'allure du coefficient de succion de houle monochromatique de l'avant ($\mu = \pi$)

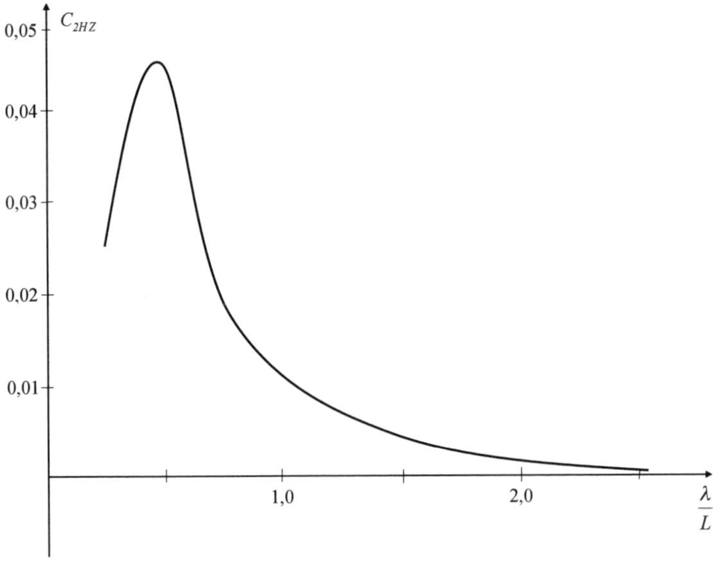

Figure V.14 *Coefficient de succion de houle régulière de l'avant ($\mu = \pi$)*

Sous houle irrégulière, se rajoute en plus l'effet combiné (quadratique) de composantes de fréquences voisines aboutissant, là encore à la création d'un effet à basse fréquence. De façon synthétique, on observe sous houle irrégulière une modulation à longue période des efforts à fréquences de rencontre. On peut encore identifier une force de succion toujours dirigée vers le haut mais celle-ci n'est plus constante et suit approximativement le passage des « *trains de vagues* ».

Le mouvement de roulis, inévitable dès que la houle se propage dans une direction différente de celle de l'axe du sous-marin ($\mu \neq 0$ et $\mu \neq \pi$) n'a pas été pris en compte au paragraphe 2 car ce phénomène, même en présence de houle sinusoïdale, est fondamentalement non linéaire du fait des effet visqueux et tourbillonnaires de l'écoulement sur la carène. Compte tenu de la proximité entre les fréquences caractéristiques de la houle et de la fréquence propre de roulis du sous-marin, on a affaire à un phénomène de résonance marqué et la prise en compte la plus complète possible des différentes sources d'amortissement est nécessaire, dans ces conditions, pour estimer l'amplitude du roulis.

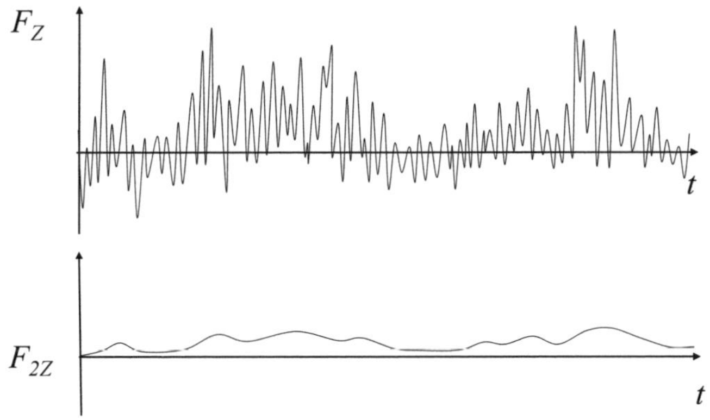

Figure V.15 *Effort vertical total et succion de houle irrégulière*

L'équation (IV.20) peut être réécrite, pour un mouvement de roulis pur ($Q = R = V = W = 0$, $U = U_o$), suivant :

$$(J_{44} + A_{44})\dot{P} - \frac{1}{2}\rho SLU_o^2 C_L + \rho V_F ga\varphi = \rho V_F L^2 \frac{H}{2}\omega^2 ke^{-kz_o} C_{HL}\sin(k\sigma' - \omega t)$$

ou encore, avec les notations adimensionnelles du chapitre IV :

$$\frac{\partial^2\varphi}{\partial t^2} - \frac{SL}{2V_F}\frac{U_o^2}{\omega^2 L^2}\frac{1}{(\chi_{44} + a_{44})}C_L + \frac{ga}{L^2(\chi_{44} + a_{44})}\varphi = \frac{1}{(\chi_{44} + a_{44})}\frac{H}{2}ke^{-kz_o}C_{HL}\sin(k\sigma' - \omega t) \quad \text{(V.63)}$$

On obtient ainsi :

$$\omega_P^2 = \frac{ga}{L^2(\chi_{44} + a_{44})} \quad \text{(V.64)}$$

Le terme d'amortissement C_L est dû essentiellement à la portance du massif. En effet, comme cela a déjà été étudié au paragraphe 2.3 ci-dessus, le massif lors des oscillations du sous-marin à vitesse P autour de son axe se trouve à une incidence hydrodynamique égale à $\frac{Z_M P}{U_o}$. Cette incidence crée un moment d'amortissement $-B_{44}^M P$ autour de l'axe du sous-marin avec :

$$B_{44}^M = -\frac{1}{2}\rho S_M U_o Z_M^2 C_{LM}$$

C_{LM} et S_M désignent respectivement le coefficient de portance et l'aire en plan du massif. L'effort de portance sur le massif en mouvement de roulis induit également un effort latéral et, suivant sa position longitudinale sur le sous-marin, un moment de lacet. Ces effets de couplage, déjà mentionnés au chapitre IV, ne sont pas pris en compte ici. On pourrait également prendre en compte l'effet de portance induit par le roulis sur les barres, bien que cet effet soit faible par rapport à celui du massif.

La partie linéaire de l'amortissement de l'équation (V.63) prend alors la forme :

$$-\frac{SL}{2V_F}\frac{U_o^2}{\omega^2 L^2}\frac{S_M}{S}\frac{Z_M^2}{L^2}\frac{1}{(\chi_{44}+a_{44})}C_{LM}\frac{\partial\varphi}{\partial t} = -k_M\frac{\partial\varphi}{\partial t} \qquad \text{(V.65)}$$

Il existe également un amortissement non linéaire, approximativement proportionnel à $\frac{\partial\varphi}{\partial t}\left|\frac{\partial\varphi}{\partial t}\right|$ créé par les détachements tourbillonnaires d'origine visqueuse sur les arrêtes du massif lors de son inclinaison. On notera ce terme dans l'équation (V.63) sous la forme :

$$-\frac{SL}{2V_F}\frac{1}{(\chi_{44}+a_{44})}C_{L,pp}\frac{\partial\varphi}{\partial t}\left|\frac{\partial\varphi}{\partial t}\right| = -k_v\frac{\partial\varphi}{\partial t}\left|\frac{\partial\varphi}{\partial t}\right|$$

Ce terme est réduit si les formes du massif sont correctement carénées. Avec ces notations, et de plus :

$$k_H = \frac{kH}{2}e^{-kz_o}C_{HL}$$

la valeur de l'amplitude du roulis à la résonance ($\omega = \omega_P$) est donnée par Fernandez [16] :

$$\varphi_{\max} = \frac{3\pi k_H k_M}{16}\frac{U_o}{\omega_P L}\left[\sqrt{1+\frac{32k_v k_H}{3\pi k_M^2}\left(\frac{\omega_P L}{U_o}\right)^2}-1\right] \qquad \text{(V.66)}$$

En particulier, aux très faibles vitesses d'avance ($U_o \approx 0$), on obtient :

$$\varphi_{\max} = \sqrt{\frac{3\pi}{8}k_v k_H^3} \qquad \text{(V.67)}$$

L'amplitude du roulis s'amortit rapidement dès que la fréquence de rencontre de la houle s'écarte de la fréquence de résonance (Figure V.16). Sous houle irrégulière, le sous-marin roule à sa fréquence de résonance avec une amplitude modulée par le passage des trains de vagues.

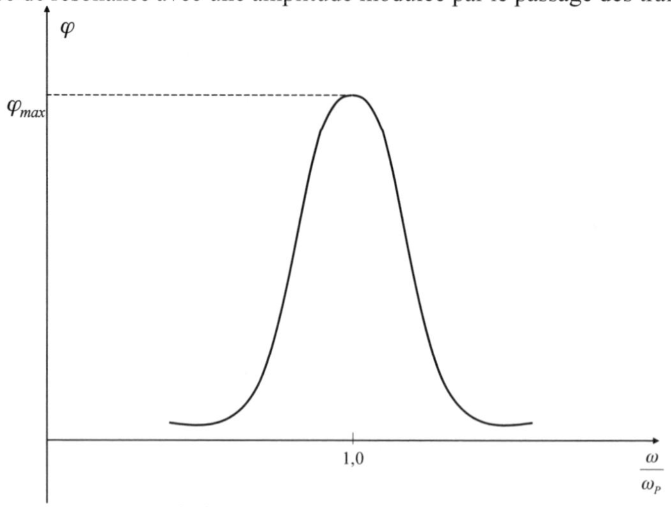

Figure V.16 *Amplitude du roulis en fonction de la pulsation de la houle de rencontre*

Chapitre VI
RESISTANCE ET PROPULSION

Une architecture équilibrée, c'est-à-dire simplement viable, du sous-marin nécessite de résoudre deux problèmes couplés :

- disposer d'une puissance propulsive suffisante pour vaincre le travail de la résistance hydrodynamique à l'avancement (traînée) ; cette résistance est fonction de la taille et des formes de carènes ainsi que de la vitesse V_o visée[1] ;
- définir un déplacement suffisant, lui-même fonction de la taille et des formes de la coque résistante, permettant d'emménager, en volume, masse et centrage, le système propulsif et les autres systèmes du sous-marin.

La résolution de ces deux problèmes passe par une « boucle hydrodynamique » schématisée, à caractéristiques du moteur et formes de carène fixées, sur la figure VI.1

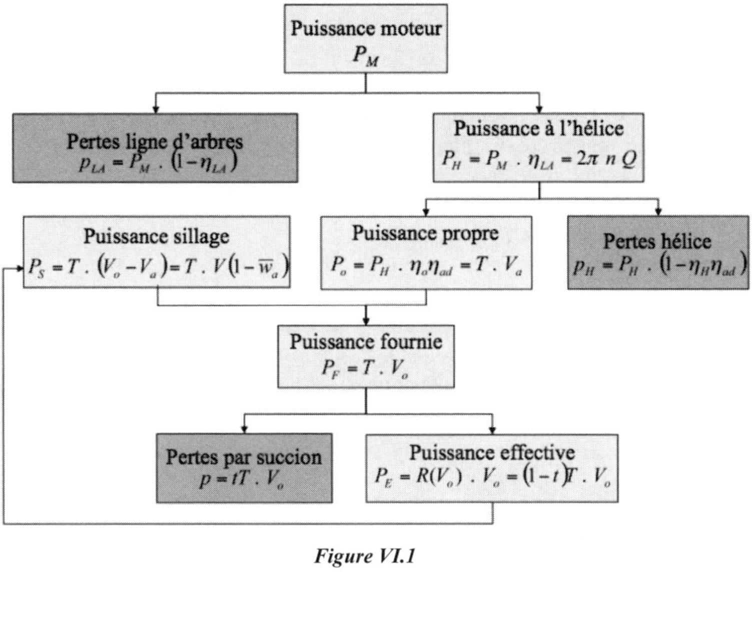

Figure VI.1

[1] Le problème se pose en des termes sensiblement différents pour un sous-marin à propulsion nucléaire et pour un sous-marin à propulsion non nucléaire. Dans le premier cas, l'énergie est quasi illimitée. La puissance maximale disponible, déterminée par les caractéristiques de l'ensemble de la chaîne thermomécanique de production et transmission gouvernera la vitesse maximale du navire. Celle-ci pourra être soutenue, si nécessaire, de façon prolongée. Dans le cas d'une propulsion non nucléaire, c'est la batterie d'accumulateur qui fournit l'énergie au système propulsif. La puissance instantanée est infinie (court-circuit), en revanche l'énergie disponible entre deux charges est limitée par la capacité des batteries. On définit alors une autonomie en plongée (ou un taux d'indiscrétion ce qui est équivalent) à différentes vitesses (5 nd, 8 nd,…). La vitesse maximale uni-horaire est la vitesse qui peut-être soutenue pendant une heure avec décharge complète de la batterie.

1. RENDEMENT PROPULSIF

On appelle rendement propulsif global, le rapport de la puissance effective à la puissance moteur. On obtient ainsi :

$$\eta_G = \frac{P_E}{P_M} = \eta_{LA} \cdot \eta_o \cdot \eta_{ad} \cdot \frac{1-t}{1-\overline{w}_a} \qquad \text{(VI.1)}$$

Le terme η_{ad} est appelé « *rendement d'adaptation* » ou « *rendement rotatif* ». Il est très voisin de 1, parfois légèrement supérieur à 1 (récupération d'une partie d'énergie cinétique de rotation du sillage).

Le terme $\eta_C = \dfrac{1-t}{1-\overline{w}_a}$ est appelé « *rendement de carène* ». Ce terme est un terme d'interaction hydrodynamique entre l'hélice et la carène. Improprement appelé rendement, comme η_{ad} , ce terme est, pour les sous-marins à une ligne d'arbres, supérieur à 1.

L'interaction hydrodynamique entre la carène et l'hélice est symbolisée par deux coefficients :

- le coefficient de sillage $\overline{w}_a$ qui traduit le défaut de vitesse lié au développement par frottement sur la carène d'une couche limite ;

- le coefficient de succion t ; en accélérant le fluide, l'hélice crée une dépression relative à l'arrière de la carène dont l'effet est assimilable à une force de résistance supplémentaire (l'hélice « aspire » en quelque sorte la carène qui se trouve en amont d'elle). Cette résistance supplémentaire est supposée proportionnelle à la poussée de l'hélice.

Ces coefficients sont déterminés au paragraphe 3.

La résistance à l'avancement R, est encore appelée « *résistance de remorquage* ». C'est la force nécessaire pour tracter, suivant une trajectoire rectiligne horizontale à vitesse stabilisée V_o , la carène dépourvue de son (ou ses) propulseur(s). Cette résistance peut-être déterminée à partir d'essais sur maquette ou par calcul. Le paragraphe 2 donne une méthode de calcul d'avant-projet pour l'estimation rapide de la résistance R.

Les performances propres d'une hélice, ou d'une famille d'hélice, sont déterminées par le *couple* et la *poussée* délivrés par l'hélice placée dans un écoulement uniforme et stationnaire de vitesse V_a, l'hélice étant elle-même en rotation stabilisée à vitesse n tr/s ($2\pi n$ rd/s). Ces caractéristiques sont appelées « *caractéristiques en eau libre* », pour signifier qu'elles concernent une hélice isolée, en l'absence de carène. Ces caractéristiques sont décrites au paragraphe 5.

2. RESISTANCE DE CARENE

La résistance à l'avancement d'un navire résulte, conformément à l'hypothèse de Froude, de l'addition d'une *résistance de vagues* et d'une *résistance visqueuse*. La résistance de vagues est associée à la formation d'un sillage de vagues à la surface de la mer au passage du navire. Cette composante dépend essentiellement des formes de la carène et du *nombre de Froude*

$\mathcal{F}_r = \dfrac{V_o}{\sqrt{gL}}$. Importante sur un navire de surface pour des nombres de Froude supérieurs à 0,1, elle est négligeable pour un sous-marin en plongée dès que l'immersion dépasse environs 3 diamètres. La résistance de vagues n'est donc plus aujourd'hui un critère de conception des sous-marins.

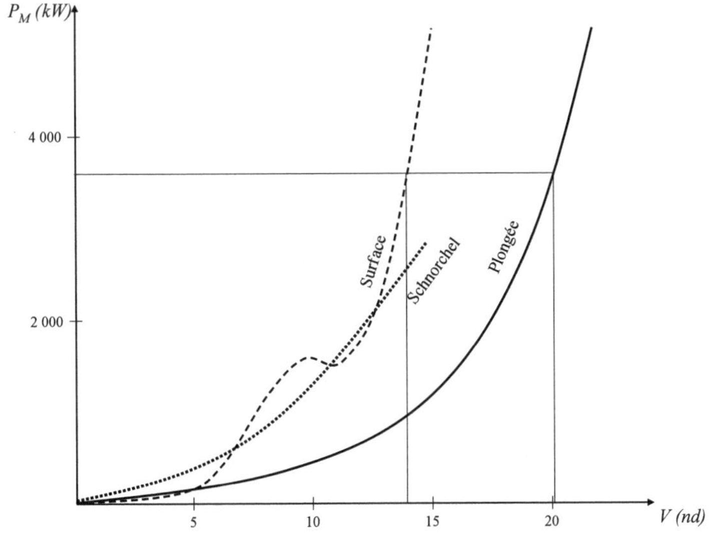

Figure VI.2 *Relation puissance-vitesse en plongée et en surface pour un sous-marin diesel-électrique moderne*

La résistance visqueuse en plongée ne dépend que des formes de la carène et du *nombre de Reynolds* $\mathcal{R}_e = \rho \dfrac{V_o L}{\mu}$. Elle est la résultante d'une *résistance de frottement* et d'une *résistance de pression* ou *résistance de forme*, comme illustré sur la figure VI.3. La résistance de frottement provient de la force de frottement, tangente à la surface de carène, du fluide sur la surface solide. Cette force est donnée par le gradient de vitesse tangentielle à la paroi (Bovis [8]). Elle peut être estimée avec une précision raisonnable par calcul ou mesure de la force de frottement sur une plaque plane tractée dans des conditions donnant un nombre de Reynolds identique à celui de la carène dans ses conditions de navigation spécifiées.

$$\tau = \mu \left(\frac{\partial u}{\partial y} \right)_{y=0} \qquad \text{(VI.2)}$$

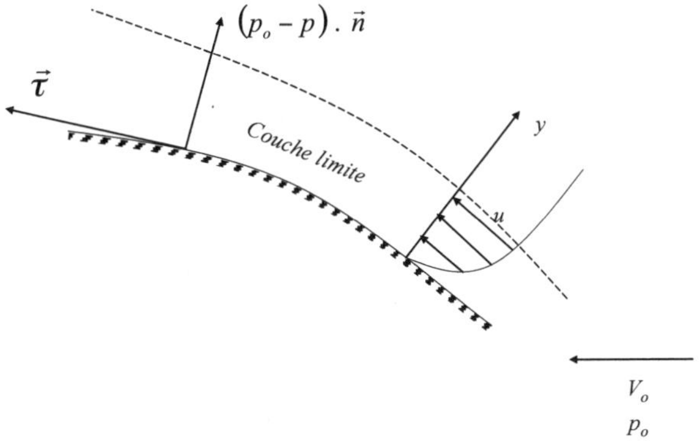

Figure VI.3 *Composantes de résistance de frottement et de résistance de forme*

Par ailleurs, l'épaisseur du profil crée une survitesse du fluide, source, à la surface de la carène, d'une dépression relative par rapport au milieu ambiant. En fluide parfait (non visqueux), la dépression sur la partie avant de la carène et celle sur la partie arrière se compense, donnant une résultante de force nulle sur le corps. En fluide réel, du fait du développement d'une couche limite visqueuse le long du corps, il apparaît à l'arrière un déficit de vitesse (le *sillage*) doublé d'une récupération incomplète de la pression (*perte de charge*). Au total, il existe donc une force résultante dirigée dans le sens de l'écoulement (traînée), distincte de la force de frottement.

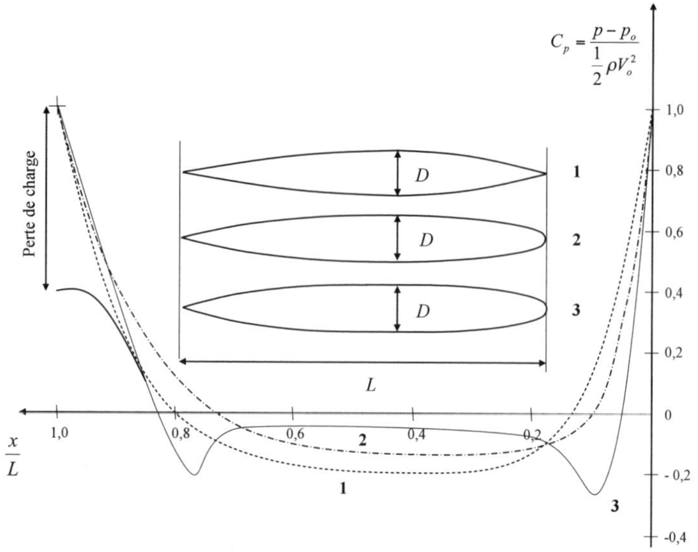

Figure VI.4 *Profils de pression sur trois corps différents à symétrie de révolution.*

2.1 RESISTANCE DE FROTTEMENT

Par définition, la résistance de frottement à vitesse donnée est celle d'une plaque plane, de même surface mouillée que la carène[2], tractée sans incidence dans un fluide au repos à la vitesse considérée. La résistance de frottement est donc tirée de courbes expérimentales ou de calculs qui ont une valeur universelle sous forme sans dimension. La formule adoptée par l'International Towing Tank Conference (ITTC 57) donne :

$$C_f = \frac{R_f}{\frac{1}{2}\rho S V_o^2} = \frac{0{,}075}{\left[\log_{10} \mathcal{R}_e - 2\right]^2} \qquad \text{(VI.3)}$$

où S est la surface mouillée de la carène et V_o la vitesse considérée.

La formule (VI.3) s'applique en régime turbulent établi, pour une surface de carène « *hydrodynamiquement lisse* ». Une carène de sous-marin n'est jamais parfaitement lisse. Il faut tenir compte d'une certaine rugosité qui dépend de la peinture ou du revêtement utilisé et de la salissure. Elle comprend de plus des irrégularités macroscopiques inévitables telles que les ouvertures des ballasts, les fentes d'évacuation de l'eau des superstructures, les entrées et

[2] Ou d'une partie de la carène (forme de base, massif, appendice, ...) étudiée. Pour les corps de faible épaisseur tels que les surfaces portantes, on prend souvent comme surface de la plaque plane équivalente la surface projetée. Dans ce cas la résistance de frottement est le double de la résistance de la plaque plane.

sorties des circuits d'eau de mer, etc.. Pour tenir compte de cet ensemble de facteurs de résistance supplémentaire, on ajoute un coefficient correcteur δC_f, de l'ordre, pour une carène de sous-marin moderne normalement entretenue de $0{,}5 \,.\, 10^{-3}$.

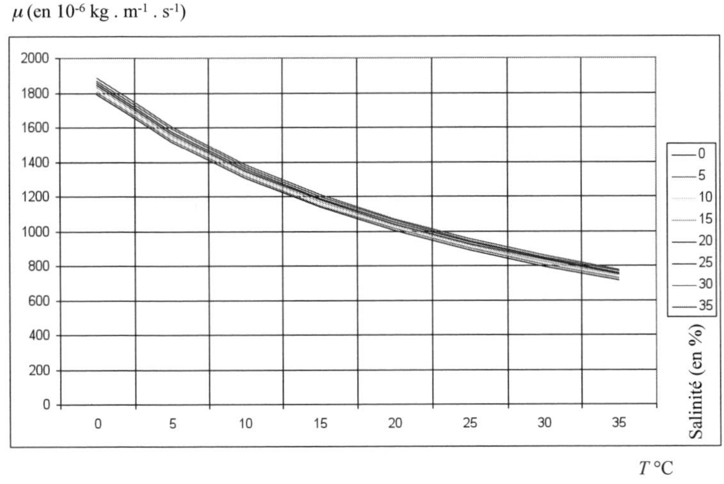

Figure VI.5 *Viscosité dynamique μ de l'eau de mer*

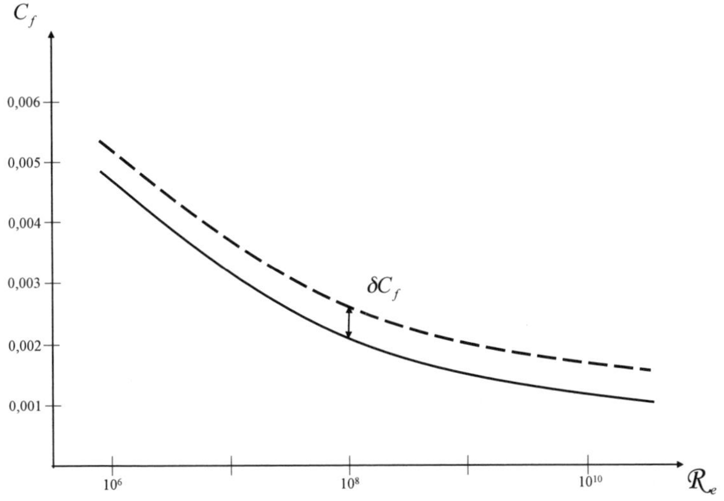

Figure VI. 6 *Coefficient de frottement selon ITTC 57 avec correction de rugosité*

2.2 RESISTANCE DE FORME

La résistance de forme résulte de la perte de charge le long des lignes de courant de l'écoulement, perte de charge elle-même liée au frottement à la paroi. On fait donc classiquement l'hypothèse que la résistance de forme est, pour des formes de carène données, proportionnelle à la résistance de frottement. On écrit ainsi, si R désigne la résistance totale à l'avancement (en plongée) et C_R sa valeur sans dimension:

$$R = R_f + R_p$$

$$C_R = \frac{R}{\frac{1}{2}\rho S V_o^2} = (C_f + \delta C_f)(1+k) \qquad \text{(VI.4)}$$

Le coefficient *k*, qui ne dépend que des formes géométriques de la carène, s'appelle le *coefficient de forme*. Le terme (1+*k*) est le *facteur de forme*.

Pour une carène de forme quelconque, le facteur de forme (1+*k*) peut être déterminé expérimentalement par la méthode de Hughes (voir Bovis [8]). Pour les formes simples qui constituent la carène des sous-marins modernes, une bonne estimation peut être obtenue en appliquant une formule semi-empirique (Hoerner [24]). Ainsi, pour une forme à symétrie de révolution telle que définie au chapitre II, on peut utiliser :

$$(1+k) = 1 + 1{,}5\left(\frac{D}{L}\right)^{3/2} + 7\left(\frac{D}{L}\right)^3 \qquad \text{(VI.5)}$$

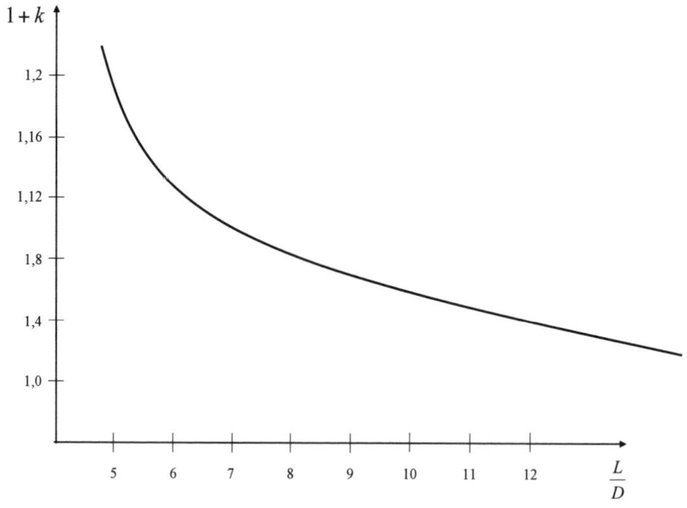

Figure VI.7 *Coefficient de forme pour un fuseau à symétrie de révolution*

La détermination de la résistance à l'avancement totale (ou traînée) des formes à symétrie de révolution de type Albacore a été obtenue par des essais systématique sur différentes maquettes paramétrées (dites « Série 58 ») en bassin de carènes. Les figures suivantes illustrent l'influence de différents paramètres caractéristiques sur la traînée (résistance à l'avancement en déplacement longitudinal) des formes de la série 58. Les valeurs de la traînée sont ramenées à la traînée minimale pour le paramètre considéré. Les formules (VI.4) et (VI.5) permettent de calculer cette traînée minimale en fonction de l'allongement choisi.

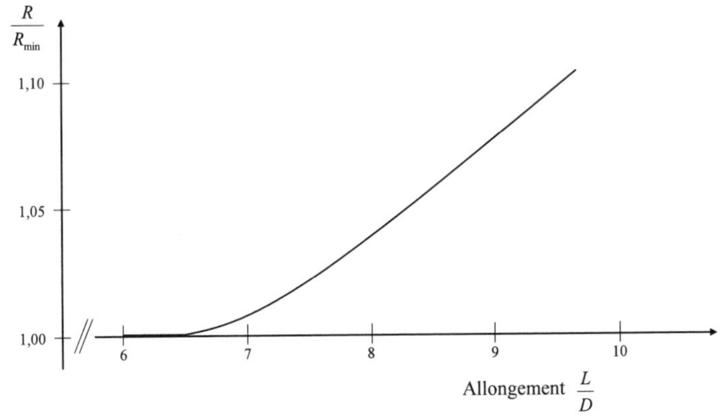

$C_\Delta =$ 0,55
$p =$ 0,36
$r_o =$ 0,5 R
$r_1 =$ 0,1 R

Figure VI.8 *Série 58 : influence de l'allongement sur la traînée*

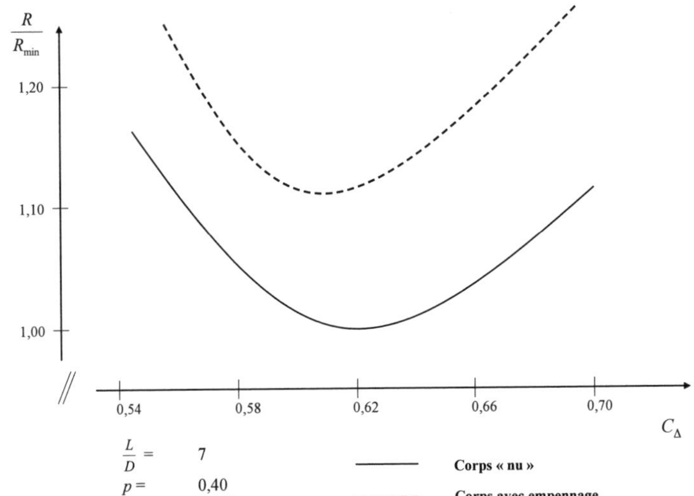

$\frac{L}{D} =$ 7
$p =$ 0,40
$r_o =$ 0,5 R
$r_1 =$ 0

Figure VI.9 *Série 58 : influence du coefficient prismatique sur la traînée*

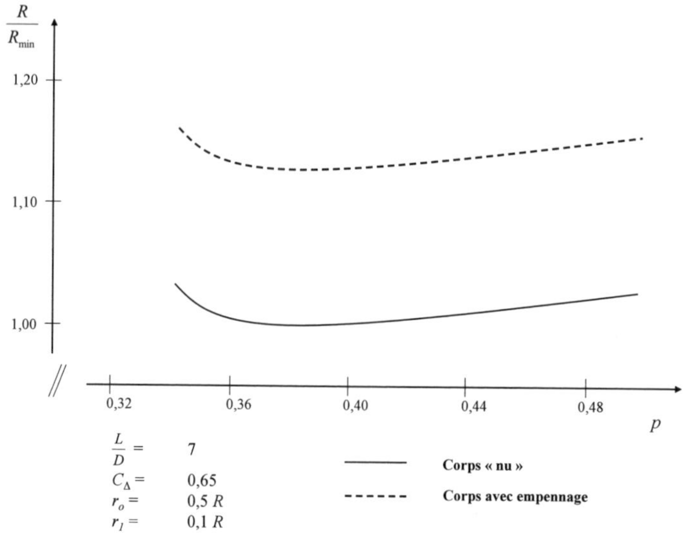

Figure VI.10 *Série 58 : influence de la position du maitre couple sur la traînée*

Les deux figures suivantes donnent, par ailleurs, l'influence de la partie cylindrique additionnelle sur la traînée de formes de la série 58.

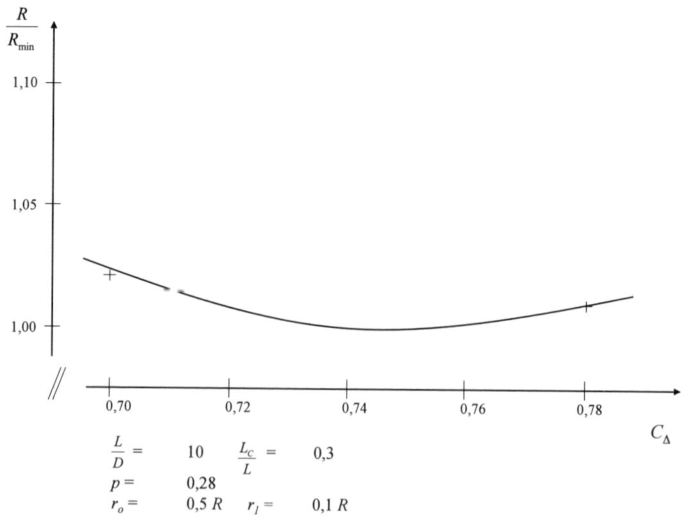

Figure VI.11 *Série 58 : influence de l'insertion d'une section cylindrique sur la traînée en fonction du coefficient prismatique*

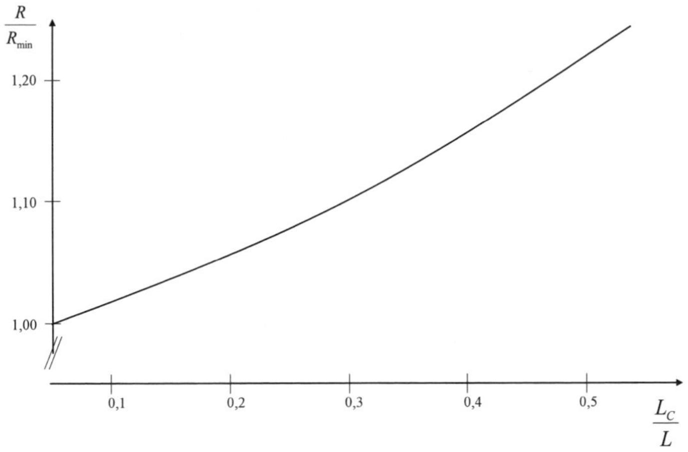

Figure VI.12 *Série 58 : influence d'une section cylindrique de longueur variable sur la traînée*

2.3 RESISTANCE DES APPENDICES

L'accroissement de résistance à l'avancement due aux appendices (pont, massif, ailerons et safrans, pour les sous-marins modernes) est loin d'être négligeable. Par rapport à la traînée dite de « carène nue[3] », cet accroissement est de :

- 150 % (60 % de la résistance totale) sur les submersibles d'avant-guerre
- 40 à 45 % (autour de 30 % de la résistance totale) sur les sous-marins d'après guerre (type Narval)
- 30 à 35 % (20 à 25 % de la résistance totale) sur les sous-marins modernes

L'accroissement de résistance liée aux appendices résulte, d'une part, de l'augmentation de la surface mouillée du sous-marin. Pour certains appendices profilés, comme le massif, les ailerons et les safrans de barres, se rajoute également un effet de forme.

$$\Delta C_a = C_f \frac{S_a}{S}(1 + k_a) \qquad \text{(VI.6)}$$

où S est la surface mouillée de la carène nue, S_a et k_a la surface mouillée et le coefficient de forme de l'appendice.

Pour le massif, les ailerons et les safrans, le coefficient de forme peut être estimé comme celui d'une aile mince d'envergure finie (Hoerner [8]):

$$(1 + k_a) = 1 + 2\left(\frac{e}{c}\right) + 60\left(\frac{e}{c}\right)^4 \qquad \text{(VI.7)}$$

e et c sont l'épaisseur au fort et la longueur de corde à mi-envergure du profil.

[3] Pour un sous-marin moderne, on appellera « carène nue » la forme de base à symétrie de révolution. Pour les sous-marins et submersibles d'autrefois, la carène nue est la forme extérieure du sous-marin dont on a retiré les appendices protubérants : superstructures en saillie, massif, ailerons et safrans, chaises d'arbres, armement, excroissances diverses (apparaux d'amarrage, filières, etc…

Dans les expressions (VI.6) et (VI.7), S_a est la surface mouillée de l'appendice $S_a \approx 2hc$, h est l'envergure de l'appendice. Plusieurs contraintes influent sur les dimensions d'un appendice. Ainsi l'envergure h (la hauteur dans le cas du massif) est une caractéristique fixée pour des objectifs de performance et des contraintes d'emménagement. Il peut en être de même de la surface en plan de l'appendice $s \approx ec$ imposée par l'emménagement (encombrement des divers mâts et périscopes, par exemple, pour le massif) ou la tenue mécanique (massif, plan de gouverne). La tenue mécanique à la flexion de l'appendice peut même imposer une valeur minimale pour l'inertie de la surface en plan de cet appendice $I \approx e^3 c$.

Le coefficient de forme peut être réécrit en intégrant ces différentes contraintes (c'est-à-dire en adimensionnalisant le coefficient de résistance par rapport à une surface de référence issue de la contrainte dimensionnelle. On obtient ainsi :

$$C_a^s = \frac{R_a}{\frac{1}{2}\rho s V^2} = \frac{R_a}{\frac{1}{2}\rho S_a V^2}\frac{S_a}{s} = \frac{2hc}{s}C_f(1+k_a) = C_f(1+k_a^s)$$

d'où (Hoerner [8]):

$$(1+k_a^s) = 4 + 2\left(\frac{c}{e}\right) + 120\left(\frac{e}{c}\right)^3 \qquad s \approx he \qquad \text{(VI.8)}$$

$$(1+k_a^s) = 2\left(\frac{c}{e}\right)^{1/2} + 4\left(\frac{e}{c}\right)^{1/2} + 120\left(\frac{e}{c}\right)^{7/2} \qquad s \approx h\sqrt{ec} \qquad \text{(VI.9)}$$

$$(1+k_a^s) = 2\left(\frac{c}{e}\right)^{3/4} + 2\left(\frac{e}{c}\right)^{1/4} + 120\left(\frac{e}{c}\right)^{13/4} \qquad s \approx h\sqrt[4]{ce^3} \qquad \text{(VI.10)}$$

On peut observer que les expressions (VI.8), (VI.9) et (VI.10) admettent toutes un minimum (contrairement à (VI.7). Ce minimum est obtenu pour $\left(\frac{e}{c}\right)$ compris entre 20 % et 30 %.

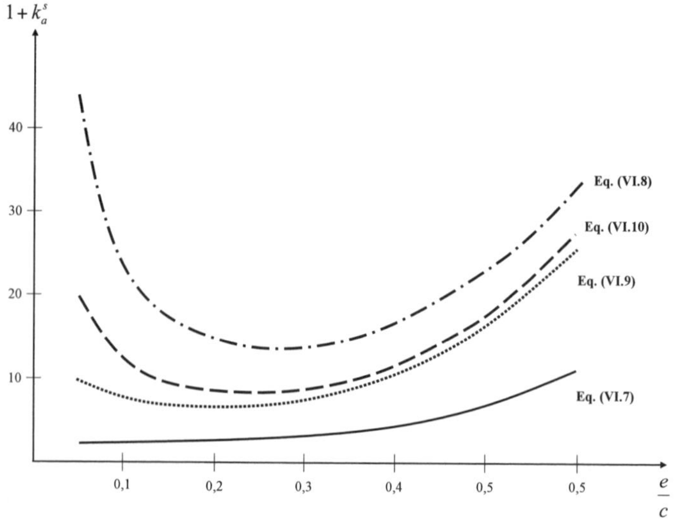

Figure VI.13 *Coefficient de forme d'une aile d'envergure finie (d'après Hoerner [ ])*

Enfin, les appendices contribuent à une composante additionnelle de résistance, la *résistance résiduelle*, engendrée par la formation d'importants développements tourbillonnaires dans les zones de très forte courbure de la carène. La résistance résiduelle est estimée à partir d'essais sur modèle réduit (voir paragraphe 4).

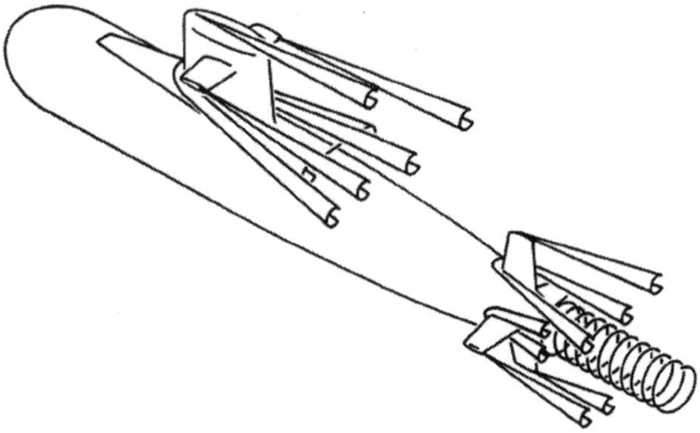

Figure VI.14 *Système tourbillonnaire d'un sous-marin en trajectoire rectiligne, sans dérive ni incidence*

La réduction de la résistance d'appendices passe par :

- un dessin du pont limitant au maximum sa hauteur et de forme enveloppante de manière à assurer la continuité de tangente avec le fuseau (absence d'arrêtes vives) ;

- la diminution de l'épaisseur des ailes dans les contraintes d'emménagement et de tenue mécanique (réduction de l'épaisseur relative et de la surface mouillée de l'appendice);

- l'adoption de congés de raccordement appropriés à l'emplanture de ces appendices ;

- l'adoption de formes d'extrémité des ailerons et safrans ainsi que du haut du massif évitant les arrêtes vives ;

- la réduction des jeux entre les parties mobiles (safrans) et la carène ;

- l'obturation en plongée des ouvertures des superstructures.

3. ESTIMATION DES COEFFICIENTS DE SILLAGE ET DE SUCCION

3.1 SILLAGE

Du point de vue du fonctionnement du système propulsif, le sillage de la carène se caractérise comme un défaut de vitesse d'écoulement au niveau du propulseur par rapport à la vitesse V_o d'avance du navire[4]. Dans un plan correspondant au plan moyen de l'hélice le sillage varie en fonction de la position (voir figure VII.6 donnant une carte complète d'un tel sillage) :

[4] On parle ici uniquement de « sillage axial », c'est-à-dire affectant la composante de vitesse d'écoulement parallèle à l'axe du sous-marin, ou plus précisément de l'axe de l'hélice. On pourrait également définir un « sillage tangentiel » dans le plan moyen de l'hélice.

$$V_a(r,\theta) = V_o(1 - w_a(r,\theta)) \qquad \text{(VI.11)}$$

On appelle *sillage moyen*, la valeur moyenne du coefficient w_a sur la surface moyenne de l'hélice :

$$\overline{w}_a = \int_0^{2\pi}\int_0^{R} w_a(r,\theta)\,dr\,d\theta \qquad \text{(VI.12)}$$

Le sillage est la combinaison de deux effets :

- le « *sillage potentiel* », qui existerait en fluide parfait et qui est le résultat des survitesses et de l'orientation des filets d'eau le long des formes arrière de la carène ;

- le « *sillage visqueux* » dû au développement par frottement de la couche limite de la carène.

Le sillage potentiel est fonction essentiellement de la conicité de la forme arrière. Le sillage visqueux est associé à la résistance de frottement. La somme du sillage visqueux et du sillage potentiel constitue le « *sillage nominal* », c'est-à-dire le sillage de la carène dans le plan de l'hélice mais en l'absence de celle-ci. Le sillage nominal peut être aisément calculé, du moins pour des formes de carène à symétrie de révolution. La présence des appendices crée les irrégularités circonférentielles du sillage.

Lorsque l'hélice produit sa poussée, il y a accroissement de la vitesse d'écoulement à l'arrière de la carène, si bien qu'il se produit une contraction du sillage. On appelle « *sillage effectif* », le sillage de la carène en présence de l'hélice. Il peut encore être calculé numériquement à l'aide d'un code couplé carène-propulseur. La mesure expérimentale du sillage effectif ne peut se faire que par un moyen de vélocimétrie non intrusif (vélocimétrie doppler par laser). Le sillage effectif moyen peut également être mesuré lors d'un essai d'autopropulsion sur maquette.

La figure VI.15 donne la valeur du coefficient de sillage en fonction du rapport des diamètres de l'hélice et de la carène et pour deux conicités différentes.

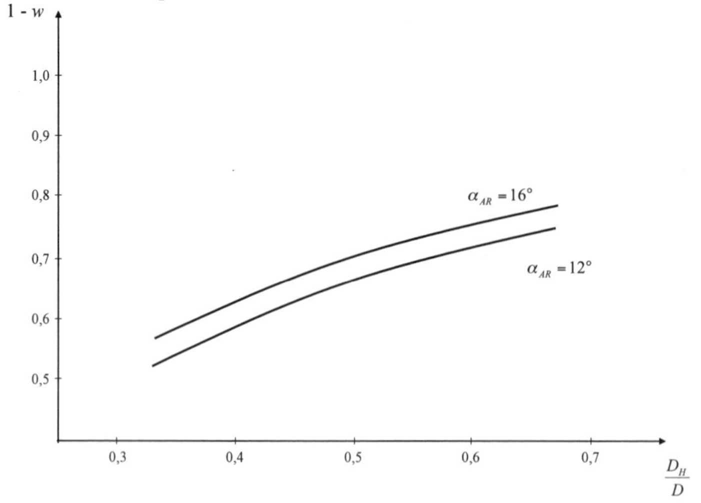

Figure VI.15 *Coefficient de sillage moyen*

3.2 SUCCION

La succion résulte du champ de dépression relative créé par l'hélice sur l'arrière de la carène. Il existe une relation étroite entre le coefficient de succion et le sillage potentiel effectif. Pour un corps de révolution le calcul du coefficient de succion est relativement aisé. Le coefficient de succion peut également être mesuré lors d'un essai d'autopropulsion sur maquette.

La figure VI.16 donne la valeur du coefficient de succion en fonction du rapport des diamètres de l'hélice et de la carène et pour deux conicités différentes.

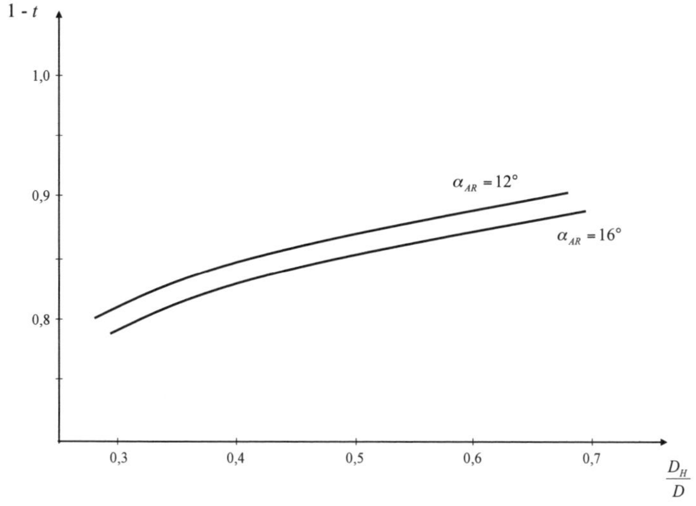

Figure VI.16 *Coefficient de succion*

4. DETERMINATION EXPERIMENTALE DE LA RESISTANCE, DU SILLAGE ET DE LA SUCCION

Les essais sur maquettes, à échelle réduite, effectués en bassin de carènes permettent, à différents stades de la conception du sous-marin, de déterminer les caractéristiques propulsives de la carène :

- la résistance de remorquage, qui peut être mesurée en surface, à l'immersion périscopique ou en immersion « profonde », lors d'un essai dit « *de remorquage* »; pour les sous-marins modernes, ce sont les données en « immersion profonde » qui sont retenues pour la détermination optimale du propulseur ;

- les coefficients de sillage effectif moyen et de succion, lors d'un essai de traction réalisé avec un propulseur représentatif dit « *essai d'autopropulsion* » ;

- la vérification des performances propres du propulseur fait, par ailleurs, l'objet d'essais spécifiques en tunnel de cavitation.

4.1 L'ESSAI DE REMORQUAGE

Pour l'essai de remorquage, comme pour l'essai d'autopropulsion la maquette de sous-marin est maintenue, par l'intermédiaire de bras dynamométriques, sous une plate-forme mobile se déplaçant à vitesse stabilisée au dessus d'un bassin rectiligne.

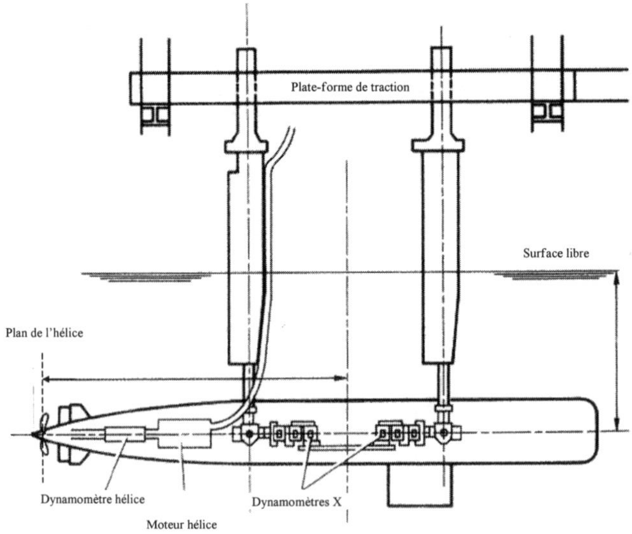

Figure VI.17 *Montage expérimental pour essais de remorquage et d'autopropulsion en immersion (l'essai de remorquage s'effectue sans hélice)*

L'essai de remorquage permet de mesurer la résistance à l'avancement R_M de la maquette à différentes vitesses de remorquage. La courbe C_{XM} ainsi construite présente aux nombres de Froude compris entre 0,5 et 1 une « bosse » représentant l'effet de la surface libre.

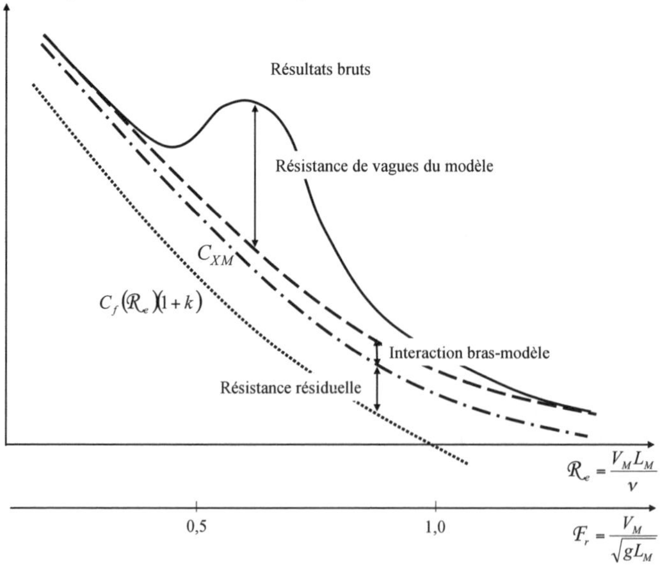

Figure VI.18 *Mesure de la résistance à l'avancement sur modèle : résistance brute, résistance de frottement et résistance résiduelle*

La résistance à l'avancement de la maquette en « immersion profonde » est la résistance totale « brute » mesurée dont on a retiré les composantes de résistance parasites : la résistance de vagues et une résistance due à l'interaction hydrodynamique entre le modèle et son système support. Cette dernière composante est estimée expérimentalement. Pour extrapoler au réel la résistance en immersion profonde, on admet qu'elle est la somme d'une composante visqueuse (résistance de frottement) et d'une résistance résiduelle ou résistance tourbillonnaire. La résistance visqueuse est estimée, aux conditions de Reynolds du modèle, suivant la méthode exposée au paragraphe 2. La résistance résiduelle est donc égale à :

$$C_{XR} = C_{XM} - C_f(\mathcal{R}_{eM})(1+k)$$

où $C_f(\mathcal{R}_{eM})(1+k)$ représente la résistance de frottement totale de la carène et de ses appendices pour le nombre de Reynolds de la maquette.

La résistance résiduelle est supposée invariante entre le modèle et le réel. D'où :

$$C_{XS} = C_{XM} - (1+k)\left[C_f(\mathcal{R}_{eM}) - C_f(\mathcal{R}_{eS})\right] + \delta C_f(\mathcal{R}_{eS})(1+k) \qquad \text{(VI.13)}$$

Le terme additionnel δC_f tient compte de l'ensemble des petites irrégularités et ouvertures non représentées sur le modèle.

Le seul paramètre pertinent en immersion profonde est donc le nombre de Reynolds. En immersion périscopique ou en surface où l'effet de la surface libre est significatif, la méthode à appliquer pour l'extrapolation est la méthode de Hugues, exposée dans Bovis [8]. A l'immersion périscopique, la résistance résiduelle est augmentée de la résistance des mâts et périscopes qui est essentiellement de même nature tourbillonnaire. En surface, où les principaux appendices (pont, massif) sont hors de l'eau, on peut considérer que la résistance résiduelle est négligeable.

4.2 L'ESSAI D'AUTOPROPULSION

Pour l'essai d'autopropulsion, le modèle est équipé d'une hélice motorisée. L'essai consiste à mesurer les efforts exercés sur le modèle lors de parcours à vitesses stabilisée à différents réglages du *paramètre d'avance* $J_M = \dfrac{V_M}{n_M D_{HM}}$ de l'hélice (V_M, n_M, D_{HM} sont la vitesse du modèle, la vitesse de rotation et le diamètre de l'hélice modèle).

A vitesses V_M et n_M stabilisées, on mesure sur le modèle un effort de traction $X_M(V_M, n_M)$ et une poussée de l'hélice $T_M(V_M, n_M)$. L'équilibre des forces s'écrit donc :

$$X_M(V_M, n_M) + T_M(V_M, n_M) = R_M(V_M) + F \qquad \text{(VI.14)}$$

La Résistance $R_M(V_M)$ est la résistance brute, mesurée, sans hélice, à même vitesse du modèle. La force F, nécessaire pour équilibrer l'équation (VI.14) est la force de succion. Par hypothèse cette force, directement liée au fonctionnement de l'hélice, est proportionnelle à la poussée T_M. On définit ainsi le coefficient de succion t :

$$F = t\,(V_M, n_M)\,T_M(V_M, n_M)$$

d'où :

$$(1-t)\,T_M(V_M, n_M) = R_M(V_M) - X_M(V_M, n_M)$$

Centre de Documentation sur la Mer
Bibliothèque La Pérouse

$R_V = R_M - X_M$ est appelée la *résistance vaincue* du modèle. Elle est égale à la *poussée effective* $(1-t)\, T_M$ de l'hélice. Le *point d'autopropulsion* du modèle, à vitesse V_M, est défini comme le régime n_M de l'hélice pour lequel $X_M(V_M, n_M) = 0$.

Le coefficient de succion, en immersion profonde, est supposé ne dépendre que des conditions de fonctionnement de l'hélice c'est-à-dire, sous forme adimensionnelle, du paramètre d'avance J. Afin de déterminer la valeur de ce coefficient, il faut donc se placer au point d'autopropulsion du sous-marin réel. Pour cela, on porte en courbes, en fonction de différentes valeurs du paramètre J_M correspondant aux différents parcours de mesure, les coefficients adimensionnels :

$$K_{TM} = \frac{T_M}{\rho n_M^2 D_{HM}^4} \qquad K_{VM} = \frac{R_M - X_M}{\rho n_M^2 D_{HM}^4}$$

Le point d'autopropulsion (de l'hélice modèle) correspondant au sous-marin réel à vitesse V_S se trouve sur la parabole :

$$K_{RS} = \frac{R_S}{\rho V_S^2 D_S^2} \; . \; J^2$$

à l'intersection avec la courbe K_{VM} (figure VI.19).

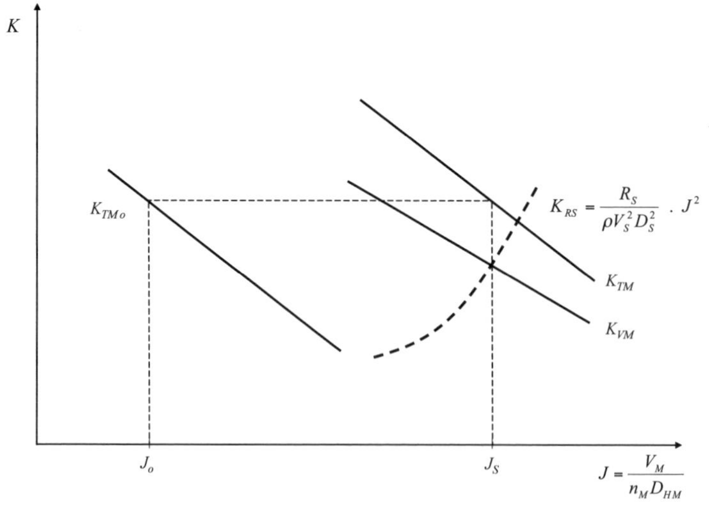

Figure VI.19 Courbes d'autopropulsion du modèle

Le coefficient de succion au point d'autopropulsion est obtenu à partir du rapport du coefficient de poussée et du coefficient de résistance :

$$1 - t = \frac{K_{VM}}{K_{TM}}(J_S) \qquad \text{(VI.15)}$$

En comparant la courbe de poussée K_{TM} de l'hélice derrière carène avec la courbe de poussée K_{TMo} mesurée sur la même hélice « *en eau libre* », c'est-à-dire l'hélice fonctionnant dans un écoulement uniforme, on obtient le coefficient de sillage :

$$1 - \overline{w}_M = \frac{J_o}{J_S} \qquad \text{(VI.16)}$$

Le coefficient de sillage, très dépendant du nombre de Reynolds, doit être corrigé des effets d'échelle. On applique, pour cela la règle ITTC 78 (navires à une ligne d'arbres) :

$$\overline{w}_{pot} = \left(1 - \overline{w}_M\right)\left[1 + \sqrt{1 + 3{,}2\frac{K_{TMo}}{J_o^2}}\right]\frac{t}{2}$$

puis :

$$\overline{w}_S = \overline{w}_{pot} + \left(\overline{w}_M - \overline{w}_{pot}\right)\frac{C_f\left(\mathcal{R}_{eS}\right) + \delta C_f\left(\mathcal{R}_{eS}\right)}{C_f\left(\mathcal{R}_{eM}\right)} \qquad \text{(VI.17)}$$

5. DETERMINATION DES CARACTERISTIQUES DE L'HELICE

5.1 ESTIMATION RAPIDE DES CARACTERISTIQUES PRINCIPALES

Pour dimensionner l'appareil propulsif il est encore nécessaire de disposer, très tôt dans le processus de conception du sous-marin, de données générales relatives à l'hélice :

- le rendement
- l'adaptation vitesse-nombre de tours (le *pas*)
- le poids et l'encombrement (*le diamètre*)

La détermination, même en première approximation de ces données demande de connaître au préalable, par le calcul ou par essais sur modèle, la résistance de la carène, la succion, le sillage. Certaines données d'entrée, ou contraintes peuvent également être imposées par des choix préalables (rapport $\frac{D_H}{D}$, nombre de tours,...).

L'estimation rapide des caractéristiques principale de l'hélice, dans un cadre de contraintes imposées peut se faire en utilisant les caractéristiques de séries systématiques. La série la plus usitée est la série dite Wageningen-B dont les caractéristiques hydrodynamiques ont fait l'objet d'une représentation analytique (voir, par exemple Carlton [10]):

$$K_T = \frac{T}{\rho n^2 D_H^4} = \sum_{i,j,k} C_{ijk}\left(\frac{A_e}{A_o}\right)^i \left(\frac{H}{D_H}\right)^j J^k \qquad \text{(VI.18)}$$

$$K_Q = \frac{Q}{\rho n^2 D_H^5} = \sum_{l,m,n} D_{lmn}\left(\frac{A_e}{A_o}\right)^l \left(\frac{H}{D_H}\right)^m J^n \qquad \text{(VI.19)}$$

$$\eta_H = \frac{J}{2\pi}\frac{K_T}{K_Q} \qquad \text{(VI.20)}$$

Par ailleurs, cette représentation est paramétrée par le nombre de pales. Pour les sous-marins à une ligne d'arbres, des considérations de discrétion acoustique (voir chapitre VII) conduisent à privilégier des hélices à 5 ou 7 pales, bien que d'autres nombres aient pu être observés ou expérimentés.

La *fraction de surface* $\frac{A_e}{A_o}$ est choisie pour limiter la cavitation (voir chapitre VII). Pour une hélice de sous-marin dont le nombre de pales est relativement élevé, elle est de l'ordre de 0,75.

Le *pas réduit* $\frac{H}{D_H}$ est la principale inconnue de la détermination de l'hélice optimale. Cette optimisation se fait sous contraintes. Ainsi, si la vitesse V_S du sous-marin et la vitesse de rotation de la ligne d'arbres n sont imposées, on a les relations suivantes :

$$T = \frac{R(V_S)}{(1-t)} \qquad \text{et} \qquad V = V_S(1-\overline{w})$$

$$K_T = A_n J^4 = \frac{Tn^2}{\rho V^4} J^4$$

Dans la famille choisie l'hélice optimale sera celle pour laquelle l'intersection entre les courbes K_T et $A_n J^4$ correspond au rendement η le plus élevé.

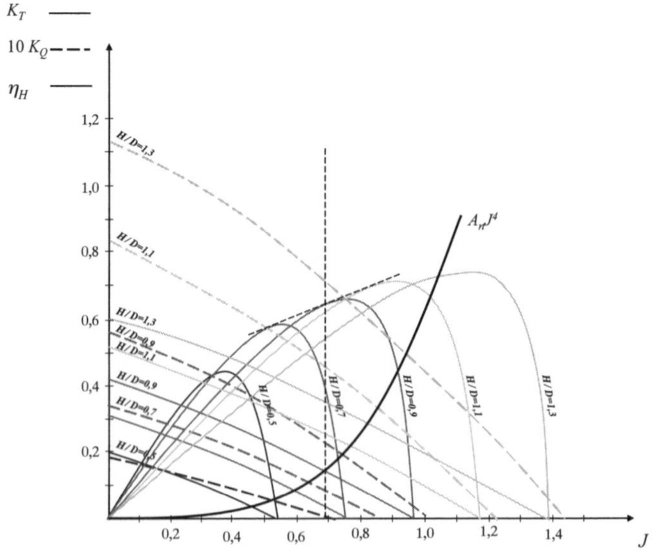

Figure VI.20 *Hélices Wageningen-B, 5 pales,* $\frac{A_e}{A_o} = 0,75$

Ainsi, dans l'exemple choisi, V= 7,5 m/s, n = 3,5 tr/s, T = 265 kN, on obtiendrait les valeurs numériques suivantes

$$J \sim 0{,}69$$
$$\eta \sim 0{,}64$$
$$K_T \sim 0{,}14$$
$$K_Q \sim 0{,}022$$
$$\frac{H}{D_H} \sim 0{,}9$$

D'où on déduit D = 3,10 m, $P_H = 2\pi \dfrac{K_Q V^5}{n^2 J^5} = 1711$ kW

5.2 LES ESSAIS DE L'HELICE

Les caractéristiques détaillées de l'hélice définitive sont déterminées aussi tardivement que possible dans le processus de conception, juste à temps pour en permettre la réalisation avant la première mise à flot du bâtiment. Cela permet de tenir compte de l'ensemble des données acquises concernant le sillage, les performances de l'ensemble de l'appareil moteur et les risques d'interactions vibratoire entre l'hélice et différentes structures du sous-marin. La conception de l'hélice définitive est réalisée en utilisant des codes de calcul de surface portante, en fluide parfait ou en intégrant l'effet de la viscosité. Pour ces calculs on tient compte des variations de sillage suivant la distance radiale à l'axe de l'hélice, $\overline{w}(r)$ afin d'adapter le pas de chaque section à ce sillage. La géométrie obtenue est ensuite testée, à l'aide de codes de surface portante instationnaire afin d'évaluer, d'une part, les contraintes moyennes et fluctuantes, à l'intérieur du matériau, d'autre part les fluctuations d'efforts transmis à l'arbre et les fluctuations de pression rayonnées dans l'eau (chapitre VII). Ces calculs sont toujours complétés d'essais sur modèles.

Les essais « en eau libre » sont des essais en bassin de traction ou en tunnel hydrodynamique dans lesquels sont mesurés le couple et la poussée de l'hélice dans différentes conditions de fonctionnement (V, n). Pour ces essais, l'hélice est isolée (sans carène) et placée dans un écoulement incident uniforme. Les courbes $K_{TMo}(J_o)$ et $K_{QMo}(J_o)$ mesurées sur modèle peuvent être éventuellement corrigée pour tenir compte d'un frottement différent au modèle et au réel. La méthode ITTC 78 préconise la manière d'effectuer cette correction :

$$\delta K_T = -0{,}3(C_{DM} - C_{DS})\left(\frac{H}{D}\right)_{0{,}75R}\left(\frac{cZ}{D}\right)$$
$$\delta K_Q = 0{,}25(C_{DM} - C_{DS})\left(\frac{cZ}{D}\right) \qquad \text{(VI.21)}$$

où $\left(\dfrac{H}{D}\right)_{0{,}75R}$ est le pas réduit et c la longueur de corde de la pale à 75 % du rayon de l'hélice.

C_{DM} et C_{DS} sont les coefficients de traînée des pales et sont donnés par :

$$C_{DM} = 2\left(1+\frac{2e}{c}\right)\left[\frac{0{,}044}{\mathcal{R}_{0,75R}^{1/6}} - \frac{5}{\mathcal{R}_{0,75R}^{2/3}}\right]$$

$$C_{DS} = 2\left(1+\frac{2e}{c}\right)\left[1{,}89 + 1{,}62\log_{10}\left(\frac{c}{K_P}\right)\right]^{-2,5} \qquad \text{(VI.22)}$$

Les valeurs de nombre de Reynolds et de longueur de corde sont prises à 0,75 R et la rugosité de surface de l'hélice réelle est prise égale à $K_p = 30.10^{-6}$.

La prévision de puissance et de nombre de tours se fait, avec l'hélice définitive, comme avec l'hélice initiale en recherchant l'intersection de la courbe $K_{To}(J_o)$ avec la parabole :

$$\frac{R_S}{\rho(1-t)(1-\overline{w}_S)^2 V_S^2 D_S^2} \cdot J_o^2$$

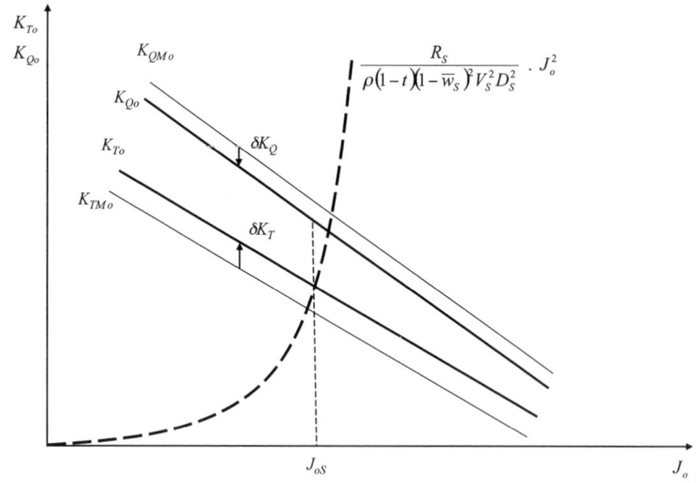

Figure VI.21 *Point d'autopropulsion avec hélice définitive*

On en déduit :

$$J_S = \frac{J_{oS}}{(1-\overline{w}_S)}$$

et :

$$n_S = \frac{V_S(1-\overline{w}_S)}{J_{oS} D_S} \qquad \text{et} \qquad P_S = 2\pi\eta_S n_S^3 D_S^5 K_{QoS} \qquad \text{(VI.23)}$$

Les risques de cavitation de l'hélice sont analysés à partir d'essais sur modèle en tunnel de cavitation. Lorsque l'installation le permet, les essais sont réalisés avec hélice derrière sillage ce qui donne une meilleure représentativité du caractère périodique du phénomène associé aux irrégularités de vitesse.

Les résultats de l'analyse sont rapportés sur un plan décrit, d'une part par le paramètre d'avance J de l'hélice d'autre part, par un paramètre adimensionnel caractéristique de la cavitation σ. Le paramètre σ est défini comme :

$$\sigma = \frac{p_o - p_v}{\frac{1}{2}\rho_o V^2} \qquad \text{(VI.24)}$$

où p_o est la pression statique à l'immersion de l'hélice et V la vitesse d'avance de l'hélice $V = V_o(1-\overline{w})$.

Figure VI.22 *maquette de sous-marin avec son propulseur en tunnel hydrodynamique (GTH - Bassin des Carènes)*

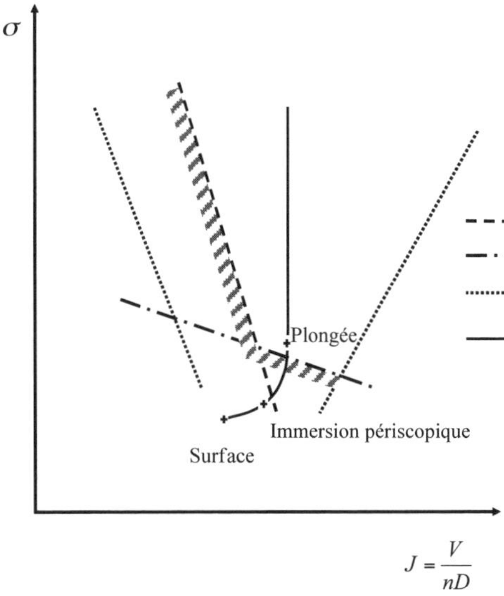

Figure VI. 23 *Courbes de cavitation d'une hélice de sous-marin*

La cavitation de tourbillon d'extrémité de pale est lié à la différence de pression entre les deux faces de la pale qui induit la formation d'un tourbillon marginal. Ce type de cavitation, très important car l'expérience montre qu'il apparaît le premier lorsque la vitesse augmente ou lorsque la pression diminue, ne peut donc être totalement évité. Tout au plus on peut en retarder l'apparition en réduisant fortement le pas en bout de pales, au détriment du rendement d'hélice.

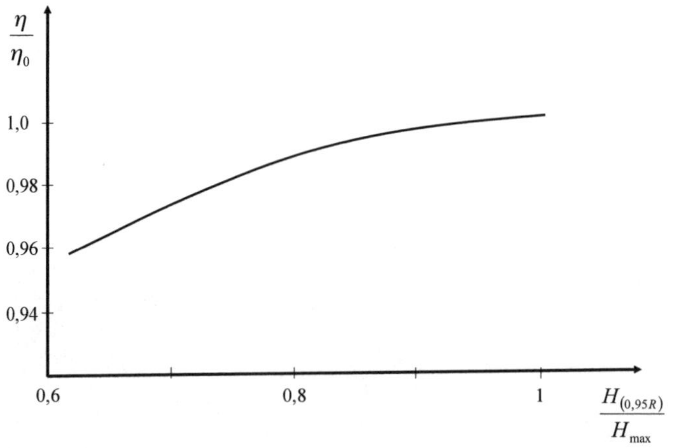

Figure VI.24 *Réduction de rendement due à une réduction de pas en bout de pale*

La cavitation par bulles est le type de cavitation le plus actif acoustiquement. Il est lié à l'épaisseur des pales et à leur cambrure (portance). Compte tenu des contraintes mécaniques qui imposent, par ailleurs l'épaisseur des pales, seule l'adoption d'une fraction de surface suffisante peut retarder l'apparition de ce type de cavitation. Le *critère de Keller*, par exemple, donne :

$$\frac{A_e}{A_o} = \frac{\rho V_o^2 (1{,}3 + 0{,}3Z)}{(P_o - P_v)} \frac{K_{T_o}}{J_o} + 0{,}2 \qquad \text{(VI.25)}$$

Toutefois, une fraction de surface trop grande, si elle est favorable à la cavitation, peut rapidement dégrader le rendement de l'hélice. Il convient donc, dans l'application d'un critère tel que (VI.25) de choisir avec soin le couple vitesse-immersion (V_o, P_o) pour lequel on souhaite optimiser la performance en cavitation.

Par ailleurs, l'extrapolation au réel des résultats de cavitation obtenus sur modèle reste un problème très délicat du fait de la complexité des effets d'échelle qui affectent ces mesures. Il n'existe pas de règle générale acceptée pour cette extrapolation et chaque type de cavitation doit être examiné spécifiquement. On admet ainsi que les deux principaux types de cavitation qui affectent les hélices de sous-marin, la cavitation par tourbillons d'extrémités de pâles et la cavitation par bulles sur l'extrados répondent à des règles d'extrapolation différentes.

La cavitation par tourbillons, qui trouve son origine dans la formation par cisaillement visqueux d'une ligne tourbillonnaire en extrémités de pales, est fortement dépendant du nombre de Reynolds. Des observations expérimentales ainsi qu'un raisonnement empirique permet d'établir la règle :

$$\frac{\sigma_S}{\sigma_M} = \left(\frac{\mathcal{R}_S}{\mathcal{R}_M} \right)^{\alpha} \qquad \text{(VI.26)}$$

où σ_S et σ_M sont les nombres de cavitation à l'apparition du phénomène, au réel et au modèle et $\mathcal{R}_S$ et $\mathcal{R}_M$ les nombres de Reynolds caractéristiques dans les deux situations. α est de l'ordre de 0,4.

La cavitation par bulles, quant à elle, est peu dépendante du nombre de Reynolds. En revanche, elle dépend directement de la quantité et des caractéristiques (pression critique) des germes contenus dans l'eau. Afin de réaliser les observations dans les conditions les plus représentatives possibles, il convient d'utiliser des moyens d'essais et des conditions d'expérience adaptées. Ainsi, il y a lieu d'assurer que la densité de germes au modèle est dans un rapport λ^3 (λ rapport d'échelle géométrique entre le réel et le modèle) par rapport à la densité réelle (voir Bovis [8]) pour garantir la représentativité au modèle de la figure de cavitation observée. Ceci ne peut être obtenu que par une injection artificielle de germes dans le tunnel d'expériences. Si, de plus, le tunnel hydrodynamique est de grande taille avec une capacité de pressurisation importante, les observations peuvent être réalisées aux conditions de pression et de vitesse identiques à celles du réel (au moins au voisinage de la surface). De telles conditions sont accessibles au Grand Tunnel Hydrodynamique du basin des Carènes ou au Large Cavitation Channel du David Taylor Research Center. Si ces conditions ne sont pas possibles (les tunnels de cavitation classique sont dépressurisables, mais ont une très faible capacité de pressurisation), il faut, en similitude de cavitation, avoir :

$$\frac{(P_o - P_V)_M}{(P_o - P_V)_S} = \left(\frac{V_M}{V_S}\right)^2$$

Ce qui conduit à réduire simultanément les vitesses d'écoulement et les pressions ambiantes. Ceci nécessite d'ajuster également la taille des germes. La figure VI.25 représente les conditions de cavitation réalisées au réel et au modèle. On note r le rapport des vitesses $r = \frac{V_S}{V_M}$ [5]. On note $P_{\min}$ la pression minimale atteinte sur l'extrados des pales d'hélices.

A mêmes paramètres d'avance $J_M = J_S$, on a encore :

$$\frac{(P_o - P_{\min})_M}{(P_o - P_{\min})_S} = \left(\frac{V_M}{V_S}\right)^2 = r^2$$

Il y a cavitation par bulles, au modèle comme au réel lorsque la pression minimale $P_{\min}$ atteint la pression critique des germes les plus fragiles. Ceci conduit à :

$$(P_{\min})_M = P_V - \frac{1}{r^2}\left[P_V - (P_{\min})_S\right]$$

Comme, par ailleurs, l'équation d'équilibre de Rayleigh (voir Bovis [8]) donne, pour un germe quelconque, $P_c = P_V - \frac{4s}{R_c}$ (s tension superficielle de l'eau), la similitude de l'apparition de cavitation entre modèle et réel sera obtenue à condition que :

$$(R_C)_M \geq r^2 (R_C)_S \qquad \text{(VI.27)}$$

Toutes proportions gardées, les germes d'expérience au modèle doivent être significativement plus gros (dans le rapport de l'inverse des vitesses), qu'au réel.

[5] Si les essais doivent être faits en présence de la surface libre (essais en surface ou à immersion périscopique), alors la similitude de Froude s'impose. Dans ce cas, on a : $\frac{V_S}{V_M} = \sqrt{\frac{L_S}{L_M}} = \sqrt{\lambda}$.

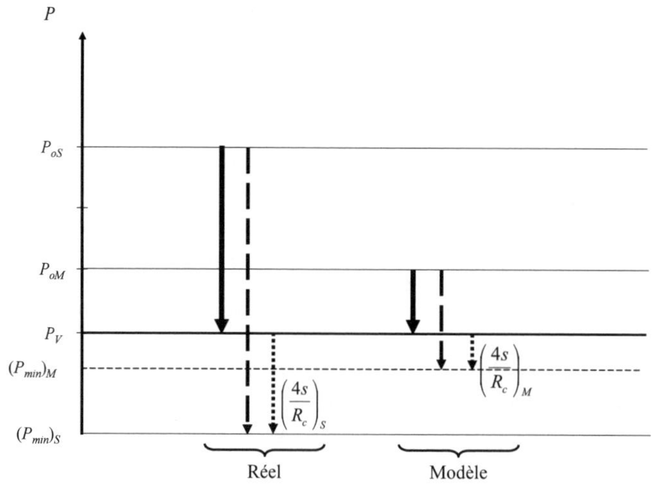

Figure VI.25 *Similitude de cavitation : caractéristique des germes. Les paires de flèches de même graphisme sont homologues dans la similitude ; leurs longueurs sont dans un rapport* r^2

Il est également possible, sous certaines conditions, de mesurer en tunnel hydrodynamique le bruit émis par l'hélice, notamment lorsqu'elle se trouve en régime de cavitation. Ceci suppose de disposer d'une veine d'essais de dimensions suffisantes, c'est-à-dire dont les dimensions transversales sont suffisamment grande par rapport aux longueurs d'ondes acoustiques (aux grandes fréquences caractéristiques du phénomène de cavitation (voir chapitre VII), pour qu'il n'y ait pas de formation d'ondes stationnaires (la longueur d'onde acoustique d'un son de fréquence 1 kHz est de 1,5 m). Il est également nécessaire que le bruit de fond du tunnel aux conditions d'essais soit suffisamment faible pour permettre une extraction certaine du bruit du modèle. Un soin particulier doit être apporté pour que la pompe de circulation du tunnel ne cavite pas à ces conditions.

Une analyse géométrique simple conduit à définir une règle d'extrapolation du bruit mesuré (ITTC 87 [25]) :

$$\frac{p_S(f_S,\Delta f_S)}{p_M(f_M,\Delta f_M)}=\left(\frac{d_M}{d_S}\right)^2\left[\frac{(P_o-P_V)_S}{(P_o-P_V)_M}\right]^{3/2}\left(\frac{D_S}{D_M}\right)^3\left(\frac{\sigma_M}{\sigma_P}\right)^{3/2}\frac{\Delta f_S}{\Delta f_M} \qquad \text{(VI.28)}$$

La largeur de bande Δf est généralement prise proportionnelle à la fréquence centrale f (voir chapitre VII). Le rapport des fréquences est celui des fréquences caractéristiques des bulles. En se basant sur les temps de Rayleigh (voir Bovis [8] et chapitre VII), on peut écrire :

$$\frac{f_S}{f_M}=\left[\frac{(P_o-P_V)_S}{(P_o-P_V)_M}\right]^{1/2}\frac{R_{CM}}{R_{CS}} \qquad \text{(VI.29)}$$

5.3 LES POMPES-HELICES

A partir des années 80, certains sous-marins nucléaires, notamment britanniques et français, comme certaine torpilles, ont été équipés de propulseurs d'un nouveau type appelés *pompes-hélices* (*pump-jets*).

La pompe hélice se définit comme un propulseur caréné composé :

- d'une hélice ou *rotor*

- d'un (ou deux) étage fixe(s) ou *stator*

- d'un carénage ou *tuyère*

Le stator qui a pour fonction de soutenir la tuyère peut être placé en avant du rotor. Il est alors appelé *stator distributeur*. En effet la cambrure des aubes qui le constituent crée un sillage de rotation à l'entrée du rotor favorable au rendement global du propulseur (rendement d'adaptation $\eta_{ad} > 1$). Placé à l'arrière du rotor, il est appelé *stator redresseur*. Dans ce cas encore, la cambrure des aubes permet de récupérer, sous forme de poussée additionnelle, l'énergie cinétique de rotation de l'eau.

La tuyère est de type *décélératrice*. Ce type de tuyère permet d'augmenter, à poussée constante, la pression moyenne sur le rotor (voir Bovis [8]). Cet effet est donc favorable pour réduire les risques de cavitation, tant par bulles que par tourbillons d'extrémité. Toutefois, une tuyère décélératrice réduit le rendement global du propulseur.

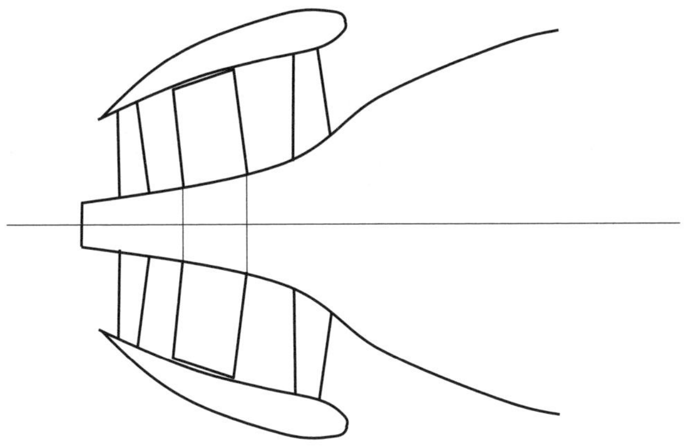

Figure VI.26 *Schéma d'une pompe-hélice*

Par ailleurs, une pompe-hélice comprend, en général, un nombre de pales et d'aubes plus élevé qu'une hélice classique. Un tel dispositif donne de nouveaux paramètres sur lesquels agir pour réduire encore les interactions acoustiques et vibratoires entre le propulseur, le sillage de la carène et les modes élastiques de la coque (chapitre VII).

ANNEXE

HELICE : NOTATIONS ET DEFINITIONS

La géométrie d'une hélice peut être définie selon trois projections :

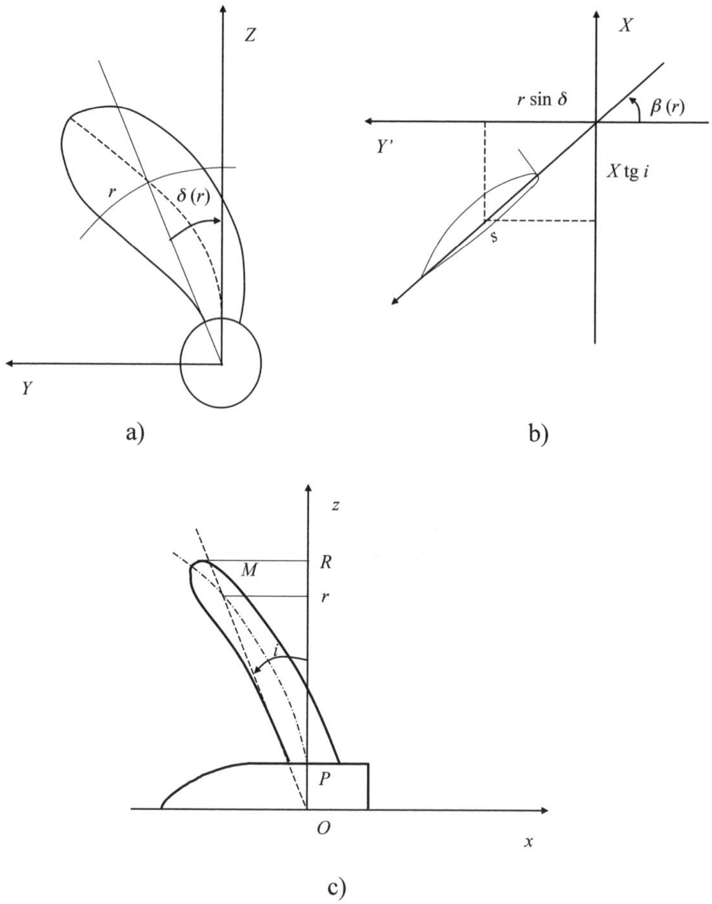

Figure VI.27 *Caractéristiques géométriques d'une hélice*

On utilise les notations suivantes :

$R = \dfrac{D_H}{2}$ est le rayon de l'hélice

r est la distance à l'axe de l'hélice ou *rayon*

$x = \dfrac{r}{R}$ est le *rayon réduit*

Z est le nombre de pales

On appelle *section cylindrique au rayon r* l'intersection d'une pale avec le cylindre de révolution de même axe que l'hélice et de rayon r. La section mise « à plat » est dite *développée*. La figure VI.27.b représente une section développée. Elle a la forme d'un profil d'aile portante de caractéristiques (fonctions du rayon r) :

$c(r)$ est la longueur de corde

$e(r)$ est l'épaisseur. On peut donner une loi de répartition d'épaisseur en fonction de l'abscisse cylindrique s ou utiliser un profil tabulé (NACA 66, par exemple)

$f(r)$ est la cambrure. On peut de même se donner loi de répartition de cambrure en fonction de l'abscisse cylindrique s ou utiliser un profil tabulé (NACA a = 0,8, par exemple)

$\delta(r)$ est le *dévers* (*skew*), la déviation de la génératrice de la pale (lieu des milieux des sections) par rapport au segment de droite radial (figure VII.9)

$i(r)$ est l'*inclinaison* (*rake*)

$\beta(r)$ est *l'angle de pas géométrique*

$H(r) = 2\pi r \, tg\beta(r)$ est le *pas* de la section

$\dfrac{H(r)}{D_H}$ est le *pas réduit*

Le contour développé est le contour plan obtenu par empilement des sections circulaires de mêmec longueurs que les sections cylindriques de la pale réelle :

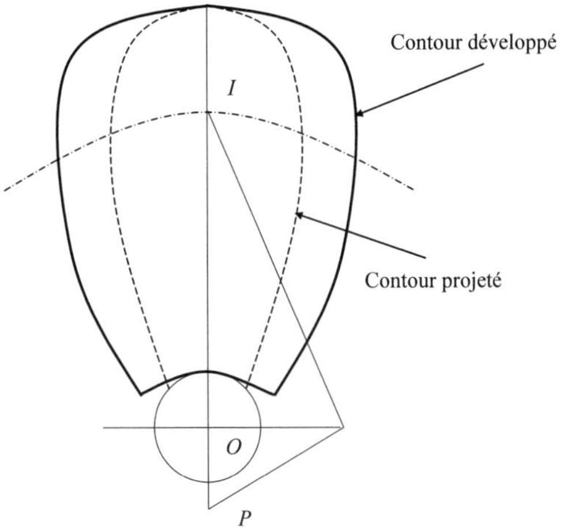

Figure VI.28 *Contour développé*

Le centre de la section circulaire de rayon r se trouve à la distance $PI = r\left[1 + \left(\dfrac{H}{2\pi \, r}\right)^2\right]^{1/2}$.

L'aire du contour développé s'appelle la *surface développée* A_e. On appelle fraction de surface développée le rapport :

$$\frac{A_e}{A_o} = \frac{4ZA_e}{\pi D_H^2}$$

Les caractéristiques de fonctionnement d'une hélice (poussée T (N), couple Q (N.m), vitesse de rotation n (tr/s), vitesse d'avance V (m/s) sont représentées sous forme de paramètres sans dimension :

$$K_T = \frac{T}{\rho n^2 D_H^4} \qquad \text{coefficient de poussée}$$

$$K_Q = \frac{Q}{\rho n^2 D_H^5} \qquad \text{coefficient de poussée}$$

$$J = \frac{V}{nD_H} \qquad \text{paramètre d'avance}$$

Le rendement de l'hélice vaut :

$$\eta_H = \frac{J}{2\pi}\frac{K_T}{K_Q}$$

Pour une hélice donnée, ces caractéristiques peuvent être représentées sur un graphe :

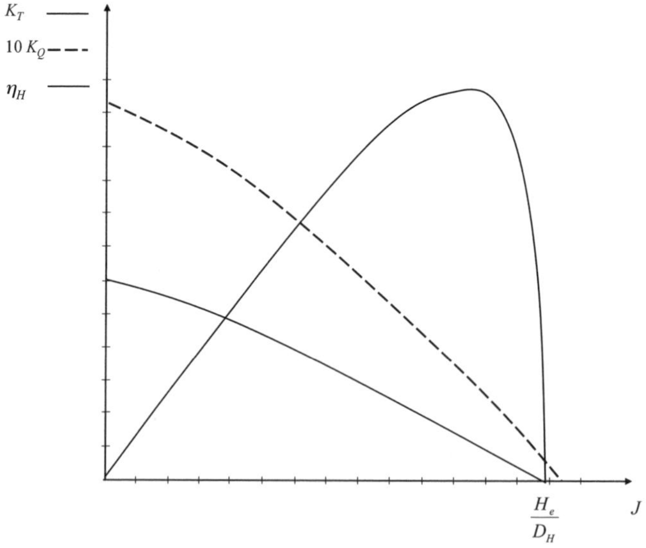

Figure VI.29 *Courbes caractéristiques d'une hélice*

H_e est le pas effectif.

Chapitre VII
BRUIT HYDRODYNAMIQUE

Si les premières études de propagation du son dans l'eau remontent au début du XIXème siècle, ce sont la première guerre mondiale et l'apparition de la véritable guerre sous-marine qui vont susciter le développement de l'acoustique sous-marine. Très rapidement des hydrophones sont installés sur les sous-marins allemands pour détecter le bruit des hélices des contre-torpilleurs. A l'inverse, le submersible immergé, alimenté par ses seules batteries électriques et quasi-immobile, ne pouvait être entendu par des moyens purement passifs, somme toute encore rudimentaires. Aussi, tous les meilleurs physiciens du temps seront-ils mobilisés, en France et en Grande-Bretagne, afin de perfectionner les techniques de détection. C'est Paul Langevin, exploitant la piézo-électricité des cristaux de quartz découverte par Pierre et Marie Curie, qui rendra possible la détection active, c'est-à-dire l'utilisation de l'écho renvoyé par le sous-marin d'un signal acoustique émis par le détecteur. Entre les deux guerres, les recherches sur la détection sous-marine vont se développer des deux côté de l'Atlantique sous l'acronyme d'*ASDIC* (Allied Submarine Detection Investigation Committee). L'ASDIC deviendra le *SONAR* (SOund Navigation And Ranging, l'équivalent sous-marin du RADAR) après la seconde guerre mondiale. Le laboratoire d'acoustique sous-marine du Brusc, héritier du laboratoire de Jean Perrin, près de Toulon, est créé en 1946.

Les submersibles en service jusqu'à la seconde guerre mondiale, et les sous-marins diesel-électrique conçus après 1945 disposaient, en immersion, d'un large avantage acoustique par rapport aux bâtiments de surface avec les moyens existants de détection passive. En effet ces sous-marins étaient intrinsèquement silencieux du fait de leur source d'énergie statique et de leur très faible mobilité.

La multiplication des sous-marins à propulsion nucléaire à partir de la fin des années 60 dans plusieurs marines et l'affrontement technologique de la guerre froide ont induit une évolution majeure en matière de lutte sous la mer. En effet, la détection active est tout aussi indiscrète pour le détecteur que pour le « chassé ». Or, l'effet de surprise peut être un avantage pour l'un et l'autre acteur dont les rôles deviennent facilement interchangeables. Aussi a t-ton vu rapidement le concept de « *discrétion acoustique* » prendre une importance majeure dans la conception des sous-marins. Cette évolution a été rendue nécessaire par deux facteurs principaux. Il y a, tout d'abord, les progrès réalisés dans la détection passive grâce à la mise en œuvre d'antennes de grand développement (antennes linéaires remorquées, réseaux d'antennes fixes) capables notamment de capter des bruits en très basses fréquences (antennes ETBF). Il y a ensuite la capacité des sous-marins à propulsion nucléaire à opérer en plongée, sans contrainte d'autonomie, à des vitesses beaucoup plus élevées que les sous-marins à propulsion conventionnelle. Cette mobilité accrue, qui démultiplie les capacités de lutte aussi bien que l'effet dissuasif des sous-marins, a toutefois un prix, si on ne prend pas des mesures architecturales pour l'éviter : l'augmentation importante du bruit, et notamment du bruit d'origine hydrodynamique.

Afin de conserver au sous-marin en plongée son avantage de discrétion, tout en bénéficiant de tout son potentiel de mobilité, des programmes de recherche considérables ont été menés dans les années 70-80, notamment aux Etats-Unis, au Royaume-Uni et en France sur les formes de carène, les propulseurs, les appendices ainsi que sur la réduction des vibrations transmises à la coque par tous les composants ou appareils embarqués.

1. GENERALITES SUR LE BRUIT HYDRODYNAMIQUE[1]

Tout corps en mouvement au sein d'un fluide dissipe une part de son énergie sous forme de bruit perceptible à plus ou moins grande distance en fonction de ses caractéristiques et des conditions de propagation au sein du milieu fluide. Ce phénomène est tout aussi inéluctable que le second principe de la thermodynamique, la chaleur étant la forme ultime de toute énergie mécanique, y compris l'énergie acoustique qui n'est donc qu'une forme intermédiaire. Ce bruit peut être lié au mouvement de corps solide du corps (évolutions) ou de ses parties (propulseur, gouvernes), ou au mouvement vibratoire de sa surface. Ce dernier mouvement, qui peut lui-même affecter l'ensemble de la surface de carène ou seulement une partie localisée, peut avoir pour origine soit l'effet des fluctuations turbulentes de l'écoulement sur une membrane élastique (*couplage fluide-structure*), soit des vibrations d'appareils internes à la carène transmises à la coque, soit enfin la mise en vibration de structures métalliques liées à la coque par des fluctuations de champ électromagnétique. Dans tous les cas l'émission ultime du bruit dans le fluide se fait par la surface de carène (et de ses appendices).

Pour un sous-marin, ce bruit émis est fortement nuisible soit parce qu'il constitue la trace détectable par les moyens d'écoute de ses adversaires (*bruit rayonné* à distance), soit parce qu'il crée une gêne pour les propres moyens d'écoute du sous-marin (*bruit propre*).

1.1 PUISSANCE ACOUSTIQUE, RENDEMENT ACOUSTIQUE, INTENSITE ACOUSTIQUE

Si la dissipation d'énergie mécanique sous forme de bruit par un navire est inéluctable, elle n'en est pas moins marginale. Ainsi alors que la puissance installée sur un sous-marin (de même que sur un bâtiment de surface) se compte généralement en mégawatts (de 1 à 100 MW suivant la taille du navire, depuis le petit sous-marin côtier jusqu'au porte-avions nucléaire), la puissance acoustique émise se compte en watts, ou en fractions de watt : du centième de watt pour un sous-marin moderne en situation de patrouille à une centaine de watts pour un navire de surface à pleine puissance. En comparaison, un avion ou une fusée au décollage peuvent émettre plusieurs kilowatts de puissance sonore. On appelle « *rendement acoustique* » la proportion de puissance acoustique émise par rapport à la puissance mécanique mise en jeu.

$$\eta_{ac} = \frac{P_{ac}}{P_{mec}} \qquad \text{(VII.1)}$$

En tout état de cause, le rendement acoustique, est très faible, de 10^{-5} à 10^{-8}, beaucoup plus faible encore dans l'eau que dans l'air. Comme on le verra ultérieurement, ce rendement varie également avec le type de phénomène, on dit encore le type de source, qui génère le bruit. Plus précisément, le champ acoustique créé dans le fluide se caractérise en chaque point par une vitesse et une pression du milieu dites « acoustiques » $u(t)$ et $p(t)$. Dans le cas du phénomène le plus simple se traduisant par la propagation d'une onde plane, les grandeurs u et p sont proportionnelles, le rapport $\frac{p}{u}$ valant (voir paragraphe 2.2):

[1] Les résultats déjà établis dans Bovis [8], ne seront pas redémontrés ici.

$$\frac{p}{u} = \rho_o c_o \qquad \text{(VII.2)}$$

Où ρ_0 est la masse volumique moyenne (hors fluctuations « acoustiques ») de l'eau et c_0 la vitesse de propagation caractéristique de l'onde acoustique (« *vitesse du son* »). Le terme $\rho_o c_o$, qui est une grandeur physique propre au milieu s'appelle l' « *impédance caractéristique* » du milieu.

On appelle, par ailleurs, *nombre de Mach* le rapport adimensionnel $M = \frac{u}{c_o}$. On démontrera plus loin que le rendement acoustique varie exponentiellement avec le nombre de Mach :

$$\eta_{ac} \approx M^n \qquad n \geq 1 \qquad \text{(VII.3)}$$

Une conséquence immédiate de (VII.3) est que, toutes choses égales par ailleurs, le rendement acoustique des sources aériennes, pour lesquelles les nombres de Mach sont relativement élevés, est supérieur au rendement acoustique des sources sous-marines, correspondant à des nombres de Mach très faibles.

Enfin, il est également démontré que la puissance acoustique moyenne rayonnée par une source peut s'écrire :

$$\overline{P_{ac}} \approx \int_S \frac{\overline{p}^2}{\rho_o c_o} dS \qquad \text{(VII.4)}$$

où S est une grande sphère entourant totalement la source et $\overline{p}^2$ la moyenne quadratique des fluctuations de pression acoustique :

$$\overline{p}^2 = \frac{1}{T}\int_0^T p^2(t)dt \qquad \text{(VII.5)}$$

On peut déduire immédiatement de ces quelques résultats :

- l'ordre de grandeur de la vitesse acoustique u est identique à celui des vitesses de déplacement ou de déformation de l'engin bruyant. Ces vitesses sont donc beaucoup plus faibles pour un engin marin ou sous-marin que pour un engin aérospatial, comme par ailleurs, la vitesse du son c_0 est environs cinq fois plus élevée dans l'eau que dans l'air, on peut conclure immédiatement que des sources identiques auront un rendement acoustique beaucoup plus élevé dans l'air que dans l'eau.
- l'impédance caractéristique de l'eau est beaucoup plus élevée que celle de l'air (environs 3600 fois plus élevée)
- pour une même puissance émise, les fluctuations de pression sont beaucoup plus élevées dans l'eau que dans l'air. Elles diminuent donc beaucoup plus lentement avec la distance. Ainsi, la perception du son se faisant à partir de la pression et non de la puissance, une source acoustique d'un watt peut, dans des conditions de propagation favorables être entendue à plusieurs dizaines de kilomètres dans l'eau, alors que dans l'air elle ne porterait pas à plus de quelques dizaines de mètres.

On appelle *vecteur intensité acoustique* le produit, en chaque point, de la pression et de la vitesse acoustiques :

$$\vec{I} = p(M,t)\vec{u}(M,t) \qquad \text{(VII.6)}$$

Le vecteur intensité acoustique est le vecteur de flux de l'énergie acoustique. La puissance instantanée rayonnée à l'extérieur d'une surface fermée S, de normale extérieure $\vec{n}$, est ainsi :

$$P_{ac} = -\int_S \vec{I} \cdot \vec{n} dS \qquad \text{(VII.7)}$$

1.2 MESURE DU SON

Les grandeurs acoustiques (pression, vitesse, puissance, intensité) sont généralement mesurées non par leur valeur physique mais par le logarithme de ces valeurs. La nécessité d'utiliser des unités logarithmiques provient d'une part des faibles niveaux mesurés dans les systèmes d'unités physiques, d'autre part de l'amplitude très étendue de leurs variations. Il est d'ailleurs significatif de constater que l'oreille qui peut capter sans saturation des signaux de niveaux aussi différents qu'un chuchotement et un bruit de marteau-piqueur, a une réponse logarithmique. Il en est de même des capteurs électromécaniques, comme les antennes sonar.

La puissance acoustique, exprimée en décibel (dB), vaut par définition[2] :

$$N_P = 10 \ \log_{10} \frac{P_{ac}}{P_o} \qquad \text{(VII.8)}$$

P_o est une puissance de référence, habituellement 1 watt dans les applications sous-marines.

La pression acoustique exprimée en décibel, vaut :

$$N_p = 20 \ \log_{10} \frac{p}{p_o} \qquad \text{(VII.9)}$$

p_o est de même une pression de référence, habituellement 1 μP_a (micro pascal ou 10^{-6} P_a) en acoustique sous-marine.

Adaptée pour étudier ou représenter des signaux sur de très larges plages de variation, l'échelle logarithmique du décibel « écrase » les petites variations. Ceci reste toutefois homogène avec les capacités des instruments de mesure qui fonctionnent suivant la même logique. Ainsi, en pratique, on accepte une marge d'incertitude de 3 dB, comme donnant une bonne précision de la grandeur mesurée, sachant que cela représente une erreur du simple au double sur la puissance.

Pour une source donnée, les grandeurs acoustiques de son champ sonore dépendent, entre autres facteurs, de la distance à la source à laquelle elles sont mesurées. Cette distance est difficilement maîtrisable, soit parce qu'elle est inconnue, soit parce que même connue pour une mesure donnée elle ne peut pas être précisément reproduite pour vérifier la mesure. La difficulté apparaît également lorsque l'on veut comparer les grandeurs de deux sources

[2] Le facteur 10 dans l'expression (VII.8) justifie le préfixe « déci » de décibel de façon à ne pas avoir à manipuler des fractions d'unités. Quant à la racine « bel », elle provient du nom de Graham Bell, inventeur du téléphone. C'est dans le domaine des télécommunications que se sont développées les théories de traitement du signal.

différentes. Il est donc admis de définir un *niveau de source* de référence comme étant la valeur de la grandeur à une distance r arbitraire de la source dans l'hypothèse (généralement inexacte) que la décroissance de la grandeur entre la distance r de la source et la distance réelle R de mesure est linéaire. r est généralement prise égale à 1 mètre, d'où :

$$(N_p)_{1m} = N_p + 20 \ \log_{10} R \qquad \text{(VII.10)}$$

Ce résultat est exact pour une source sphérique, source dont le champ acoustique possède la symétrie sphérique, c'est-à-dire dont les grandeurs restent constantes sur toute sphère ayant la source pour centre. Dans la réalité, il en est différemment, d'une part parce qu'un navire n'est pas une source simple ponctuelle, d'autre part parce que, sur de longues distances, il y a absorption d'énergie acoustique par le milieu fluide (dissipation thermique). L'expression $20 \ \log_{10} R$ donne cependant une valeur minimale (« idéale ») de la décroissance. L'écart entre la décroissance réelle et $20 \ \log_{10} R$ est appelée l' « *anomalie de transmission* ».

1.3 EQUATION DU SONAR PASSIF

On désigne par « équation du sonar » l'expression logarithmique de la fonction de transfert du signal acoustique de la source qui l'émet jusqu'à l'opérateur qui le reçoit. Les capteurs récepteurs (hydrophones) étant des instruments piézo-électriques sensibles à la pression, prenons comme grandeur caractéristique du signal acoustique la pression. La chaîne de transmission de la pression acoustique peut-être schématisée comme suit :

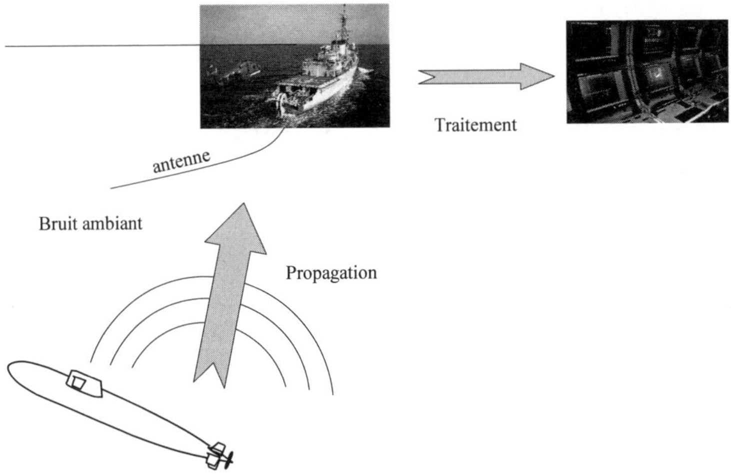

Figure VII.1 *Schéma d'un système sonar de bâtiment de surface anti-sous-marins*

Le signal acoustique (fluctuations de pressions) émis par la source subit une chaîne de modifications successives jusqu'à son affichage sous forme de graphique sur l'écran de l'opérateur :

$(N_p)_{1m}$ est le niveau de la source

H est l'atténuation de propagation (« *transmission loss* ») à la distance R de mesure. Pour une source de type sphérique ou, arbitrairement, pour une source quelconque de type inconnu, $H = -20 \log_{10} R$;

N_{BA} est le niveau de bruit ambiant de la mer. Ce niveau est en principe isotrope, c'est-à-dire identique dans toutes les directions autour de l'antenne. Le signal mesurable est celui dont le niveau « émerge » du bruit ambiant. On appelle « *rapport signal sur bruit* » le niveau relatif du signal par rapport au bruit ;

N_{BP} est le niveau de bruit propre de l'antenne

D est l'index de directivité de l'antenne (capacité à « viser un secteur angulaire étroit de l'espace). Cet qualité de l'antenne permet d'améliorer le rapport signal sur bruit et constitue donc un « *gain d'antenne* » ;

G est le gain obtenu par traitement du signal électronique

Le signal acoustique sera donc mesurable par le système sonar si le rapport signal sur bruit en sortie de traitement est supérieur à une valeur minimale M appelée « *seuil de détection* » :

$$(N_p)_m - H - N_{BA} - N_{BP} + D + G \geq M \qquad \text{(VII.11)}$$

La notion *d'avantage acoustique* d'un sous-marin a est liée à sa capacité, dans le cadre d'un « duel », à détecter le bruit émis par un adversaire b sans que ce dernier ne puisse détecter le sous-marin. En se basant sur l'équation du sonar (VII.11) cela se traduit par l'inégalité (en supposant le bruit ambiant identique pour les deux sous-marins) :

$$(N_p)_b - N_{BPa} + D_a + G_a \geq (N_p)_a - N_{BPb} + D_b + G_b$$

Ou encore :

$$(N_p)_b + N_{BPb} - D_b - G_b \geq (N_p)_a + N_{BPa} - D_a - G_a \qquad \text{(VII.12)}$$

Donc, pour des sonars de niveaux technologiques comparables, l'avantage acoustique d'un sous-marin dépend de la réduction de son niveau de bruit rayonné (c'est ce que l'on appelle la « *discrétion acoustique* ») et de son bruit propre.

La notion d'avantage acoustique, telle qu'elle résulte de l'équation (VII.12) n'est qu'une approche très simple du problème complexe de l'invulnérabilité du sous-marin. Elle ignore les différences de performances qu'il peut y avoir entre sonar (notamment dans différentes gammes de fréquences) comme le jeu tactique que permet la complexité des voies de propagation du son dans l'eau de mer. Par ailleurs, les temps de mesure et de traitement des bruits sous-marins sont très longs comparés au temps d'acquisition de signaux radar. Ceci permet de conférer à la notion d'avantage de détection une dimension dynamique, ainsi a l'avantage celui qui est capable de détecter « avant » l'autre. La vitesse de déplacement ayant un impact favorable sur la mise en œuvre de tactiques de patrouille élaborées, mais défavorable sur les bruits propres et rayonnés, la notion d'avantage doit donc s'étendre au paramètre vitesse. On parle alors d' « *avantage tactique* ».

1.4 SPECTRE DE BRUIT

Le bruit émis par un navire est un signal complexe résultant de la superposition d'un nombre quasi-infini de sources différentes. Il présente ainsi toutes les caractéristiques d'un signal aléatoire à moyenne nulle qui, sur la plage de temps finie nécessaire à une mesure, peut être considéré comme stationnaire (ses caractéristiques statistiques sont constantes sur un temps compatible avec la mesure d'un échantillon).

On appelle fonction d'auto corrélation $C(\tau)$ d'un signal acoustique $p(t)$ la fonction égale à :

$$C(\tau) = \langle p(t).p(t+\tau)\rangle = \lim_{T \to 0} \frac{1}{2T}\int_{-T}^{+T} p(t).p(t+\tau)dt \qquad \text{(VII.13)}$$

La fonction d'auto corrélation mesure la « cohérence » du signal dans le temps (périodicités). On appelle « spectre » du signal la transformée de Fourier de $C(\tau)$.

$$S(f) = \int_{-\infty}^{+\infty} C(\tau)e^{-2\pi i f\tau}d\tau \qquad \text{(VII.14)}$$

La fonction $S(f)$ est une fonction complexe. On appelle spectre réel de $p(t)$, la partie réelle de S :

$$G(f) = \mathcal{R}\{S(f)\} = 2\mathcal{R}\left\{\int_0^{+\infty} C(\tau)\cos 2\pi f\tau \, d\tau\right\} \qquad \text{(VII.15)}$$

La formule (VII.14) peut être inversée en :

$$C(\tau) = \int_{-\infty}^{+\infty} S(f)e^{+2\pi i f\tau}d\tau \qquad \text{(VII.16)}$$

Si p est une fonction sinusoïdale qui peut se noter $p(t) = \mathcal{R}\{p_o e^{2\pi i f_o t}\}$, son spectre S(f) se réduit à une « raie » unique (fonction de Dirac) :

$$S(f) = p_o^2 \delta(f - f_o)$$

On dit que le signal est « *à fréquence pure* ». Par extension, si le signal est périodique de période $T = \dfrac{1}{f_o}$, il admet un développement en série de Fourier :

$$p(t) = \mathcal{R}\left\{\sum_{-\infty}^{+\infty} p_n e^{2i\pi n f_o t}\right\}$$

et :

$$S(f) = \sum_{-\infty}^{+\infty} |p_n|^2 \delta(f - nf_o)$$

Le spectre est constitué de « *raies* » à la fréquence f_o et à ses « *harmoniques* » (multiples) $n\,f_o$.

A l'inverse un bruit qui ne fait apparaître aucune fréquence privilégiée est appelé un « *bruit blanc* ». Un bruit qui a les caractéristiques d'un bruit blanc (spectre continu) sur une plage de fréquence finie est appelée un bruit à « *large bande* ».

Le bruit rayonné par un navire apparaît comme étant la superposition de bruits de type à large bande (bruits hydrodynamiques, notamment) et de bruits périodiques (bruits liés à des vibrations caractérisées par des *fréquences propres*) que l'on appelle encore « *bruits de raies* ». De fait, l'analyse expérimentale de ce bruit doit s'attacher à déterminer les caractéristiques de ces deux types de bruit.

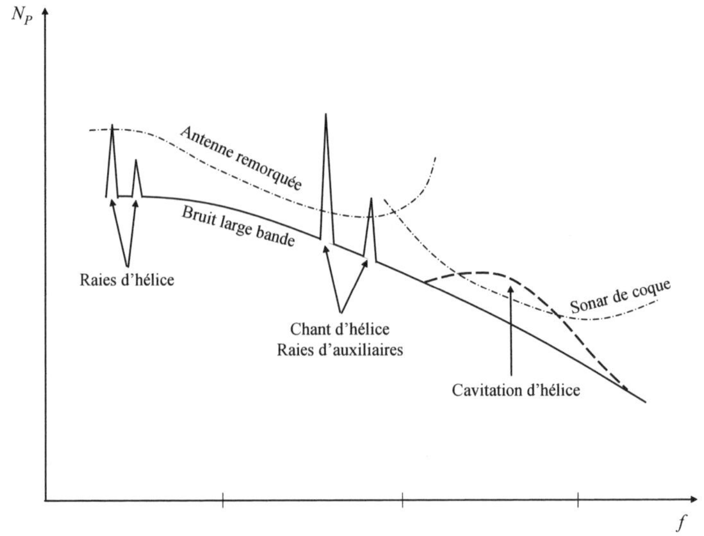

Figure VII.2 *Spectre de bruit rayonné d'un navire et sensibilité des sonars de détection sous-marine*

Sur la base de la mesure d'un signal temporel $p(t)$, l'analyse spectrale a pour but de déterminer la puissance acoustique rayonnée $G(f).\Delta f$ sur une bande de fréquence de largeur Δf autour de f. On démontre que :

$$G(f)=\frac{\overline{p^2}(f,\Delta f)}{\Delta f} \qquad \text{(VII.17)}$$

Le niveau spectral (en décibel), pour une largeur de bande Δf est donc défini par :

$$N_P(f)_{\Delta f}=10\ \log\frac{\overline{p^2}(f,\Delta f)}{p_o^2} \qquad \text{(VII.18)}$$

La largeur de bande est directement liée à la méthode de mesure (utilisation de filtres passe-bande). Elle peut-être variable. C'est pourquoi on définit un spectre équivalent artificiel qui serait obtenu avec une largeur de bande de 1 Hz. On a alors :

$$N_P(f)=N_P(f)_{\Delta f}-10\ \log\Delta f \qquad \text{(VII.19)}$$

On appelle « *spectre en large bande* » le spectre déterminé avec un filtre relativement large, typiquement en acoustique sous-marine, un filtre en « tiers d'octave ». Un tel filtre est défini par :

$$\begin{aligned}\Delta f &= f_s - f_i \\ f_s &= 2^{1/3} f_i \\ f &= \sqrt{f_s f_i}\end{aligned} \qquad \text{(VII.20)}$$

La largeur de mesure Δf varie donc avec la fréquence. On a :

$$\frac{\Delta f}{f} = \frac{2^{1/3} - 1}{2^{1/6}} \approx 0{,}23$$

Et :

$$N_P(f) = N_P(f)_{1/3} - 10\ \log(0{,}23 f) = N_P(f)_{1/3} + 6{,}4 - 10\ \log f$$

On appelle « *spectre en bande fine* » le spectre déterminé avec un filtre étroit et a pour objet la détermination des bruits de raies. Un filtre étroit est typiquement un filtre dont la largeur $\frac{\Delta f}{f}$ est de l'ordre de quelques pourcents.

1.5. PROPAGATION DU SON DANS L'EAU : EQUATION DE HELMHOLTZ

Les équations de propagation du son (équations de l'acoustique) sont les équations linéarisées du mouvement irrotationnel d'un fluide parfait (non visqueux), homogène, légèrement compressible (Bovis [8]). Dans cette approximation on considère que les grandeurs pression P, masse volumique r, vitesse U du fluide sont la composition d'une partie moyenne constante dans le temps p_o, ρ_o, u_o et d'une partie fluctuante, d'amplitude beaucoup plus petite que la partie moyenne (petite perturbation) p, ρ, u:

$$\begin{aligned}
P(M,t) &= p_o(M) + p(M,t) \\
r(M,t) &= \rho_o(M) + \rho(M,t) \\
\vec{U}(M,t) &= \overrightarrow{u_o}(M) + \vec{u}(M,t)
\end{aligned}$$

La linéarisation consiste à ne garder dans les équations du mouvement que les termes « *du premier ordre* », c'est-à-dire linéaires, en p, ρ, u.

Le fluide est caractérisé par une équation d'état qui, linéarisée, s'écrit :

$$P - p_o = c_o^2 (r - \rho_o)$$

Ou :

$$p = c_o^2 \rho \qquad \text{(VII.21)}$$

La constante c_o est appelée la *célérité du son.*

Le champ des vitesses peut être dérivé d'un potentiel des vitesses ϕ, $\vec{u} = grad\phi$, et l'on obtient, à partir des équations linéarisées de continuité et de quantité de mouvement :

$$\Delta\rho - \frac{1}{c_o^2}\frac{\partial^2 \rho}{\partial t^2} = 0 \qquad \text{(VII.22a)}$$

$$\Delta p - \frac{1}{c_o^2}\frac{\partial^2 p}{\partial t^2} = 0 \qquad \text{(VII.22b)}$$

$$\Delta\phi - \frac{1}{c_o^2}\frac{\partial^2 \phi}{\partial t^2} = 0 \qquad \text{(VII.22c)}$$

On a de plus (linéarisation de l'*égalité de Bernoulli*) :

$$p = -\rho_o \frac{\partial \phi}{\partial t} \tag{VII.23}$$

L'approximation linéaire des équations permet de plus de considérer n'importe quelle solution du système d'équations (VII.21 à VII.23) comme la somme de solutions sinusoïdales qui peuvent être écrites, en notations complexes, comme :

$$\begin{aligned} p\left(\vec{M},t\right) &= \mathcal{R}\left\{\pi\left(\vec{M}\right)e^{-2\pi i f t}\right\} = \mathcal{R}\left\{\pi\left(\vec{M}\right)e^{-i\omega t}\right\} \\ \phi\left(\vec{M},t\right) &= \mathcal{R}\left\{\psi\left(\vec{M}\right)e^{-2\pi i f t}\right\} = \mathcal{R}\left\{\psi\left(\vec{M}\right)e^{-i\omega t}\right\} \\ \vec{u}\left(\vec{M},t\right) &= \mathcal{R}\left\{\vec{\upsilon}\left(\vec{M}\right)e^{-2\pi i f t}\right\} = \mathcal{R}\left\{\vec{\upsilon}\left(\vec{M}\right)e^{-i\omega t}\right\} \end{aligned}$$

$\omega = 2\pi f = \dfrac{2\pi}{T}$ est la *pulsation* de la sinusoïde.

Alors les équations (VII.22c) et (VII.23) peuvent être remplacées par :

$$\Delta\psi + \frac{\omega^2}{c_o^2}\psi = 0 \tag{VII.24}$$

$$p = i\omega\rho_o\psi = ik\rho_o c_o\psi \tag{VII.25}$$

et :

$$\rho = i\omega\frac{\rho_o}{c_o^2}\psi = ik\frac{\rho_o}{c_o}\psi \tag{VII.26}$$

On a encore, d'après (VII.24) et (VII.25) :

$$\Delta\pi + \frac{\omega^2}{c_o^2}\pi = 0 \tag{VII.27}$$

Le paramètre $k = \dfrac{\omega}{c_o}$, qui a la dimension de l'inverse d'une longueur, est appelé *nombre d'ondes*. On peut encore écrire :

$$k = \frac{2\pi}{\lambda} \tag{VII.28}$$

λ est la *longueur d'onde* acoustique.

L'équation (VII.24) est une *équation de Helmholtz*. Elle se distingue de l'*équation de Laplace* des fluides incompressibles par le terme $\dfrac{\omega^2}{c_o^2}\psi$ qui tend vers 0 lorsque c_o tend vers l'infini.

1.6 ONDES SIMPLES : ONDES PLANES ET ONDES SPHERIQUES

Onde appelle « *onde plane* » une solution de l'équation (VII.24) de la forme :

$$\psi(x,y,z) = Ae^{i(k_x x + k_y y + k_z z)} = Ae^{i(\vec{k}\,.\,\vec{M})}$$

avec : (VII.29)

$$k^2 = k_x^2 + k_y^2 + k_z^2$$

ou encore :

$$\phi(x,y,z,t) = |A|\cos(k_x x + k_y y + k_z z - \omega t + \varphi)$$

avec $A = |A|e^{i\varphi}$.

On déduit de l'expression (VII.29) du potentiel complexe, la valeur du module de la vitesse complexe :

$$\upsilon = grad\psi = ik\psi \tag{VII.30}$$

On remarque également que le vecteur vitesse $\vec{u} = grad\phi$ est parallèle au vecteur nombre d'ondes $\vec{k}$:

$$\vec{u} = \vec{k}|A|\sin(k_x x + k_y y + k_z z - \omega t + \varphi)$$

On déduit aisément de (VII.25) et (VII.30) que, pour une onde plane, l'*impédance spécifique* est égale à l'impédance caractéristique du fluide :

$$\frac{p}{u} = \frac{\pi}{\upsilon} = \rho_o c_o \tag{VII.31}$$

Pour une onde plane, on appellera intensité acoustique moyenne, la moyenne temporelle du flux d'énergie dans la direction de propagation de l'onde. On peut donc écrire :

$$\bar{I} = \frac{1}{T}\int_0^T p(t)\,u(t)dt = \overline{p\;u} \tag{VII.32}$$

D'après (VII.30) on a donc immédiatement :

$$\bar{I} = \frac{\overline{p^2}}{\rho_o c_o} \tag{VII.33}$$

On appelle de même *onde sphérique* une solution de l'équation de Helmholtz de la forme :

$$\psi(x,y,z) = \psi(r) = \frac{A}{r}e^{ikr} \tag{VII.34}$$

ou encore :

$$\phi(x,y,z,t) = \frac{|A|}{r}\cos(kr - \omega t + \varphi)$$

où r est la variable radiale du système sphérique de coordonnées spatiales. L'onde sphérique est définie dans tout l'espace sauf au point origine $r = 0$. Il s'agit d'un champ singulier dont l'origine est appelée « *source* ». Pour une onde sphérique on déduit aisément de (VII.24) à (VII.26) :

$$\pi(r) = ik\rho_o c_o\ \psi(r) = \frac{ik\rho_o c_o\ A}{r} e^{ikr} \qquad \text{(VII.35)}$$

$$\rho(r) = ik\frac{\rho_o}{c_o}\ \psi(r) = \frac{ik\rho_o}{c_o}\frac{A}{r} e^{ikr} \qquad \text{(VII.36)}$$

$$\upsilon(r) = ik\left(1 - \frac{i}{kr}\right)\ \psi(r) \qquad \text{(VII.37)}$$

Le vecteur vitesse $\vec{u}(r,t)$ est normal à la sphère centrée à l'origine de rayon r (vitesse radiale). L'équation (VII.37) fait apparaître des comportements différents de la vitesse suivant la valeur du paramètre sans dimension kr. Ce paramètre mesure la distance relative à la source par rapport à la longueur d'onde acoustique.

Lorsque kr est très grand, on dit que l'on se trouve dans le *champ lointain* de la source. L'amplitude des fluctuations de vitesse, comme celle des fluctuations de pression et de masse volumique décroit comme $\frac{1}{r}$ lorsque la distance à l'origine augmente. En *champ proche*, lorsque kr est petit ($kr << 1$), la vitesse décroit comme $\frac{1}{r^2}$ lorsque la distance augmente, donc

L'impédance spécifique (complexe) d'une onde sphérique vaut :

$$\frac{\pi(r)}{\upsilon(r)} = c_o\ \frac{i\omega\rho_o\psi(r)}{ik\psi\left(1 - \frac{i}{kr}\right)} = \rho_o c_o\ \frac{(kr)^2 + ikr}{1 + (kr)^2} \qquad \text{(VII.38)}$$

En champ proche, l'impédance est *réactive* (imaginaire). En champ lointain, l'impédance est *résistive* (réelle) et tend à l'infini vers la valeur $\rho_o c_o$ de l'impédance caractéristique (impédance spécifique de l'onde plane).

L'équation (VII.38) peut encore s'écrire :

$$\upsilon(r) = \frac{\pi(r)}{\rho_o c_o}\left(1 - \frac{i}{kr}\right) \qquad \text{(VII.39)}$$

La vitesse complexe υ est donc la somme d'une composante $\frac{\pi(r)}{\rho_o c_o}$, en phase avec la pression et d'une composante $-i\frac{\pi(r)}{\rho_o c_o kr}$ en quadrature avec la pression.

On en déduit encore l'intensité moyenne de l'onde qui, d'après (VII.32), se réduit au produit moyen des parties en phase de la vitesse et de la pression complexe. D'où, encore :

$$\bar{I} = \frac{1}{T}\int_0^T p(t)\,u(t)dt = \frac{1}{T}\int_0^T \pi \;\frac{\pi}{\rho_o c_o}\cos 2\omega t \; dt$$

$$\bar{I} = \frac{1}{2}\frac{|\pi|^2}{\rho_o c_o} = \frac{\overline{p^2}}{\rho_o c_o} \qquad \text{(VII.40)}$$

La puissance acoustique moyenne vaut

$$\overline{P_{ac}} = \frac{1}{2}\int_S \frac{|\pi|^2}{\rho_o c_o} dS = \int_S \frac{\overline{p^2}}{\rho_o c_o} dS = 4\pi R^2 \, \frac{\overline{p(R)^2}}{\rho_o c_o}$$

Et, comme $\overline{p(R)^2}$ varie comme $\frac{1}{R^2}$:

$$\overline{P_{ac}} = 4\pi \frac{\overline{p(1)^2}}{\rho_o c_o} \qquad \text{(VII.41)}$$

La puissance acoustique moyenne se conserve.

1.7 REFLEXION, REFRACTION D'UNE ONDE ACOUSTIQUE

On peut démontrer que la solution d'onde sphérique (VII.34) est équivalente à la superposition d'une infinité d'ondes planes :

$$\frac{A}{r}e^{ikr} = \frac{Ai}{2\pi}\int\int_{-\infty}^{+\infty}\frac{e^{i(k_x x + k_y y + k_z z)}}{k_z} dk_x dk_y \qquad \text{(VII.42)}$$

Cette équivalence permet de traiter les problèmes de propagation en présence de frontières planes en ne considérant que les ondes planes.

On considère ainsi une onde plane monochromatique, de pulsation ω, se propageant suivant une direction $\vec{k}$ dans un fluide de masse volumique ρ_1 et dans lequel la célérité du son vaut c_1, au contact d'un second fluide de caractéristiques ρ_2, c_2, dont il est séparé par une surface plane. On note θ l'angle du vecteur avec le plan d'interface.

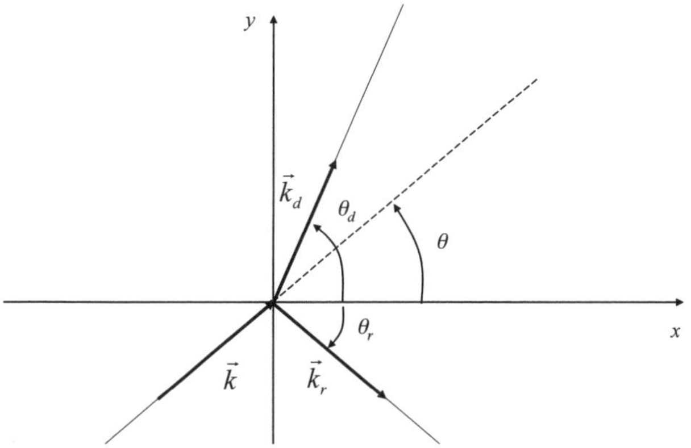

Figure VII.3 *Propagation d'une onde plane à l'interface de deux fluides*

La solution de ce problème est un système d'ondes planes qui vérifie :

$$\Delta\pi_1 + \frac{\omega^2}{c_1^2}\pi_1 = 0 \qquad \text{pour } y < 0$$

$$\Delta\pi_2 + \frac{\omega^2}{c_2^2}\pi_2 = 0 \qquad \text{pour } y > 0$$

La pression doit être continue à l'interface, donc :

$$\pi_1(x,0) = \pi_2(x,0) \qquad \forall\ x \tag{VII.43}$$

Notons, ce qui n'est pas restrictif :

$$\pi_1 = A_i e^{i\vec{k}.\,\vec{M}} + A_r e^{i\vec{k}_r.\,\vec{M}}$$

et :

$$\pi_2 = A_d e^{i\vec{k}_d.\,\vec{M}}$$

Alors, on a :

$$k = k_r = \frac{\omega}{c_1} \qquad \text{et} \qquad k_d = \frac{\omega}{c_2} = \frac{c_1}{c_2}k$$

$$\vec{k}\,.\,\vec{M} = k\cos\theta\ x + k\sin\theta\ y \qquad \vec{k}_r.\ \vec{M} = k\cos\theta_r x + k\sin\theta_r y$$

$$\vec{k}_d.\ \vec{M} = k_d\cos\theta_d x + k_d\sin\theta_d y$$

La condition (VII.43) impose alors :

$$A_i + A_r = A_d \tag{VII.44}$$

et :

$$k\cos\theta = k\cos\theta_r = k_d\cos\theta_d$$

soit :

$$\theta_r = -\ \theta$$

$$\cos\theta_d = \frac{k}{k_d}\cos\theta = \frac{c_2}{c_1}\cos\theta \tag{VII.45}$$

De plus, l'interface étant une surface fluide on doit avoir continuité des vitesses normales. Le vecteur vitesse étant un vecteur parallèle au vecteur d'ondes $\vec{k}$, proportionnel à la pression (équation (VII.31)), on doit donc avoir:

$$\frac{\sin\theta}{\rho_1 c_1}\left[\pi_i(x,0) - \pi_r(x,0)\right] = \frac{\sin\theta_d}{\rho_2 c_2}\pi_d(x,0) \qquad \forall\ \text{x} \tag{VII.46}$$

Les relations (VII.45) constituent la *loi de Snell-Descartes* pour la réfraction-réflexion des ondes acoustiques lors d'un changement de milieu.

La loi de Snell-Descartes peut-être étendue au cas d'un milieu stratifié composé de différentes couches parallèles de différentes célérité, ou même lorsque la célérité varie de façon continue dans l'espace. C'est le cas notamment de la mer où la célérité du son peut varier sensiblement avec la profondeur. La loi de Snell-Descartes permet de déterminer pas à pas la déviation du vecteur nombre d'ondes dans un tel milieu. On appelle *méthode des rayons* cette méthode de résolution du problème de propagation acoustique.

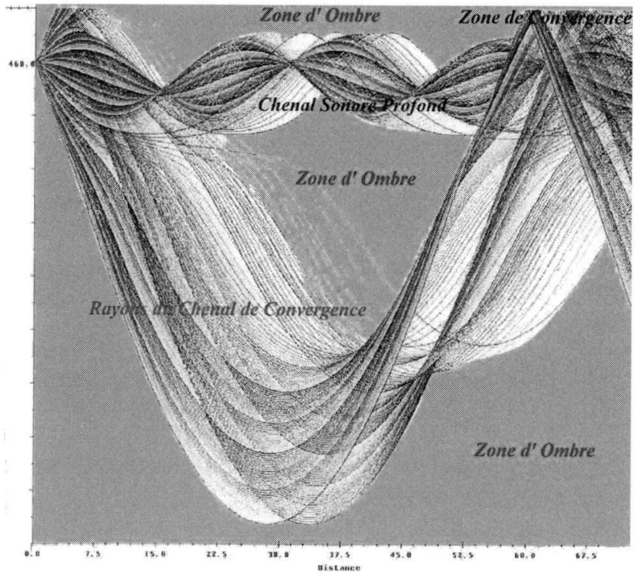

Figure VII.4 *Exemple de propagation de rayons sonores en Atlantique*

Par ailleurs, l'équation (VII.46) donne:

$$A_i - A_r = \frac{\rho_1 c_1}{\rho_2 c_2} \frac{\sin\theta_d}{\sin\theta} A_d = \beta A_d \qquad \text{(VII.47)}$$

Combinée à (VII.44), (VII.47) donne :

$$\frac{\pi_r}{\pi_i} = \frac{1-\beta}{1+\beta} = \alpha_r \qquad \text{et} \qquad \frac{\pi_d}{\pi_i} = \frac{2}{1+\beta} = \alpha_d \qquad \text{(VII.48)}$$

Les coefficients α_r et α_d sont appelés *impédance de réflexion* et *impédance de réfraction* de la frontière. La notion d'impédance est applicable aussi bien à une interface entre deux fluides (l'eau et l'air, par exemple) qu'à une surface élastique.

De plus, (VII.46) donne :

$$\sin\theta_d = \sqrt{1 - \frac{c_2^2}{c_1^2}\cos^2\theta}$$

qui implique qu'il n'y aura propagation dans le deuxième milieu que si :

$$\cos\theta \leq \cos\theta_c = \frac{c_1}{c_2} \tag{VII.49}$$

L'angle θ_c donné par (VII.49) est appelé *l'angle d'incidence critique* pour la transmission du son à travers l'interface. Ainsi, une onde aérienne ne se propagera dans l'eau à travers le dioptre que si son angle d'incidence est supérieur à 75°. Pour une onde émise sous l'eau et rencontrant le dioptre à la perpendiculaire $\left(\theta = \frac{\pi}{2}\right)$, la pression acoustique sera atténuée, au passage du dioptre, du facteur :

$$\alpha_d = \frac{2}{1+\beta} \approx \frac{2}{3600} = 5{,}5\ .\ 10^{-4}$$

soit une perte de transmission d'environs 65 dB. Une source acoustique sous-marine est donc, en pratique, indétectable dans l'air.

1.8. SOURCES ACOUSTIQUES

Il résulte de l'étude des propriétés des solutions de l'équation de Helmholtz que le champ rayonné en champ libre par un corps quelconque peut être représenté par une distribution de monopôles et de dipôles acoustiques sur la surface *S* de ce corps (Bovis [8]).

$$\pi(M) = \int_S \left[Q(P)G(M,P) - D(P)\frac{\partial G}{\partial n_P}(M,P)\right]dP \tag{VII.50}$$

où :

$$G(M,P) = -\frac{1}{4\pi}\frac{e^{ik|MP|}}{|MP|} \tag{VII.51}$$

est le potentiel acoustique de monopôle. Il possède les propriétés du rayonnement sphérique étudié en 1.6. Et :

$$\frac{\partial G}{\partial n}(M,P) = -\text{grad}_M G\ .\ \vec{n} = \frac{k}{4\pi}\frac{e^{ik|MP|}}{|MP|^2}\left[i - \frac{1}{k|MP|}\right]\overrightarrow{MP}\ .\ \vec{n} \tag{VII.52}$$

est le potentiel du dipôle. Le produit scalaire $\frac{\overrightarrow{MP}\ .\ \vec{n}}{|MP|}$ peut encore être noté cosφ, où φ représente l'angle entre les vecteurs $\overrightarrow{MP}$ et $\vec{n}$.

L'exemple de source monopolaire est donné par une sphère dont le rayon *R*(*t*) varie. Si on note V(t) le volume instantané de la sphère ($V = \frac{4}{3}\pi R^3$), la pression acoustique rayonnée à distance r ($r >> R$) vaut à l'instant t :

$$p(r,t) = \rho_o \frac{\frac{d^2V}{dt^2}\left(t - \frac{r}{c_o}\right)}{4\pi\, r} \qquad \text{(VII.53)}$$

La puissance acoustique du monopôle, équation (VII.41) varie comme l'inverse de la vitesse du son. On peut donc s'attendre à ce que le rendement acoustique d'une source monopolaire varie linéairement avec le nombre de Mach (équation VII.3):

$$\eta_{ac} \approx M$$

L'exemple de source dipolaire est donné par une force ponctuelle s'exerçant sur le fluide dans la direction $\vec{e}$ fixe et de module $\left(-\widetilde{F}\right)$ variable. A une telle force est associé le champ de pression acoustique :

$$p(r,t) = \frac{1}{4\pi r c_o} \frac{d\widetilde{F}}{dt}\left(t - \frac{r}{c_o}\right)\cos\varphi \qquad \text{(VII.54)}$$

où φ est l'angle fait par le rayon vecteur $\vec{r}$ avec la direction $\vec{e}$. Si la fluctuation de la force est sinusoïdale, de pulsation ω, d'amplitude $\widetilde{F}_o$, la pression complexe prend la forme :

$$\pi(r) = -\frac{i\omega}{4\pi c_o}\left(-\widetilde{F}_o\right)\frac{e^{ikr}}{r}\cos\varphi \qquad \text{(VII.55)}$$

et la vitesse :

$$v(r) = -\frac{i\omega}{4\pi \rho_o c_o^2}\left(-\widetilde{F}_o\right)\frac{e^{ikr}}{r}\cos\varphi \qquad \text{(VII.56)}$$

L'intensité acoustique moyenne vaut donc :

$$\bar{I}(r) = \frac{\omega^2 \overline{\widetilde{F}_o^2}}{16\pi^2 \rho_o c_o^3} \frac{1}{r^2}\cos^2\varphi \qquad \text{(VII.57)}$$

et la puissance acoustique moyenne :

$$\overline{P}_{ac} = \int_0^{2\pi}\int_0^{\pi} \frac{\omega^2 \overline{\widetilde{F}_o^2}}{16\pi^2 \rho_o c_o^3}\cos^2\varphi \sin\varphi \; d\varphi d\theta = \frac{\omega^2 \overline{\widetilde{F}_o^2}}{12\pi \rho_o c_o^3} \qquad \text{(VII.58)}$$

La puissance acoustique du dipôle varie comme l'inverse du cube de la vitesse du son. On peut donc s'attendre à ce que le rendement acoustique d'une source dipolaire varie comme le cube du nombre de Mach (équation VII.3) :

$$\eta_{ac} \approx M^3$$

La combinaison de deux dipôles infiniment proches constitue un quadripôle. Si le quadripôle est d'intensité Q, la pression acoustique correspondante s'écrit, avec θ la coordonnée polaire dans le plan du quadripôle et φ l'angle entre le rayon r et le plan du quadripôle:

$$\pi(r,\varphi,\theta)=\frac{i\rho_o\omega^3}{4\pi c_o^2}Q\frac{e^{ikr}}{r}\sin\varphi\cos\varphi\sin\theta$$

Dans le cas présent, la puissance acoustique variera donc comme l'inverse de la puissance 5 de la célérité du son. Le rendement acoustique, pour sa part est réputé varier comme la puissance 5 du nombre de Mach :

$$\eta_{ac}\approx M^5$$

2. BRUIT D'HELICE

L'hélice dissipe directement dans l'eau la majeure partie de l'énergie consommée à bord d'un sous-marin. Elle représente donc la source de bruit la plus importante. En fait, le bruit émis par l'hélice augmente avec la puissance propulsive, c'est-à-dire avec la vitesse alors que le bruit d'origine interne créé par les vibrations inévitables des moteurs et des auxiliaires est à peu près constant, au moins par paliers, sur l'ensemble de la plage des vitesses accessibles. Le niveau global de puissance acoustique émis par l'hélice ne devient prépondérant qu'à partir d'une vitesse située, pour les sous-marins modernes à une ligne d'arbres, aux alentours de 7-8 nœuds. Pour les sous-marins, dont la vitesse se situe au-delà de ce seuil, le bruit d'hélice constitue donc un risque important. Cela peut être le cas pour tous les sous-marins en transit, en plongée ou à l'immersion périscopique, et en patrouille, pour les sous-marins dits « rapides », c'est-à-dire les sous-marins à propulsion nucléaire. Cela est également le cas pour les sous-marins en situation de combat lors de phases d'engagement ou de dérobement qui nécessitent vitesse élevée et évolutions serrées.

Le bruit d'hélice se caractérise par une contribution sur toute la largeur du spectre audible par les sonars passifs modernes (Figure VII.2) :

- un bruit tonal (raies) à très basses fréquences (quelques dizaines de Hz) multiples de la fréquence de rotation de la ligne d'arbres (« raies *SR* », comme « *Shaft Rate* ») et de la fréquence de défilement des pales (« raies *BR* », comme *Blade Rate*). Les fréquences de ces raies évoluent donc avec la vitesse ;

- un bruit tonal à moyenne fréquence (quelques centaines de Hz), dû au frottement intermittent (« *stick-slip* ») de la ligne d'arbres sur un de ses paliers (« *grincement de ligne d'arbres* ou *GLA* »). L'hélice agit alors comme résonateur à l'image des branches d'un diapason. Le phénomène lorsqu'il existe se produit à une fréquence indépendante de la vitesse et correspondant à une fréquence propre de pale ;

- un bruit tonal à moyenne fréquence, comparable au précédent, mais du à une excitation vibratoire directe d'une pale par un sillage de tourbillons alternés (« *allée de Karman* ») au bord de fuite de la pale. On désigne ce phénomène sous l'appellation de « *chant d'hélice* ».

- un bruit en bande large, à hautes fréquences (entre 1 et 10 kHz), associé au phénomène de cavitation. Le niveau de ce bruit varie fortement avec les conditions d'immersion et de vitesse du sous-marin. Ses caractéristiques sont très reconnaissables à l'écoute (crépitements, chuintements, claquements,…). Il est généralement fortement modulé aux fréquences *SR* et *BR*.

Le bruit d'hélice est un bruit hydrodynamique car il trouve son origine dans les perturbations d'écoulement sur les pales. Il résulte toutefois d'une suite d'interactions hydro-mécano-acoustiques complexes qui peuvent mettre en jeu de nombreuses parties du sous-marin.

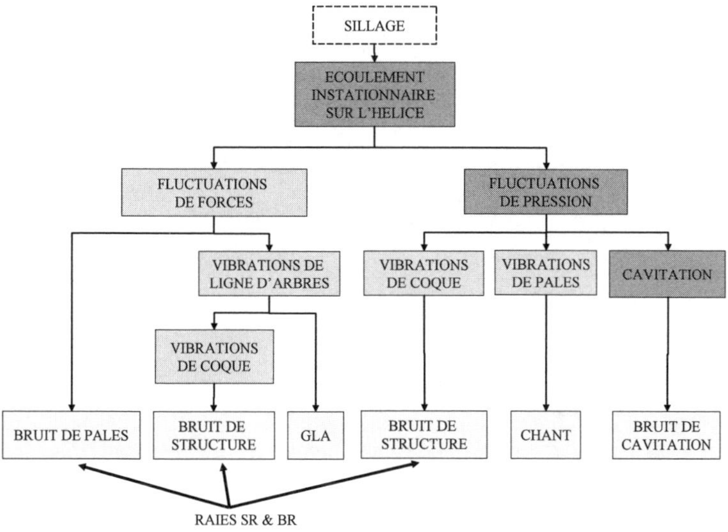

Figure VII.5 *Mécanismes de formation du bruit d'hélice*

En raison de ces mécanismes d'interaction de natures diverses, l'évolution du bruit d'hélice avec la vitesse n'est pas linéaire ni même monotone. Elle se caractérise notamment, à certaines vitesses par des coïncidences entre fréquence d'excitation hydrodynamique et fréquence propre de vibration de la coque ou d'appendices. Ces vitesses sont connues des équipages comme des « *allures vibratoires* » et des consignes doivent interdire d'y demeurer de façon prolongée. Le bruit de cavitation est caractérisé, pour sa part, par un seuil d'apparition fonction de la vitesse et de l'immersion. Au-delà de ce seuil le bruit de cavitation évolue peu avec la vitesse.

Par ailleurs les différents types de bruits d'hélice correspondent à des combinaisons de sources acoustiques différentes (distributions de sources mono polaires pour la cavitation et les vibrations de structures, sources dipolaires pour le bruit de pales, par exemple), ayant chacune leur rendement acoustique et leur directivité propres. Le bruit rayonné globalement prendra donc des allures différentes suivant la distance et l'azimut où il sera mesuré.

2.1 FLUCTUATIONS DE POUSSEE HYDRODYNAMIQUE

L'hélice rencontre, au cours de sa rotation dans le sillage de la carène et de ses appendices, des conditions de vitesse incidente variables. La carte de la figure VII.6 représente les courbes d'isovaleurs de la composante de la vitesse d'écoulement parallèle à l'axe du sous-marin (*vitesse axiale*), mesurée dans le plan de l'hélice, en l'absence de celle-ci (essai de remorquage)[3].

[3] Il s'agit d'une carte établie expérimentalement sur maquette en bassin de traction ou tunnel hydrodynamique

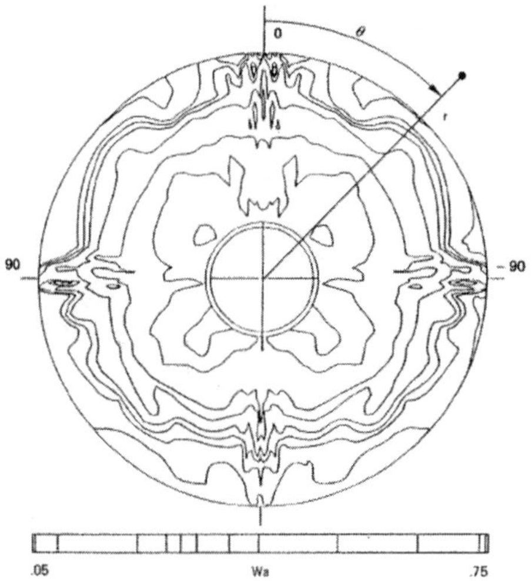

Figure VII.6 *Carte de sillage à l'hélice d'un sous-marin à une ligne d'arbres et dont les gouvernes arrière sont disposées en croix*

La portance hydrodynamique subie par chaque pale augmente dans les zones de faible vitesse (ou de fort sillage, à l'arrière d'un aileron, par exemple) et diminue dans les zones de forte vitesse. En régime stabilisé, les variations sont reproduites à chaque tour d'hélice. La combinaison des variations associées à chaque pale donne une fluctuation de poussée exercée sur l'arbre porte-hélice dont l'amplitude est maximale lorsque les variations de portance des différentes pales sont en phase. Ces fluctuations de poussée sont par ailleurs transmises à la structure du sous-marin à travers les paliers de ligne d'arbres et la butée et sont susceptibles de mettre en résonance tout ou partie de cette structure.

La carte de sillage de la figure VII.6 peut être modélisée par une fonction mathématique $V(r,\theta)$ donnant la valeur de la vitesse en fonction du rayon et de l'angle polaire dans un système de coordonnées axé sur de l'hélice. La fonction $V(r,\theta)$, périodique en θ, peut être décomposée en série de Fourier:

$$V(r,\theta)=V_o[1-w(r,\theta)]=V_o\left[1-a_o(r)-\sum_{m\geq 1}a_{m(r)}\cos(m\theta+\theta_m)\right]=V_o[1-a_o(r)-\tilde{a}(r,\theta)] \quad \text{(VII.59)}$$

$$\tilde{a}(r,\theta)=V_o\mathcal{R}_e\left\{\sum_{m\geq 1}a_{m(r)}\exp i\,(m\theta+\theta_m)\right\}$$

Les différentes composantes harmoniques du sillage sont comptées à partir d'une origine des phases correspondant en général à l'axe vertical passant par le centre du moyeu. Dans le cas d'un sillage symétrique comme sur la figure VII.6, les phases θ_m des différentes composantes sont nulles.

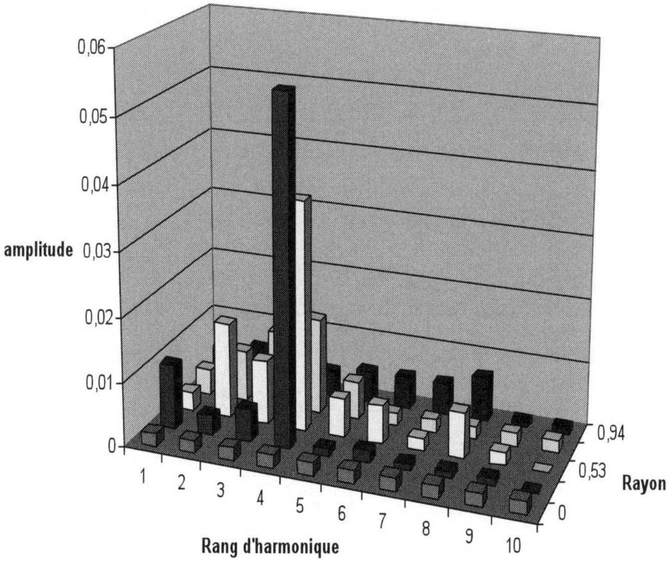

Figure VII.7 *Décomposition harmonique du sillage*

La figure VII.7 représente la décomposition harmonique jusqu'au rang d'harmonique $m = 10$, à différentes distances de l'axe de l'hélice (la distance est ramenée au rayon de l'hélice, $r = 1$ représentant l'extrémité des pales). On remarquera l'importance relative, à tous les rayons, de l'harmonique $m = 4$ du sillage qui correspond à l'influence des ailerons et safrans arrière. Au delà du rang d'harmonique $m = 4$, l'amplitude diminue et passe par des minima relatifs pour les rangs d'ordre impair.

Chaque section de pale (section cylindrique obtenue par l'intersection de la pale avec un cylindre de rayon r de même axe que l'hélice) subit une poussée périodique qui se déduit linéairement des variations de vitesse $V(r,\theta)$, en fonctions des caractéristiques géométriques de la section et de sa poussée moyenne.

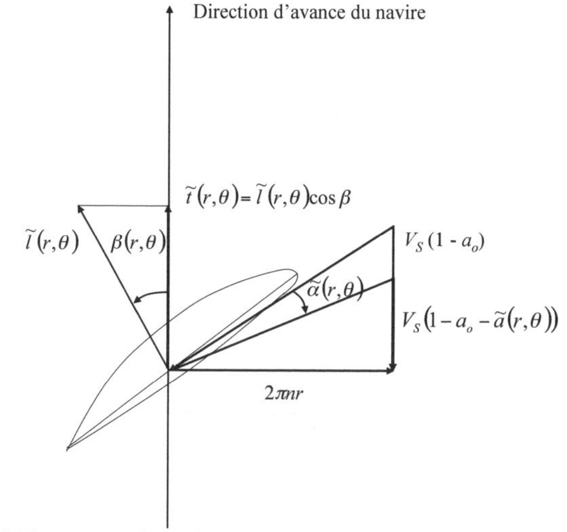

Figure VII.8 *Fluctuations d'incidence et de portance d'une section de pale.*

La portance instationnaire $\tilde{l}(r,\theta)$ de la section de pale de rayon r est donnée par :

$$\tilde{l}(r,\theta)=\sum_m l_{(m)}(r)\cos[m\theta+\varphi_m(r)]=R_e\left\{\sum_m l_{(m)}(r)\exp i\ [m\theta+\varphi_m(r)]\right\} \quad \text{(VII.60)}$$

La phase φ_m est fonction de la géométrie de l'hélice (existence d'un dévers des pales) et d'un terme lié aux effets instationnaires (voir ci-après).

La poussée instationnaire exercée sur l'ensemble de l'hélice résulte de la sommation des efforts exercés sur chaque pale. Or il existe un déphasage constant dans le défilement par rapport au sillage de deux pales voisines espacées de l'angle $\frac{2\pi}{Z}$ (où Z est le nombre de pales). La poussée instationnaire de la section associée à la portance (VII.60) vaut donc :

$$\tilde{t}(r,\theta)=\sum_m l_{(m)}(r)\cos\beta(r)\mathcal{R}_e\left\{\sum_{j=1}^{j=Z}\exp i\ \left[m\left(\theta+\frac{2j\pi}{Z}\right)+\varphi_m(r)\right]\right\} \quad \text{(VII.61)}$$

soit[4] :

$$\tilde{t}(r,\theta)=\sum_q l_{(qZ)}(r)\cos\beta(r)\cos[qZ\theta+\varphi_{qZ}(r)]$$

Par ailleurs, on a, du fait de la rotation de l'hélice, $\theta = 2\pi\ nt$. Pour l'ensemble de l'hélice, on obtient une poussée fluctuante, aux fréquences $f_{qBR}=qnZ$, $q^{\text{ième}}$ harmonique de la fréquence de pale nZ. La fluctuation de rang q est associée à l'harmonique de sillage de même rang :

$$\tilde{T}(\theta)=\sum_q\int_0^R l_{(qZ)}(r)\cos\beta(r)\cos[qZ\theta+\varphi_{qZ}(r)]dr \quad \text{(VII.62)}$$

On conçoit ainsi tout l'intérêt qu'il y a à choisir un nombre de pales correspondant à des harmoniques successives du sillage $m=qZ$, et notamment la fondamentale $m=Z$ d'amplitude la plus faible possible, ce qui est obtenu manifestement pour le sillage représenté en figure VII.7 pour $Z=5$ et $Z=7$. Des nombres de pales plus élevés sont encore possible mais avec le risque alors de réduire significativement le rendement d'hélice.

Un résultat analogue à (VII.62) peut aussi être obtenu pour les 5 autres composantes du torseur d'efforts subi par l'hélice ainsi que pour les efforts de flexion et de torsion subis individuellement par chaque pales (voir Bovis et al. [9]). On obtient alors que les efforts fluctuants transverses (dans les directions y et z de la figure VII.9) sont pour leur part proportionnels aux harmoniques $(qZ\text{-}1)$ et $(qZ\text{+}1)$, q entier, du sillage. Ces efforts apparaissent aux fréquences $f=(qZ-1)n$ et $f=(qZ+1)n$. Ce résultat doit également être pris en compte dans le choix du nombre de pales si l'on veut minimiser l'ensemble des composantes fluctuantes d'effort et non seulement la poussée axiale.

Le calcul des efforts élémentaires $\tilde{l}(r,\theta)$ peut se faire par un calcul complet du fonctionnement instationnaire de l'hélice (voir, Bovis [8]). Une première approche peut être donnée par la

---

[4] On démontre que : $\sum_{j=1}^{j=Z}\exp i\left[\frac{2mj\pi}{Z}\right]=\begin{cases}Z & si \quad m=qZ\ ,\ q\ entier\\ 0 & autrement\end{cases}$

théorie des profils en écoulement incident variable (« *gust* ») (voir, Bovis [8]). En effet, placé dans le sillage, la section au rayon r subit une variation d'incidence α(t) égale à :

$$\alpha(r,\theta) = \text{Arctg}\left[\frac{-\text{V}_o\tilde{a}(r,\theta)\cos\beta}{\sqrt{V_o^2(1-a_o)^2 + 4\pi^2 n^2 r^2}}\right] \approx \frac{-\text{V}_o\tilde{a}(r,\theta)\cos\beta}{\sqrt{V_o^2(1-a_o)^2 + 4\pi^2 n^2 r^2}}$$

La portance variable qui s'ensuit s'exprime alors sous la forme :

$$\tilde{l}(r,\theta) = -R_e\left\{\sum_m \rho c\pi V_o^2 \sqrt{(1-a_o)^2 + \frac{4\pi^2 n^2 r^2}{V_o^2}}\cos\beta\ a_m \exp(i\ m\theta) S_m(r)\right\} \qquad \text{(VII.63)}$$

avec $\theta = 2\pi nt + \dfrac{2\pi\ j}{Z}$ pour la $j^{\text{ième}}$ pale.

La fonction $S_m(r)$ est la *fonction de Sears* qui traduit les effets instationnaires sur la portance du profil (le reste de l'expression traduit la portance instantanée du profil en conditions quasi-statiques). La fonction de Sears est fonction de la fréquence réduite $k_m = \dfrac{2\pi mn}{\sqrt{V_o^2(1-a_o)^2 + 4\pi^2 n^2 r^2}}$.

$$S_m(r) = \frac{2i}{\pi k_m\left(H_1^{(2)}(k_m) + iH_o^{(2)}(k_m)\right)}$$

où $H_1^{(2)}(k_m)$ et $H_o^{(2)}(k_m)$ sont des fonctions de Hankel de seconde espèce.

Dans le cas d'un sillage symétrique, comme celui illustré en figure VII.6, un dévers permet d'introduire un déphasage entre les différentes sections, atténuant ainsi l'effet global sur la pale. Si on prend pour origine des phases du mouvement de rotation de la pale, le passage du pied de pale en position verticale, alors le défilement des sections se fait avec un déphasage d'angle $\delta(r)$. Ce déphasage s'introduit dans (VII.63) par :

$$\theta = 2\pi nt + \frac{2\pi\ j}{Z} - \delta(r)$$

Le taux de dévers égal à 1 correspond à la limite de recouvrement d'une pale et de ses pales adjacentes. L'efficacité maximale est obtenue pour ce taux, bien qu'en pratique d'autres considérations (tenue mécanique des pales, rendement de l'hélice) peuvent conduire, notamment lorsque le nombre de pales est faible, à limiter le taux de dévers à une valeur inférieure à un.

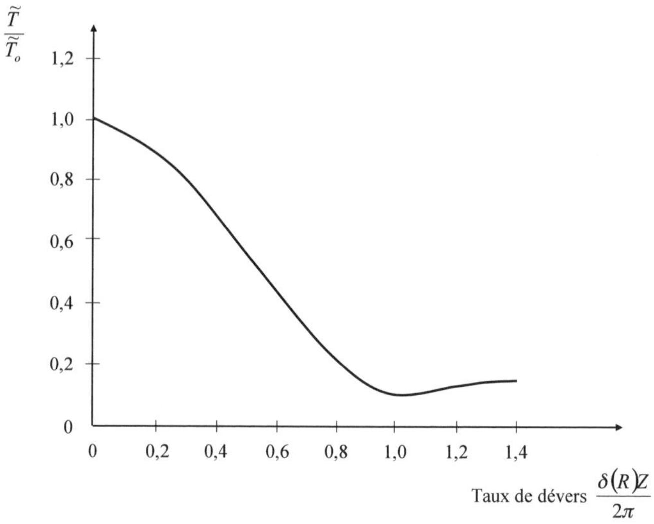

Figure VII.9 *Comparaison des fluctuations de poussée avec et sans dévers (d'après Aucher [ ])*

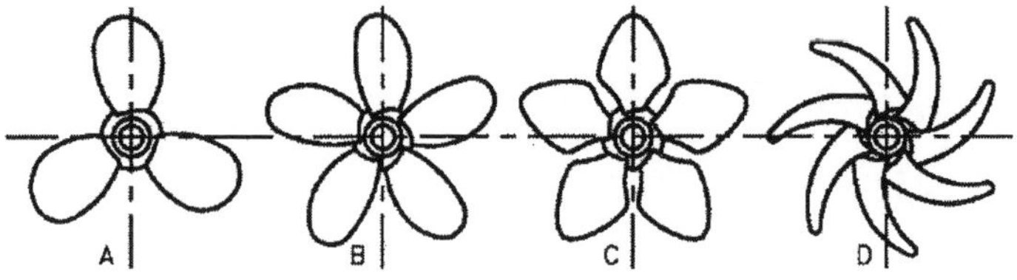

A: submersible à deux lignes d'arbres
B: sous-marin à une ligne d'arbres type Agosta
C: hélice à pales piriformes
D: hélice à 7 pales de sous-marin moderne

Figure VII.10 *Evolution des formes d'hélices de sous-marin*

2.2 BRUIT DE PALES

La poussée instationnaire de l'hélice peut être considérée en première approximation comme une force fluctuante ponctuelle dont les caractéristiques en amplitude et fréquence sont données par (VII.62). Dans cette hypothèse la pression acoustique en champ lointain associée à cette force peut s'exprimer sous la forme :

$$\pi(r) = \frac{i}{4\pi\ c_o}\left[\sum_q \omega_q \tilde{T}_{(qZ)} \frac{e^{ik_q r}}{r}\right]\cos\varphi \qquad \text{(VII.64)}$$

avec :

$$k_q = q\frac{2\pi\ nZ}{c_o}, \qquad \omega_q = 2\pi\ qnZ$$

et où les notations sont celles de la figure VII.11.

Le bruit correspondant est donc un bruit de raies à fréquences qnZ, se propageant principalement dans l'axe du sous-marin ($\varphi = 0$).

Remarque : On obtiendrait, de même, qu'aux composantes d'effort transverses correspond un bruit de raies à fréquences $(qZ-1)n$ et $(qZ+1)n$, se propageant principalement dans le plan de l'hélice.

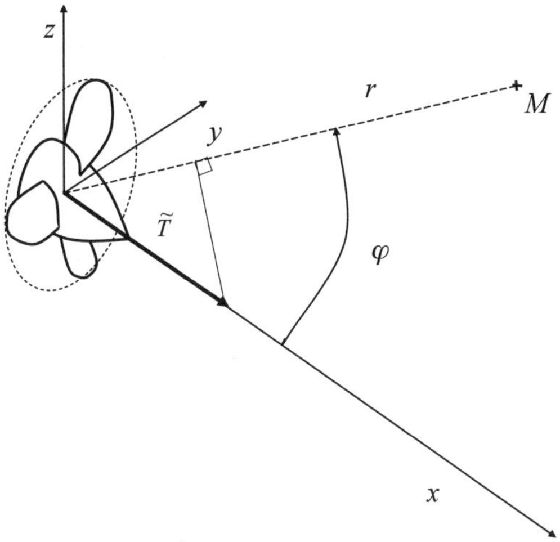

Figure VII.11

L'effort fluctuant $\widetilde{T}_{(qZ)}$ peut être représenté par un coefficient de poussée sans dimension de la forme $\widetilde{T}_{(qZ)} = \rho_o n^2 D^4 K_{\widetilde{T}(qZ)}$. Les conditions adimensionnelle de l'écoulement autour de l'hélice, et notamment l'incidence moyenne et fluctuante des sections de pales, étant inchangées, quelle que soit la vitesse du sous-marin dès lors qu'elle est stabilisée, on peut supposer que le coefficient de poussée fluctuante est indépendant de la vitesse V_o du sous-marin et de la vitesse de rotation n de l'hélice. L'équation (VII.64) montre qu'alors l'amplitude de la pression acoustique rayonnée est proportionnelle à n^3. Cette tendance est bien vérifiée, en moyenne sur l'ensemble des vitesses accessibles par le sous-marin. Cependant il existe à certaines allures des pics de niveau supérieur, correspondant à un rayonnement acoustique de coque sur un de ses modes propres dont la fréquence rencontre la fréquence qnZ de la poussée fluctuante. Ces allures, bien identifiées par l'équipage du sous-marin, sont appelées « *allures vibratoires* ».

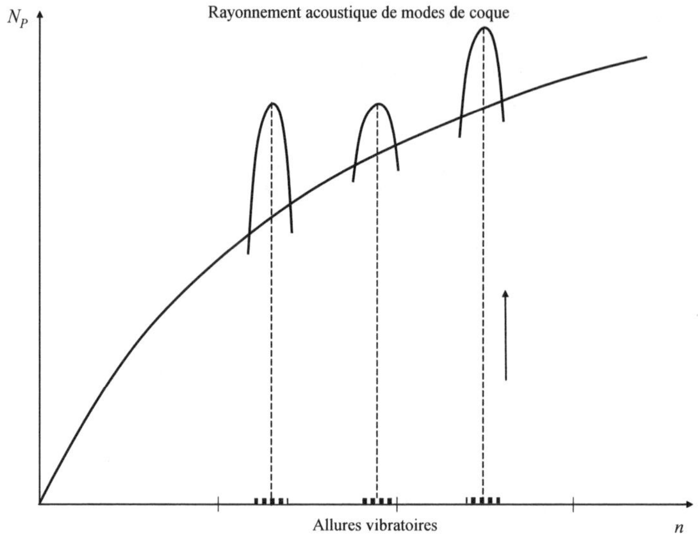

Figure VII.12 *Niveau d'une raie BR (qnZ) en fonction de l'allure de ligne d'arbres. Résonances de coque*

2.3 BRUIT DE CAVITATION D'HELICE

Sur un sous-marin, le bruit de cavitation d'hélice se manifeste généralement, lorsqu'il apparaît par une suite de crépitements, modulée par la rotation des pales et très reconnaissable à l'oreille. Dans certains cas, cette manifestation prend l'allure d'un sifflement, lui aussi modulé. Lorsque l'ampleur du phénomène augmente, soit sous l'effet d'une augmentation de la vitesse, soit sous l'effet d'une diminution de l'immersion, celui-ci devient détectable à l'analyse spectrale en large bande. Il apparaît alors comme une élévation générale du spectre de bruit rayonné du bâtiment avec une bosse particulièrement marquée entre 500 Hz et 5000 Hz. A la fois le niveau et la plage de fréquence de cette bosse évoluent avec l'immersion et la vitesse.

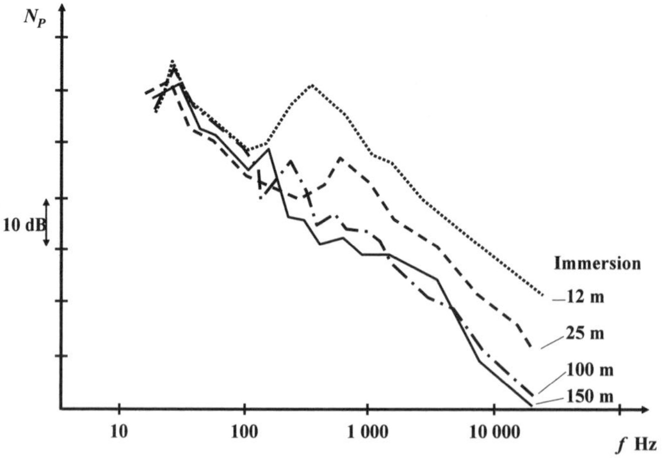

Figure VII.13 *Bruit de cavitation d'un sous-marin à deux lignes d'arbres à vitesse constante, à différentes immersions*

En régime stabilisé, la cavitation d'hélice des sous-marins à une ligne d'arbres apparaît sous forme de cavitation par bulles (crépitements) et par tourbillons d'extrémités de pales (sifflement). Elle ne prend la forme de cavitation par lame qu'exceptionnellement en évolutions à grande vitesse en surface.

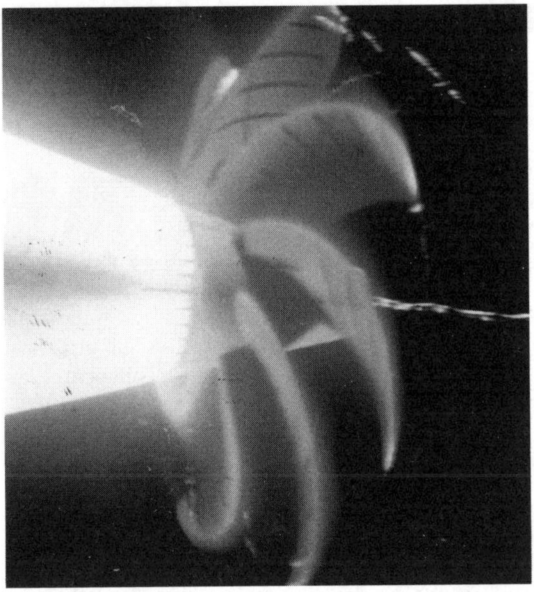

Figure VII.14 *Cavitation d'hélice à fort dévers. Sur cette photographie, on observe principalement une cavitation de tourbillons d'extrémités et de moyeu.*

Sur le dos de chaque section de pale, il existe une zone de basse pression qui peut être schématisée lorsque la section est correctement adaptée (allure stabilisée en immersion), par un rectangle. La durée T de transit d'une bulle, convectée par l'écoulement, est approximativement égale à :

$$T = \frac{C(r)}{V_r} = \frac{C(r)}{V\sqrt{1 + \frac{\pi^2}{J^2}\left(\frac{2r}{D}\right)^2}} \qquad \text{(VII.65)}$$

$C(r)$ est la longueur de corde de la section au rayon r. On note :

$$C_p = \frac{p_1 - p_o}{\frac{1}{2}\rho_o V^2}$$

le coefficient de pression sur le profil.

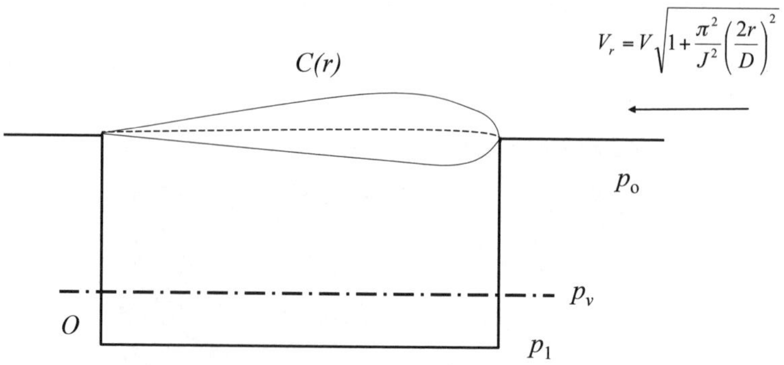

Figure VII.15 *Dépression sur l'extrados dos d'une section de pale*

Si la pression p_1 est inférieure à la pression de vapeur, une bulle convectée par l'écoulement va subir lors de la traversée de la zone de basse pression un grossissement explosif suivi, lorsqu'elle retrouve la pression ambiante d'une implosion (collapse). L'apparition théorique de la cavitation se produit lorsque $p_1 = p_v$, soit lorsque :

$$C_p = -\sigma \qquad \text{(VII.66)}$$

Le modèle de bulle sphérique de *Rayleigh-Plesset* (voir Bovis [8]), ou des modèles dérivés (modèles de *Gilmore* ou *de Noltingk-Neppiras*), permettent de calculer la dynamique d'une bulle sous la forme de la loi d'évolution de son rayon *R*(*t*) en fonction de variations de la pression ambiante p. Cette loi de pression variable peut être celle rencontrée par un germe lorsqu'il est soumis au passage d'une pale.

La pression acoustique rayonnée est alors donnée par (VII.53). Le champ acoustique est de type monopolaire.

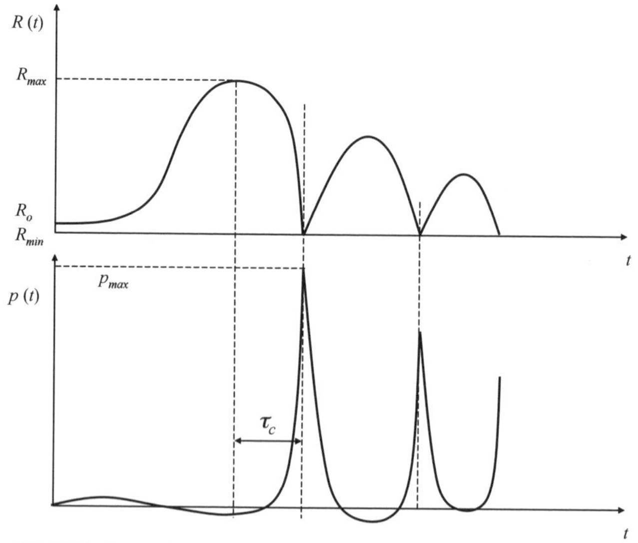

Figure VII.16 *Evolution du rayon et pression acoustique rayonnée d'une bulle de cavitation*

On démontre que le pic de pression $p_{\max}$, correspondant à l'implosion de la bulle et mesuré à la distance *r* de l'implosion, est proportionnel à (Bovis [8]):

$$p_{\max} \approx (p_o - p_v)\left(\frac{R_o}{R_{\min}}\right)^{3\gamma} \frac{R_{\min}}{r} \quad \text{(VII.67)}$$

avec :

$$R_{\min} = R_o \left(\frac{1}{\gamma - 1}\right)^{\frac{\gamma}{\gamma-1}} \left(\frac{R_o}{R_{\max}}\right)^{\frac{1}{\gamma-1}} \quad \text{(VII.68)}$$

et :

$$R_{\max} = \sqrt{\frac{2(p_v - p_1)}{3\rho}} \left(\frac{p_o - p_1}{p_o - p_v}\right)^{1/3} T$$

soit :

$$R_{\max} = \sqrt{\frac{2}{3}(-C_p - \sigma)} \left(\frac{-C_p}{\sigma}\right)^{1/3} C(r) \quad \text{(VII.69)}$$

Le rayon de grossissement maximal de la bulle ne dépend pas, en première approximation de son rayon initial. En revanche, il dépend du temps de passage T de la bulle dans la zone de dépression.

Les courbes de la figure VII.16 font apparaître, en particulier, le temps caractéristique τ_c, encore appelé temps de Rayleigh, qui mesure la durée de la phase d'implosion de la bulle. Ce temps vaut, pour une bulle de vapeur pure :

$$\tau_c = 0{,}915 \; R_o \sqrt{\frac{3\rho_o}{2(p_o - p_v)}} \quad \text{(VII.70)}$$

où p_o est la pression hydrodynamique subie par la bulle pendant son implosion et p_v la tension de vapeur et R_o le rayon maximal de la bulle.

La transformée de Fourier du signal de pression de la figure VII.16 fait apparaître, d'une part, des fréquences tonales représentatives de la phase de grossissement de la bulle (basse fréquence) et de la fréquence de réplication des rebonds successifs, d'autre part un spectre plat correspondant au pic impulsionnel de pression associé aux implosions. Ce spectre large est centré sur la fréquence $f_c = \frac{1}{2\tau_c}$ et sa largeur Δf est fonction de la largeur du pic de pression. Ainsi f_c augmente et Δf diminue lorsque la taille des bulles cavitantes diminue. Dans un régime d'écoulement cavitant, l'émission de bruit par les innombrables bulles cavitantes s'apparente à un phénomène aléatoire. Le spectre de bruit qui en résulte continue à présenter une large bosse centrée correspondant aux fréquences critiques f_c des bulles cavitantes les plus grosses.

En fait, pour être détectable acoustiquement, en particulier sur les sous-marins à une ligne d'arbres dont l'hélice a été optimisée, la cavitation doit être suffisamment développée, c'est-à-dire avec une fréquence des implosions de bulles suffisante pour que le phénomène soit caractéristique, et une pression acoustique rayonnée pour que ce bruit extrêmement furtif puisse émerger sans ambigüité du bruit de fond. Or, il a été établi par des mesures in situ que la densité naturelle de germes décroissait avec leur taille d'une part, et avec l'immersion d'autre part (voir par exemple, la figure I.2 dans Bovis [8]). Ainsi pour une densité donnée, considérée comme le seuil minimal correspondant à une cavitation suffisamment établie pour être identifiable, la taille des germes concernés diminue lorsque l'immersion augmente. Or, à immersion donnée (pression ambiante fixée), la pression critique d'un germe est d'autant plus faible (en dessous de la pression de vapeur saturante), que sa taille est plus petite en raison de l'effet de la tension superficielle. Par ailleurs, comme il apparaît dans les relations (VII.67) à (VII.69) la valeur du pic de pression p_{max} dépend des valeurs relatives de σ et C_p (et dans une moindre mesure du rayon initial R_o du germe. La détection de ce pic n'est possible que s'il atteint un seuil mesurable à distance, hors du bruit ambiant. Au bilan, la détection acoustique de cavitation est donc possible à partir de la condition :

$$C_p = -\sigma_{ac} \qquad \text{(VII.71)}$$

où σ_{ac} est le nombre sans dimension construit sur la pression critique des germes de densité suffisante et correspondant à un seuil de pic de pression.

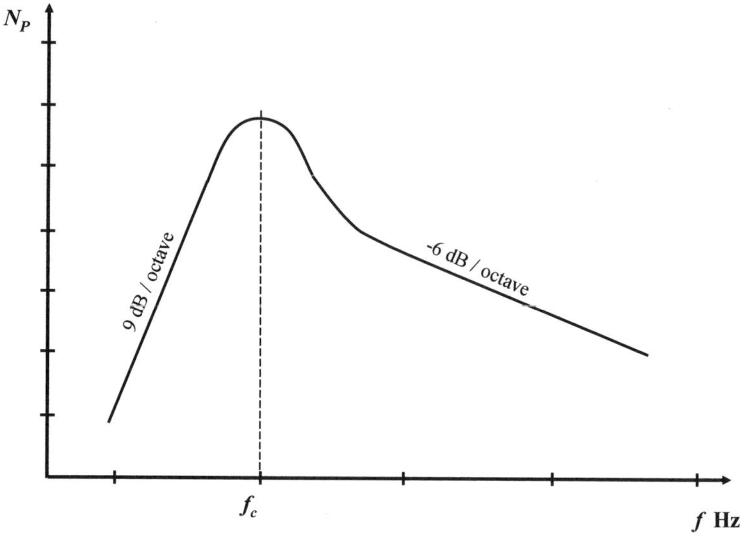

Figure VII.17 *Spectre de cavitation par bulles (d'après ROSS [ ])*

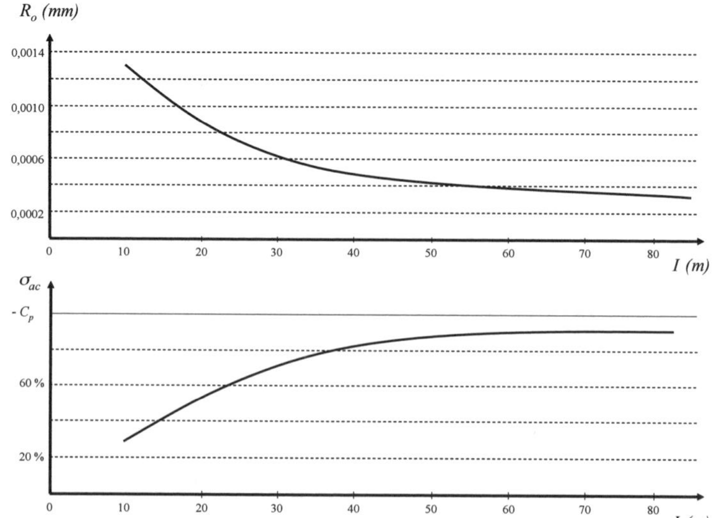

Figure VII.18 *Rayon significatif (d'après [23 ème ITTC]) et seuil de détection de cavitation en fonction de l'immersion*

La courbe du bas de la figure (VII.18) peut être traduite en termes de seuil immersion-vitesse de détection de cavitation pour une hélice de profil (C_p) donné. On obtient alors un schéma du type :

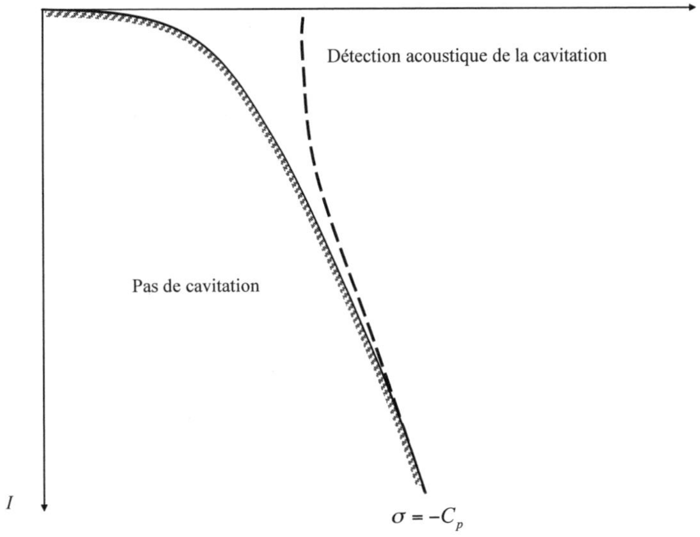

Figure VII.19 *Seuil de détection acoustique de la cavitation*

Le phénomène illustré sur la figure VII.20 peut-être interprété comme une difficulté plus grande à détecter de la cavitation à faible profondeur. Ce phénomène qui s'oppose au sens élémentaire qui veut que la cavitation apparaissent d'autant plus tôt que l'immersion est faible a été identifié dès la seconde guerre mondiale (voir, par exemple, Ross [37]) et est connu sous l'appellation d'*anomalie de profondeur* (« *anomalous depth effect* »).

2.4 CHANT D'HELICE

Un écoulement turbulent, tel qu'il se développe dans la couche limite à la surface des pales d'hélice convecte des structures tourbillonnaires de différentes tailles qui peuvent s'organiser en sillage de tourbillons alternés (*allée de Karman*) si la forme du corps a une forme « émoussée » qui s'y prête.

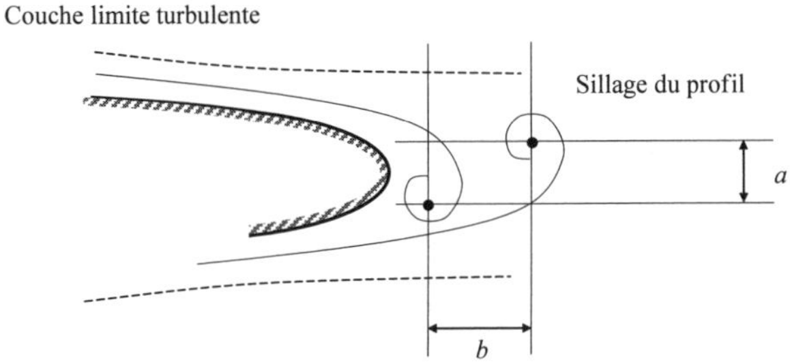

Figure VII. 20 *Sillage en allée de Karman à l'arrière d'un corps « émoussé »*

Le phénomène de tourbillons alternés se caractérise par un *nombre de Strouhal*, fonction de la géométrie du corps et du nombre de Reynolds. Pour le bord de fuite d'une pale d'hélice, on trouve empiriquement que :

$$S_t = \frac{f\,a}{V_r} \approx 0{,}175 \qquad \text{(VII.72)}$$

Lorsqu'il y a coïncidence entre la fréquence d'écoulement f, donnée par (VII.72) et une fréquence propre de vibration de la pale, il y a excitation à la résonance de cette dernière. Cette coïncidence ne peut cependant avoir lieu que pour une allure particulière de la ligne d'arbres. Toutefois, lorsque cette coïncidence est réalisée, en régime permanent ou de façon transitoire, le régime de tourbillon alterné peut se maintenir, même si on change légèrement le régime d'écoulement. On dit alors qu'il y a « *accrochage* » de fréquence, les vibrations du bord de fuite entretenant le régime de tourbillon alterné.

Le phénomène de chant d'hélice, difficile à prévoir d'une manière générale, est très dépendant de la géométrie du bord de fuite es pales et est d'autant plus probable que cette géométrie présente une symétrie marquée. Le moyen le plus communément utilisé pour éliminer le chant d'hélice est l'application d'un « chanfrein anti-chant » dissymétrique et d'angle d'ouverture faible (afin d'éviter un décollement qui reconstituerait la symétrie.

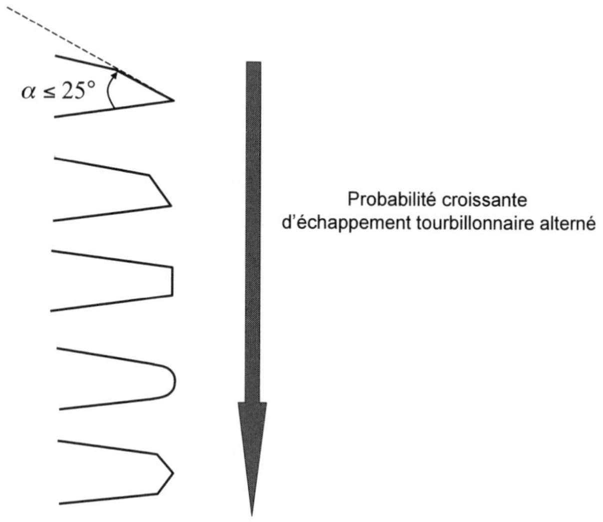

Figure VII.21 *Formes de bords de fuite de pales. Risques de chant.*

3. BRUITS D'ECOULEMENT

3.1 BRUIT DE COUCHE LIMITE

On appelle génériquement « bruit d'écoulement » tout bruit du navire dont l'origine peut être reliée au développement d'une couche limite turbulente sur la carène. Dans une certaine mesure le bruit de propulseur est aussi un bruit d'écoulement, notamment pour un bruit de type chant, mais ses caractéristiques se trouvent fortement marquées par le filtre puissant que constitue l'hélice. Le bruit d'écoulement peut être considéré sous deux aspects différents : en champ proche, c'est-à-dire dans la couche limite elle-même qui lui donne naissance, on parle alors de *bruit propre* car ce bruit affecte principalement les antennes du sonar du sous-marin qui affleurent à la surface de la carène ; en champ lointain, où le bruit d'écoulement contribue au bruit rayonné en large bande par le sous-marin.

La couche limite turbulente se caractérise comme une zone concentrée, d'épaisseur caractéristique δ enveloppant la carène, dans laquelle se forment et se transportent des structures tourbillonnaires. Ces structures induisent localement des fluctuations aléatoires de vitesse et de pression.

Le rayonnement acoustique direct d'une zone de turbulence compacte $\mathcal{V}$, en champ lointain hors de $\mathcal{V}$, peut se déduire de l'équation de Lighthill (voir Ross [37], Goldstein [21], Bovis [8]) :

$$p(\vec{x},t)=\frac{1}{4\pi}\frac{\partial^2}{\partial x_i \partial x_j}\int_{\mathcal{V}}\frac{\tau_{ij}}{r}\left(\vec{y},t-\frac{r}{c_o}\right)d\mathcal{V} \qquad \text{(VII.73)}$$

où $r=|\vec{x}-\vec{y}|$ et $\tau_{ij}=\rho_o u_i u_j$ est le *tenseur des contraintes de Reynolds* (u_i, u_j composantes de la fluctuation de vitesse turbulente). Ce bruit est de type quadripolaire. En pratique, compte tenu de son très faible rendement acoustique, le bruit direct de turbulence est négligeable relativement aux autres sources de bruit rayonné dans l'eau, ce qui n'est pas le cas dans l'air comme on l'observe avec le bruit de jet d'un moteur d'avion ou le bruit en large bande de rotor d'hélicoptère.

La perturbation induite sur les antennes acoustiques du sous-marin, comme le bruit rayonné à distance par l'écoulement sur la carène font donc intervenir un mécanisme indirect. En effet les fluctuations de pression turbulente sur la carène peuvent engendrer des vibrations de la paroi, d'autant plus facilement que cette paroi est élastique dans le cas d'un sous-marin à double coque. Ces vibrations de paroi, localement, dans la direction perpendiculaire à la paroi, vont émettre un bruit, tant dans la cavité sous-jacente qui abrite les hydrophones qu'à distance du sous-marin, de type monopolaire. En admettant très approximativement que les fluctuations turbulentes sont proportionnelle à la vitesse d'écoulement, donc au nombre de Mach, le rendement acoustique global d'un tel mécanisme sera proportionnel au carré du nombre de Mach. A travers ce mécanisme indirect, l'écoulement aura donc une efficacité de rayonnement acoustique intermédiaire entre celui d'une source monopolaire et celui d'une source dipolaire.

Le spectre des fluctuations de pression à la paroi, sous une couche limite stable et « équilibrée[5] » est un spectre large et universel (en variables adimensionnelles).

Ce spectre présente un maximum relativement plat autour de la pulsation réduite de 0,2. Applicable en un point donné fixe de la paroi, il ne renseigne pas sur la structure spatiale des fluctuations de pression turbulente. Hors, les tourbillons qui les engendrent sont convectés par l'écoulement à une vitesse moyenne U_c, donnant ainsi au champ des fluctuations pariétales une cohérence dans la direction de l'écoulement. Le spectre en nombre d'ondes du champ de pression permet d'identifier cette cohérence (voir Bovis [8]). Il fait ainsi apparaître la valeur de U_c, dont une valeur empirique peut être donnée à partir d'observations expérimentales :

$$U_c=U\left[0{,}6+0{,}4\exp\left(-2{,}2\frac{\omega}{U}\right)\right] \qquad \text{(VII.74)}$$

[5] Une couche limite est dite équilibrée si elle se développe progressivement, sous l'action du frottement et des contraintes visqueuses, sous un champ de pression moyenne approximativement constant (cas de la plaque plane sans incidence). Cette approximation peut être admise sur l'avant et la partie centrale du sous-marins (forme de révolution de type Albacore) où se situent les antennes d'étrave et de flanc du sonar.

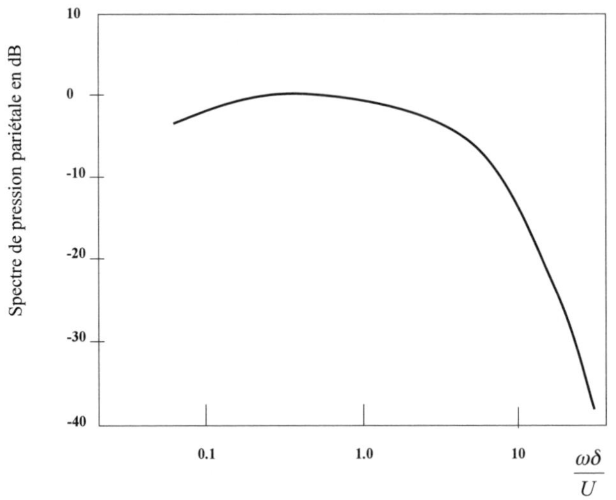

Figure VII. 22 *Spectre des fluctuations de pression sous une couche limite turbulente (δ épaisseur de couche limite, U vitesse d'écoulement au dessus de la couche limite)*

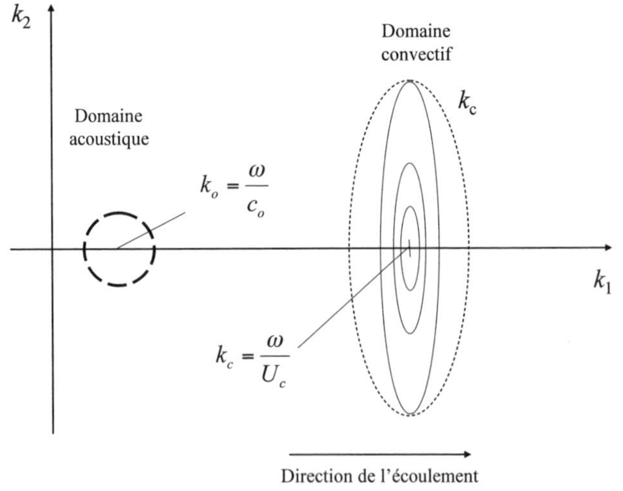

Figure VII.23 *Spectre des fluctuations de pression pariétales, à pulsation ω donnée, en fonction du nombre d'ondes k.*

Pour sa part, la paroi élastique est caractérisée par des fréquences propres de résonance reliées à des modes propres. Ainsi, pour une plaque plane rectangulaire de longueur a et de largeur b, encastrée sur ses 4 côtés, les modes de résonance correspondent à des déformées, dans la direction perpendiculaire à la plaque au repos, de type :

$$w_{mn}(\omega_{mn}) = \alpha_{mn} \sin\left(m\pi \frac{x}{a}\right) \sin\left(n\pi \frac{y}{b}\right) \qquad \text{(VII.75)}$$

Les nombres d'ondes de déformation dans les deux directions perpendiculaires valent

$$k_1 = m\frac{\pi}{a} \qquad \text{et} \qquad k_2 = n\frac{\pi}{b} \qquad \text{(VII.76)}$$

Ils sont liés à la pulsation ω_{mn} par:

$$\omega_{mn} = \sqrt{\frac{D}{m_p}}\left(k_1^2 + k_2^2\right) \qquad \text{(VII.77)}$$

dans l'air. Dans l'eau, il y a lieu de tenir compte de l'effet d'inertie du à la masse d'eau ajoutée (voir Blake [4]). On obtient :

$$\omega_{mn} = \left(k_m^2 + k_n^2\right)\sqrt{\frac{D}{m_p + \dfrac{\rho_o}{\sqrt{k_m^2 + k_n^2}}}} \qquad \text{(VII.78)}$$

où $D = \dfrac{Eh^3}{12\left(1-\sigma^2\right)}$ est le module de rigidité en flexion de la plaque, E son module d'Young, σ son coefficient de Poisson, h son épaisseur et m_p sa masse par unité de surface.

Dans le plan des nombres d'ondes, k_1k_2, les modes propres de vibration de la plaque sont représentés par un réseau de points équidistants (figure VII.25).

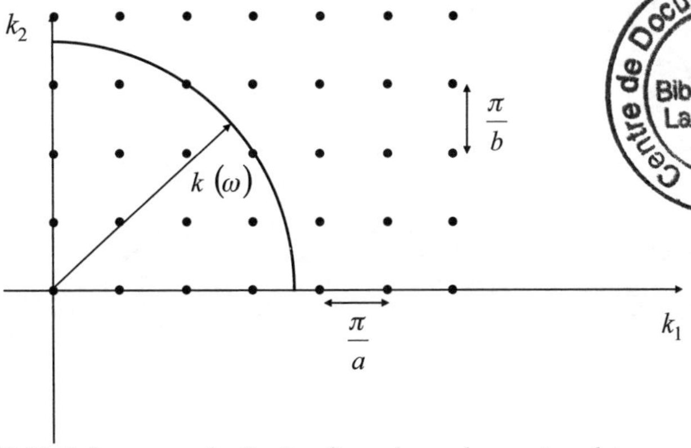

Centre de Documentation sur la Mer
Bibliothèque La Pérouse

Figure VII.24 *Modes propres de vibration d'une plaque plane rectangulaire encastrée*

Si la plaque est placée sous un écoulement dont le contenu turbulent est défini par les spectres en fréquences et nombres d'ondes des figures VII.22 et VII.23, elle sera susceptible d'être excitée en vibration sur certains de ces modes propres. Cependant l'excitation hydrodynamique n'est pas fixe spatialement mais convectée par l'écoulement. Pour qu'il y ait excitation vibratoire de la plaque il faut qu'il y ait, à la fois, *résonance des fréquences* et *coïncidence des modes*. Ces conditions sont illustrées sur la figure VII.25.

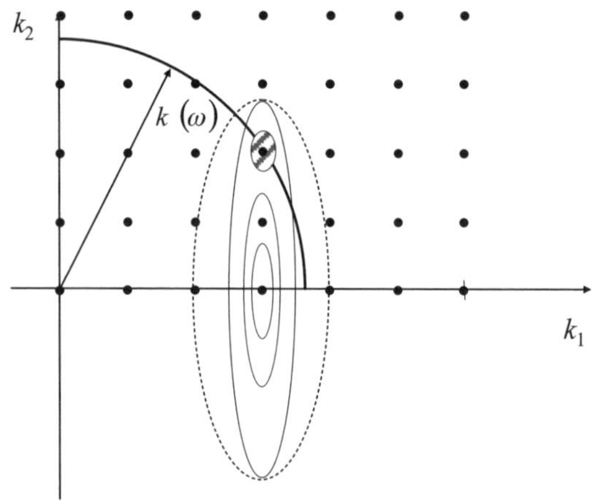

Figure VII.25 *Résonance et coïncidence de modes*

Une forte excitation de la structure peut se traduire par un bruit propre important si la structure est au voisinage immédiat d'une antenne sonar. La figure VII.28 illustre ainsi un calcul de couplage complet hydrodynamique, élastique et acoustique à l'intérieur d'un dôme de sonar d'étrave (calcul bidimensionnel).

Figure VII. 26 *Champ acoustique sous le dôme sonar d'étrave*

Le bruit rayonné en champ lointain par une structure vibrante est un sujet complexe qui sort du cadre de cet ouvrage. Il doit seulement être noté que, même coïncident et résonant, ce qui garantit un transfert d'énergie efficace entre l'écoulement et la structure élastique, un mode vibratoire n'a pas forcément une grande efficacité de rayonnement acoustique.

Qualitativement parlant, on peut dire que les modes de vibration décris par l'équation (VII.76) se schématisent en une mosaïque de pistons alternés espacés de $\frac{\pi}{k_m}$ et $\frac{\pi}{k_n}$. Par conséquent, si la vitesse du son c_o dans le fluide est supérieure à la vitesse de phase entre pistons adjacents, $c_p = \frac{\omega_{mn}}{k}$, les rayonnements de ces pistons tendront à s'annuler. Le raisonnement ne s'applique pas sur les bords de la plaque où il y a rupture de la mosaïque. En résumé, le rayonnement acoustique en champ lointain de la plaque sera maximal pour les modes pour lesquels $c_p > c_o$ (modes « *supersoniques* »), c'est-à-dire pour lesquels :

$$k_p < \frac{\omega}{c_o}$$

Pour les modes subsoniques, le rayonnement acoustique en champ lointain sera principalement du aux effets de bords de la plaque.

3.2 BRUIT DE CAVITE

Le bruit de cavité est un cas particulier de bruit d'écoulement rencontré lorsque un écoulement turbulent (couche limite sur la surface de carène) passe sur un orifice affleurant tel qu'une prise ou sortie d'eau ou une ouverture de ballast. Dans un tel cas, les tourbillons de cisaillement de la couche limite peuvent exciter des modes propres de résonance de la cavité et induire, à l'intérieur de celle-ci des fluctuations de pression. Celles-ci se traduiront par un mouvement de piston du fluide de la cavité à l'ouverture, mouvement qui, d'une part, peut entretenir ou amplifier le phénomène d'excitation, d'autre part sera source d'un bruit rayonné, fortement efficace, de type monopolaire. Ce mécanisme est identique à celui obtenu en soufflant au dessus du goulot d'une bouteille ou des tubes d'une flûte de Pan. Si les parois de la cavité sont élastiques, le phénomène hydroacoustique peut également accrocher une résonance de structure.

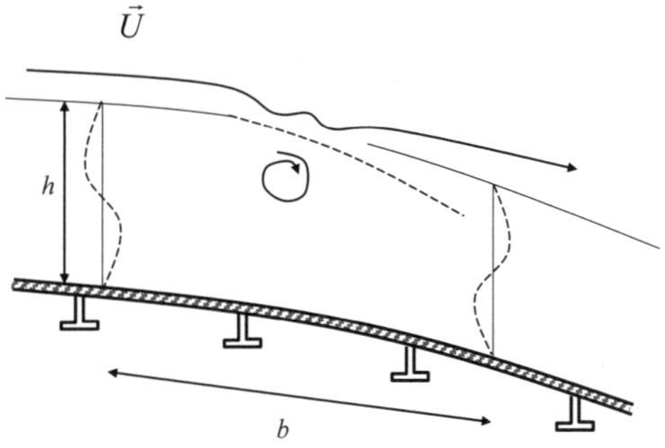

Figure VII.27 *Excitation hydroacoustique d'une cavité par un écoulement turbulent*

Il a pu être établi (voir, par exemple, Blake [4]), que l'excitation hydrodynamique est maximale lorsque la longueur b de la cavité dans le sens de l'écoulement correspond à un ventre de l'onde de convection des tourbillons dans la couche limite. On peut ainsi écrire :

$$\frac{f_n b}{U} = \frac{U_c}{U}\left(n \pm \frac{1}{4}\right) \qquad \text{(VII.79)}$$

où U_c est la vitesse de convection déjà donnée en (VII.74).

Par ailleurs, les fréquences propres de vibration des parois de la cavité dépendent des caractéristiques structurelles élastiques de la charpente. En revanche, il existe des fréquences propres acoustiques de la cavité, dites *fréquences de Helmholtz*, qui sont les multiples de la fréquence fondamentale :

$$f_H = \frac{c_o}{2\pi}\sqrt{\frac{S}{We}} \qquad \text{(VII.80)}$$

où S et e sont la surface et l'épaisseur de l'ouverture et W le volume de la cavité.

Comme pour le chant d'hélice, la suppression d'un bruit de cavité passe par une adaptation géométrique favorable de l'ouverture. Ainsi, la fosse de veille est elle obturée lors de la navigation en plongée de même que les ouvertures des équipements rétractables (équipements d'amarrage, antennes, mâts, périscopes). La situation est plus délicate pour les ouvertures de ballasts que certaines écoles acceptent d'obturer en navigation silencieuse. Cela suppose des dispositifs d'ouverture instantanée et infaillible en cas de situation d'urgence. Sur les sous-marins français, pour la sécurité, il est préféré de mettre sur les ouvertures de ballasts des grilles transversales dont l'écart est calculé de façon à découpler les fréquences d'excitation (VII.80) et les fréquences de résonance. Sur les ouvertures de circuits d'eau de mer, qui ne peuvent en aucun cas être obturées, un becquet périphérique peut permettre de créer un décollement de couche limite afin d'écarter la turbulence de la cavité.

Bibliographie

[1] ANTIER, J.J. : *Histoire mondiale du sous-marin*. Robert Laffont, 1968, 390 p.

[2] AUCHER, M. : *Hélices marines*. Techniques de l'ingénieur, traité Génie Mécanique, B4-360, 41 p.

[3] AUCHER, M. : *Dynamique des Sous-marins*. Sciences et Techniques de l'Armement, n°55, Fascicule 1981-4, 1981, p 553-650.

[4] BLAKE, W.K. : *Mechanics of Flow-Induced Sound and Vibrations. Vol I & II.* Academic Press, 1986, ISBN 0-12-103501-8 et 0-12-103502-6, 425 p. & p.

[5] BURCHER R., RYDILL L. : Concepts *in Submarine Design*. Cambridge University Press, 1994, 300 p. ISBN 0-521-41681-7.

[6] BOOTH, T.B. : *Optimal depth control of an underwater vehicle under a sea way*. Int. Symp. London : On Naval Submarine, Royal Institution of Naval Architects,1983.

[7] BOVIS, A.: *Progrès en hydrodynamique des sous-marins*. Revue Scientifique et Technique de la Défense, 1990, n°8, pp 19-32.

[8] BOVIS, A. : *Hydrodynamique Navale: Théorie et Modèles*. Presses de l'ENSTA, 2009, 431 p, ISBN 978-2-7225-0916-0.

[9] BOVIS, A. ; CRANCE, C. ; GUERMOND, J.L. : *Efforts hydrodynamiques fluctuants exercés sur une hélice de navire*. Association Technique Maritime et Aéronautique, bulletin n°85, 1985, pp 143-179.

[10] CARLTON, J. : *Marine Propellers and Propulsion*. 2nd Ed., 2007, Elsevier Ltd, ISBN 978-07506-8150-6, 534 p.

[11] COMPTON-HALL, R. : *Submarine boats : the beginnings of underwater warfare*. Windward, 1983, ISBN 071120327X.

[12] COMPTON-HALL, R. : *Submarine Warfare ; Monsters and Midgets*. Blandford Press, 1985, 160 p. ISBN 0713713895.

[13] COMPTON-HALL, R. : *Sub vs Sub*,. Orion Books, 1988, 191 p. ISBN 0517566176.

[14] DOUCHIN M. : *Un siècle de construction de sous-marins*. Actes du colloque tenu à Cherbourg les 25-26 octobre 1999, Ministère de la Défense, DCN Cherbourg.

[15] DUPUY de LOME S. : *Note sur l'aérostat à hélice* suivie du *Rapport de la commission instituée pour expérimenter l'aérostat*. Mémoires de l'Académie des Sciences, Tome XL, n°1, 1876, Paris : Firmin-Didot, 67 p-IX pl.

[16] FERNANDEZ, G. : *Théorie asymptotique du roulis sous houle régulière*. Association Technique Maritime et Aéronautique, 1984.

[17] FRIEDMAN, N. : *Submarine design and development*. U.S. Naval Institute Press, 1984, 192 p. ISBN 0870219545.

[18] FRIEDMAN N. : *US submarines through 1945: an illustrated design history*. US Naval Institute Press, 1995, 379 p. ISBN 1-55750-263-3.

[19] FRIEDMAN, N. : *US submarines since 1945: an illustrated design history*. US Naval Institute Press, 1995, 280 p. ISBN 1-55750-260-9.

[20] GABLER U. : *Submarine Design*. Bonn : Bernard & Graefe Verlag, 2000, 167 p. ISBN 3-7637-6202-7.

[21] GOLDSTEIN M.E : *Aeroacoustics*. McGraw-Hill, 1976, I293 p. SBN 0-07-023685-2.

[22] HAVELOCK, T. : *The Forces on a Submerged Body Moving under Waves*. Transactions of the Royal Institution of Naval Architects, 1954.Vol. 96-2.

[23] HOCHMAN N., QUINCHON P., DUPONT F. : *Le Triomphant*. Editions du Perron, 1994.

[24] HOERNER S.F. : *Fluid-Dynamic Drag*. Hoerner Fluid Dynamics, 1965, 464 p [Library of Congress 64 - 19666, ISBN 9991194444].

[25] ITTC 87 : *Report of Cavitation Committee.* Consultable sur le site http://ittc.sname.org/proc18.

[26] ITTC 78 : *ITTC Recommended Procedures and Guidelines,Performance Prediction Method.* Consultable sur le site http://ittc.sname.org/2006_recomm_proc/7.5-02-03-01.4.pdf.

[27] JELLICOE Admiral, Earl of : *The submarine Peril. The Admiralty Policy in 1917.*, London : Cassell, 1st Ed.1934, 240 p.

[28] KORMILITSIN Y.N., KHALIZEV O.A. : *Theory of submarine design*. Saint Petersburg State Maritime Technical University, 2001, 332 p.

[29] LARGESS, R.P. : *USS Albacore : Forerunner of the Future*. Portsmouth Marine Society, 1999. ISBN 0915819252.

[30] LAUBEUF M. : *Sous-marins et Submersibles*. Paris, Librairie Delagrave, 1915, 104 p.

[31] MAURICE, L. et al.: *Le sous-marin.* Paris : Imprimerie Paul Dupart, 1914. Conférences à l'Ecole polytechnique.

[32] MILGRAM, J.H. : *Strip Theory for Underwater Vehicles in Water of Finite Depth.* Readings in Marine Hydrodynamics, P. Scalvounos Editor, MIT, 2007, 21 pp.

[33] NEWMAN, J.N. : *Marine Hydrodynamics*. MIT Press, Cambridge (Mass.), 1977, XIII-402 p. ISBN 0262140268.

[34] PESCE G.L. : *La navigation sous-marine*. Vuibert et Nony, 1906.

[35] POLMAR, N. ; MOORE, K.J. : *Cold War Submarines. The Design and Construction of US and Soviet Submarines 1945-2001*. Potomac Books, 2005, ISBN 1574885308.

[36] ROQUEBERT, L. : *Conférences sur les sous-marins*. Ecole d'Application du Génie Maritime, 1927-1928.

[37] ROSS D. : *Mechanics of Underwater Noise*. Pergamon Press, 1976, 375 p. ISBN 0-08-021182-8.

[38] SALVESEN, N., TUCK, E.O., FALTINSEN, O. : *Ship Motions and Sea Loads*. Transactions of the Society of Naval Architects and Marine Engineers, Vol. 78, 1970.

[39] TOUFFAIT, J.P. et al. : *Théorie du sous-marin*. cours de l'Ecole Nationale Supérieure des Techniques Avancées, 1975, ISBN 2722503867.

[40] TOUFFAIT, J. et al. : *Les sous-marins nucléaires français*. Marines Editions, 2007, 96 p. ISBN 9782915379631.

[41] ZIMMERMAN S. : *Submarine Technology for the 21st Century*. Trafford, 1999.
ISBN 1-55212-330-8, 219 p.

[42] COLLECTIF : L'encyclopédie des sous-marins français. Tome 1, naissance d'une armée nouvelle, Editions SPE Barthelemy, 2009. ISBN 2-912838-43-6.

Ouvrages parus aux Presses de l'ENSTA

Collection « Les Cours »

Éric Lunéville [Et al.], *La méthode des éléments finis.* Tome II : Compléments. 2010.
ISBN 978-2-7225-0923-8.

Jean-François Delmas, *Introduction au calcul des probabilités et à la statistique.* 2010.
ISBN 978-2-7225-0922-1.

Michèle Fieux, *L'océan planétaire.* 2010.
ISBN 978-2-7225-0915-3.

Alexis Rosenbaum, *Leçons d'introduction à la philosophie des sciences.* 2009.
ISBN 978-2-7225-0918-4.

Patrick Ciarlet, Éric Lunéville, *La méthode des éléments finis.*
Tome I : Concepts généraux. 2009.
ISBN 978-2-7225-0917-7.

Alain Bovis, *Hydrodynamique navale : théories et modèles.* 2009.
ISBN 978-2-7225-0916-0.

Jérôme Perez, *Gravitation classique : problème à N corps, de 2 à l'infini.* 2008.
ISBN 978-2-7225-0914-6.

Jérôme Perez, *Théorie des champs classiques.* 2008.
ISBN 978-2-7225-0913-9.

Collection « Les Invitations »

Patrick Rimond, *Portraits*, 2010.
ISBN 978-2-7225-0920-7.

Bruno Hilaire, *Trente-deux,* 2010.
ISBN 978-2-7225-0919-1.

'ollection « Les Actes »

- ***«Les colloques »***

›iogo Queiros-Conde, Michel Feidt (sous la direction de),
*'onstructal theory and multi-scale geometries: Theory and applications
ı energetics, chemical engineering and materials.* 2009.
SBN 978-2-7225-0921-4.

- ***« Les tables rondes de l'ENSTA »***

ndré comte-Sponville, François Euvé, Guillaume Lecointre, *Dieu et la science.* 2011.
SBN 978-2-7225-0927-6.

ean Claude Ameisen, Étienne Klein et Dominique Leglu, *Écrire la science.* 2010.
SBN 978-2-7225-0924-5.

- ***« Les nouvelles »***

[Concours de nouvelles, jury présidé par Pierre Bordage] *2084 : le meilleur ou le pire des
ıondes ?* 2010.
SBN 978-2-7225-0925-2.

Création : ENSTA ParisTech
Crédits photos : Première de couverture DCNS/SIREHNA

Imprimé en France par INCS
Dépôt légal : Janvier 2011

Les Presses de l'ENSTA
32, Boulevard Victor
75015 Paris